L'Éthologie

Jean-Luc Renck
Véronique Servais

L'Éthologie

Histoire naturelle du comportement

Éditions du Seuil

Véronique Servais a bénéficié, lors de la préparation
de cet ouvrage, de l'appui du Fonds National
de la Recherche Scientifique de Belgique,
au titre de collaborateur scientifique.

ISBN 978-2-02-039277-8

Introduction

« L'étude du comportement animal est caricaturée souvent comme une activité plutôt facile et, pour tout dire, d'amateur, que n'importe qui pourrait pratiquer durant ses vacances. À force de se l'entendre répéter, bien des éthologistes en arrivent à croire qu'en l'absence d'une grande théorie, ils ont peu à offrir à la science sinon quelques bonnes histoires [12]. » Ce constat livré par les éthologistes Patrick Bateson et Peter Klopfer date de 1989, alors que tous deux étaient les coéditeurs d'une série prestigieuse, *Perspectives in Ethology*, vouée à repenser continuellement cette science, et à la réaffirmer. Car l'éthologie – l'approche naturaliste, biologiste, de toutes les activités qu'un animal peut manifester – a été souvent bousculée par les critiques et les sceptiques, parfois gentiment, quelquefois violemment, depuis que l'Autrichien Konrad Lorenz et le Néerlandais Nikolaas Tinbergen l'ont établie en science indépendante entre les années 1930 et 1950.

L'éthologie a-t-elle, en effet, une autre vocation que collecter à l'infini, sur les mœurs animales, des observations plutôt triviales, dont certaines feraient certes assurément de « bonnes histoires » mais plus proches des aventures du Dr Dolittle que de la science ? Le souvenir est tenace de Konrad Lorenz déambulant en costume traditionnel, escorté de jeunes palmipèdes empressés ! Lorenz lui-même ne s'est-il pas plu à entretenir l'éthologie dans une réputation de doux loisir ? Ainsi célébra-t-il une « heureuse science dans laquelle une part essentielle de l'étude consiste à nager tout nu et à s'ébattre dans les prairies du Danube en compagnie d'une troupe d'oies sauvages » [112] ; et une autre fois, il évoqua l'été 1937 comme le plus beau de sa vie, consacré, dans sa résidence d'Altenberg, à des recherches avec Niko Tinbergen : « Ce que nous avions accompli scientifiquement avait la saveur du jeu [115]. » Et de Karl von Frisch, autre zoologiste autrichien, qui décrypta la danse des abeilles, Lorenz n'a-t-il pas écrit : « Ce n'est certainement pas par hasard qu'il fit presque toutes ses découvertes pendant ses vacances en observant ses propres ruches dans sa maison de campagne [114]. » Toutefois, Lorenz entendait souligner par ces propos la sérénité et le temps qu'on ne compte pas, qui mènent l'observateur à reconnaître des régularités significatives dans une profusion de menus faits. De ses heures innombrables d'intimité avec ses oiseaux et ses poissons – entre bien d'autres animaux –, Lorenz a tiré, dès 1935, d'ambitieuses constructions théoriques. En particulier, il a donné de l'ampleur à une idée fondamentale que d'autres naturalistes avaient formulée peu de temps avant lui sans guère d'écho : les comportements caractéristiques de chaque espèce, auxquels on admettra, comme aux traits physiques spécifiques, un fond héréditaire, doivent être compris dans une perspective évolutionniste et comparative, en termes de filiations, de divergences évolutives, d'adaptations. Passer du bon temps à accumuler des observations n'est pas une fin en soi pour l'éthologiste : il recherche des lois, des principes, des mécanismes qui puissent expliquer les comportements les plus simples comme les stratégies les plus élaborées observés chez les organismes animaux.

Cependant, l'éthologie n'a-t-elle pas affiché – et n'en affiche-t-elle pas encore ? – des ambitions exagérées, en voulant expliquer jusqu'aux conduites humaines à l'aide de concepts qu'on doit bien supposer vieillis, sinon obsolètes ? N'y a-t-il pas aujourd'hui d'autres disciplines bien mieux équipées pour démonter, expliquer les comportements ? La biologie moléculaire cartographie des patrimoines génétiques entiers, les neurosciences débrouillent des réseaux de neurones, suivent en direct l'activité de zones cérébrales… Sur ce point, Patrick Bateson et Peter Klopfer exprimaient, en 1989 toujours, cet avis cinglant : « La confiance est touchante de certains neurophysiologistes qui tiennent les neurones moteurs comme "la" cause des comportements, ou de biologistes moléculaires, y compris parmi les plus grands, qui pensent que des gènes ordonnant directement des comportements bien définis existent tels quels dans les chaînes d'ADN. Ces visions grossières sont parfois présentées comme des simplifications utiles ou nécessaires, mais, le plus souvent, elles traduisent une panne d'intellect [12]. »

C'est un truisme, ou ce devrait l'être : du gène à l'organisme entier, un animal est un système qui implique plusieurs niveaux de fonctionnement, et il forme avec son environnement physique, biologique et social un système plus large encore. Vouloir enfermer dans un niveau unique l'explication des comportements ne mène qu'à des impasses scientifiques et à des dérives dogmatiques. On le mesure avec l'essor actuel d'une certaine biologie qui se pique d'expliquer à elle seule, en quelques gènes et macromolécules, des comportements complexes jusqu'au sein même des sociétés humaines.

L'approche éthologique a été quant à elle vivement critiquée pour l'importance qu'elle accordait aux composantes héréditaires du comportement. Le reproche apparaît rétrospectivement exagéré, à relire les premiers écrits de Lorenz, et surtout le programme que Tinbergen a donné à l'éthologie en 1951 avec *The Study of Instinct* (*L'Étude de l'instinct*) [176], un titre que l'auteur a regretté par la suite, car « trop étroit ». Certes, *L'Étude de l'instinct*, historiquement la première présentation d'ensemble de l'éthologie, confirmait la jeune discipline comme l'étude objective des comportements qu'on qualifiait alors volontiers d'« innés » – « objective » ne recouvrait d'autre prétention que s'en tenir à des faits directement mesurables, en refusant en particulier toute vertu explicative à des états subjectifs envisageables chez l'animal. Ce projet, délimité, d'une véritable biologie du comportement n'en était pas moins largement ouvert – aujourd'hui, on le dirait systémique – par les questions qu'il entendait appliquer à toute activité animale, qu'elle soit locomotrice, alimentaire, reproductrice, parentale, sociale, qu'elle concerne la construction d'un abri, la migration, l'orientation spatiale… Quatre champs de recherche ont été définis par Tinbergen, fondés sur les interrogations suivantes :

– par quelles structures et quels processus physiologiques un organisme intègre-t-il des stimulations externes et des états internes pour produire un comportement ? Autrement dit, quelles *causes organiques* sous-tendent un comportement ou un ensemble de comportements ?

– comment un comportement apparaît-il chez l'individu dans le cours de son existence ; quels sont les étapes, les moments critiques dans le développement, l'*ontogenèse* dudit comportement ?

– quel(s) avantage(s), en termes d'adaptation, de survie et de succès reproducteur, un comportement apporte-t-il à l'animal, quelle est sa *fonction* ?

– de quelle histoire évolutive un comportement donné est-il le produit, quelle est sa *phylogenèse*[1] ?

Ces questions nécessitent évidemment la collaboration, le regard complémentaire de bien d'autres disciplines, vouées à étudier le système nerveux (neurosciences), les hormones (endocrinologie), les gènes en action ou le génome (génétique des populations, biologie moléculaire), les rapports à l'environnement (écologie), les animaux du passé (paléontologie), les processus d'apprentissage, de mémorisation et de traitement d'information (psychologie expérimentale et, plus récemment, sciences dites « cognitives »). Si l'intelligence animale n'entrait pas, au titre d'objet ou d'explication, dans les préoccupations premières de l'éthologiste, celui-ci ne saurait bien sûr se désintéresser des processus complexes de traitement de l'information chez les organismes ; aussi une éthologie cognitive a-t-elle fini par se constituer. Tout ce qui concourt à une meilleure compréhension du comportement ne relève pas de l'éthologie, évidemment, mais l'intéresse, assurément, avec des affinités plus ou moins prononcées – il se trouve notamment, depuis un certain temps déjà, des éco-éthologistes, des neuro-éthologistes…

1. Connues comme les « *Four whys* » (les « Quatre pourquoi »), ces questions ont acquis un statut canonique, et elles constituent encore le point d'entrée privilégié des manuels d'éthologie les plus prisés, tels que *Animal Behaviour. An Evolutionary Approach*, de l'Américain John Alcock (7e édition, Sinauer, 2001) ou *An Introduction to Animal Behaviour*, des Britanniques Aubrey Manning et Marian Stamp Dawkins (5e édition, Cambridge, Cambridge University Press, 1998).

L'éthologie a été établie d'emblée comme un carrefour, ce qui ne revient pas à dire, naturellement, « place centrale », comme certaines disciplines sont tentées trop souvent de se considérer – car c'est un autre truisme que chaque discipline est un carrefour. Ainsi, une présentation des neurosciences ne saurait nier quelque lien avec l'éthologie : comment en effet faire abstraction du mode de vie d'une espèce dont on explore avec la plus extrême précision un organe sensoriel ou un réseau de neurones ? Pour comprendre un comportement, plusieurs regards complémentaires sont nécessaires, qu'on ne peut réduire ni subordonner les uns aux autres. Ce n'est pas un moindre apport de l'éthologie que de le rappeler, à une époque où, sur le comportement comme en bien d'autres matières complexes, on lit et on entend beaucoup de raccourcis abrupts donnés pour des vérités.

Il est une autre multiplicité de regards propre à l'éthologie. Quand certains ont pu généraliser sur le comportement à partir d'études innombrables menées sur le rat ou la mouche drosophile, l'éthologie s'est intéressée à toute la diversité des adaptations manifestée par les espèces. Tous les groupes zoologiques ont aujourd'hui leurs éthologistes attitrés. Certains s'admettent comme tels, d'autres apportent leur contribution à l'éthologie sous une autre bannière : beaucoup sont ornithologues (comme l'étaient en majorité les premiers éthologistes), d'autres sont mammalogistes, primatologues, cétologues, herpétologues, entomologistes voire strictement myrmécologistes, c'est-à-dire spécialistes des fourmis, etc.

L'éthologie apparaît donc insaisissable par plus d'un aspect. Par son histoire : si l'éthologie est, au sens strict, l'application aux comportements des vues évolutionnistes, elle a des racines antérieures à Darwin dans les œuvres de quelques personnages d'envergure. Par son champ d'étude, qui se relie facilement et étroitement à celui d'autres disciplines, jusqu'à fusionner parfois. Par les chercheurs à l'étiquette souvent indéfinie ou multiple qui l'animent. C'est cette volonté de multiplier les points de vue, cet esprit d'ouverture de l'éthologie, que le présent ouvrage souhaite entretenir par un choix de portraits et de recherches. Puisse un public large y découvrir, ou y redécouvrir peut-être, cette discipline…

PREMIÈRE PARTIE

Un itinéraire historique

1. Une science millénaire ?

« Dans la classe des animaux carnassiers, le lion est le premier, le tigre est le second ; comme le premier, même dans un mauvais genre, est toujours le plus grand et souvent le meilleur, le second est ordinairement le plus méchant de tous. Le tigre est bassement féroce, cruel sans justice. Aussi est-il plus à craindre que le lion : celui-ci oublie souvent qu'il est le roi, c'est-à-dire le plus fort de tous les animaux. » Si la monumentale *Histoire naturelle* de Georges Louis Leclerc, comte de Buffon (1707-1788), a été jusque vers le milieu du XIXe siècle un immense succès de librairie, c'est en partie le fait d'une écriture que Buffon avait voulu vive et accessible. Ses portraits de grands félins, entre tant d'autres, ont une saveur qui ne laisse pas insensible – aujourd'hui comme hier, mais pour des raisons bien différentes ! Buffon toujours, du lion : « L'extérieur ne dément point ses grandes qualités intérieures ; il a la figure imposante, le regard assuré, la démarche fière, la voix terrible. […] Aussi solide que nerveux, n'étant chargé ni de chair ni de graisse, et ne contenant rien de surabondant, il est tout nerf et muscle. » Du tigre, en revanche : « Trop long de corps, trop bas sur ses jambes, la tête nue, les yeux hagards, la langue couleur de sang, toujours hors de la gueule, le tigre n'a que les caractères de la basse méchanceté et de l'insatiable cruauté. […] quoique rassasié de chair, [il] semble toujours être altéré de sang ; sa fureur n'a d'autres intervalles que ceux du temps qu'il faut pour dresser des embûches. » Sur le tigre encore, cette précision : « Quelques voyageurs l'ont comparé pour la grandeur, à un cheval, d'autres à un buffle, d'autres ont seulement dit qu'il était beaucoup plus grand que le lion… »

Du tigre et du lion

Le lecteur moderne jugera le portrait du tigre étonnamment précis, quand les « témoins » des éclats du fauve n'avaient pu préciser sa taille ! On ne saurait toutefois reprocher à Buffon, qui travailla en cabinet sur la foi de témoignages, les limites logistiques de son temps : tous ceux qui, aujourd'hui, rendent compte des comportements d'animaux sauvages ont la tâche autrement moins ardue. Les voyages, les communications, la circulation du savoir se sont accélérés formidablement. Des outils techniques et informatiques puissants permettent de collecter, d'archiver, de chiffrer, de traiter finement des données sonores, visuelles, chimiques, électriques… Il est désormais possible, par des analyses génétiques, d'établir des liens de parenté au sein d'une population animale, de suivre par satellite les déplacements d'animaux munis d'un émetteur ou encore, grâce à une caméra sensible au rayonnement infrarouge, de ne rien perdre ou presque des activités d'une espèce nocturne… Cette facilité d'accès à l'animal vivant ne fut pas affaire de moyens seulement, mais aussi de choix : certaine boutade veut qu'une étape significative vers une science véritable du comportement animal soit survenue dès lors qu'il s'est trouvé assez d'excentriques pour renoncer au fusil et user de jumelles !

À défaut de pouvoir s'appuyer, quant aux félins exotiques, sur la somme de connaissances dont nous bénéficions aujourd'hui, Buffon a étoffé ses notices en mettant en scène une relation hiérarchique humaine – un souverain flanqué d'un vassal exécuteur des basses œuvres, « le plus méchant de tous », comme le serait « ordinairement » tout « second ». Ce choix poussait à exagérer, chez les deux félins, les traits du comportement autant que du physique. L'artifice du vulgarisateur dissimule toutefois un fait plus fondamental encore : pour comparer le lion et le tigre, Buffon ne disposait pas d'un cadre de pensée lui permettant d'évoquer leurs différences de mœurs ou leurs ressemblances en termes scientifiques plutôt qu'anthropomorphiques.

Quelques décennies après Buffon, le 2 juillet 1858, des amis du naturaliste Charles Darwin (1809-1882) devaient présenter devant les membres de la Linnean Society de Londres une théorie selon laquelle les espèces vivantes se transforment par l'effet d'une « sélection naturelle ». L'exposé fut accueilli avec une indifférence polie, quand bien même il était complété par des conclusions identiques développées indépendamment de Darwin par un autre naturaliste, Alfred Russell Wallace (1823-1913). Depuis les îles Moluques, ce dernier avait soumis un projet d'article à Darwin. Celui-ci l'avait reçu le 18 juin et, pour tout dire, en avait été atterré, lui qui tardait à publier ses propres réflexions, nées durant son tour du monde à bord du *Beagle*, entre 1831 et 1836. « La vie des animaux sauvages est une lutte pour l'existence, écrivait Wallace. On trouve un principe général dans la Nature qui permet à de nombreuses variétés de survivre à l'espèce mère et de donner naissance à des variations successives s'éloignant de plus en plus du type original. » On ne pouvait mieux résumer les convictions de Darwin, et c'est la raison pour laquelle ses proches organisèrent en urgence cette conférence du 2 juillet 1858.

Le cou de la girafe

Chez une espèce, les individus qui naissent porteurs de traits conférant une meilleure adaptation à l'environnement ont plus de chance de survivre pour transmettre à la génération suivante leurs caractères héréditaires que ceux qui en sont dépourvus. La diversité des habitats et leur instabilité relative font que des traits nouveaux apparus par mutation, ou d'anciens traits jusque-là restés neutres, peuvent soudainement apporter un avantage déterminant et se répandre au sein d'une population – une meilleure résistance à un climat en voie de refroidissement, par exemple… La nouveauté de la thèse de Darwin et de Wallace était bien une explication, plausible, de l'évolution des espèces, et non l'idée même d'évolution. De celle-ci, l'intuition avait resurgi plusieurs fois depuis l'Antiquité, jusqu'à ce que le naturaliste français

Jean-Baptiste de Monet, chevalier de Lamarck (1744-1829), père du mot *biologie*, ne jette les bases d'un vrai débat en dissertant sur la « complexification » des organismes dans sa *Philosophie zoologique*[1] (1809). Lamarck, toutefois, avait expliqué la transformation des espèces non par la sélection de traits innés favorables, mais par la production *via* l'habitude, au cours de la vie de l'organisme, de traits avantageux transmis directement à la descendance. L'illustration classique de cette conception est l'allongement du cou des girafes sous l'effet des efforts cumulés de nombreuses générations de girafes au cou plus court, qui se seraient efforcées d'atteindre des feuillages toujours plus hauts.

Darwin, comme on le verra, pensait à l'identique pour la formation des instincts – des habitudes répétées jusqu'à se fixer héréditairement et se transmettre à la descendance –, mais il soutenait, en revanche, que l'évolution morphologique et anatomique des organismes découle d'une sélection agissant sur des caractères présents à la naissance. D'un point de vue darwinien ou wallacien, les girafes qui naissent avec un cou plus long sont avantagées, d'une manière ou d'une autre (sont-elles mieux nourries, plus costaudes, plus séduisantes, meilleures « vigies » ?), et de ce fait laissent plus de descendants. Déclassé comme un transformisme bien pressenti mais expliqué de manière erronée, le lamarckisme a été confiné, souvent avec trop d'empressement, à la petite histoire du darwinisme – et non du « darwino-wallacisme » : en effet, au moment où la théorie de l'évolution déchaîna enfin les passions, après que Darwin eut publié en 1859 *L'Origine des espèces*[2], Wallace ne put lui disputer le terrain parce qu'il séjournait alors loin d'Angleterre, en Asie du Sud-Est.

1. Titre complet de l'essai de Lamarck : *Philosophie zoologique ou Exposition des considérations relatives à l'histoire naturelle des animaux ; à la diversité de leur organisation et des facultés qu'ils en obtiennent ; aux causes physiques qui maintiennent en eux la vie et donnent lieu aux mouvements qu'ils exécutent ; enfin, à celles qui produisent, les unes le sentiment, et les autres l'intelligence de ceux qui en sont doués.*

2. Titre complet : *L'Origine des espèces au moyen de la sélection naturelle ou la Préservation des races favorisées dans la lutte pour la vie.*

La théorie de l'évolution permet de comprendre chaque espèce relativement à d'autres. C'est parce qu'elles ont dérivé d'une même espèce ancestrale que des espèces différentes ont en commun des caractéristiques fondamentales de leur anatomie, alors que des caractères distinctifs signent les enchaînements passés d'adaptations à des conditions de vie différentes. Ainsi, ce principe est parfaitement illustré par la panoplie des becs chez les oiseaux. Toutefois, comme l'avait déjà souligné Lamarck, des espèces non directement apparentées, avec des organisations anatomiques fondamentalement différentes, en viennent à présenter des ressemblances parce qu'elles exploitent un même environnement. Un exemple classique de *convergence* – autre terme encore que l'on doit à Lamarck – est la morphologie semblable (visant à un hydrodynamisme optimal) que l'on trouve chez les requins, les petits cétacés ou les ichtyosaures, reptiles marins disparus.

L'évolutionnisme a donc donné leur vrai sens aux observations de l'anatomie comparée – on n'explique plus désormais l'organisation des êtres vivants par une combinatoire bienveillante, parfois fantaisiste, mais toujours instructive, opérée par un Créateur. Mais aussi, l'évolutionnisme a fourni un cadre à une approche *biologiste* des comportements, sur des bases également comparatives. Bien qu'expérimentée par Darwin, cette approche neuve du comportement allait être d'abord ignorée au profit d'approches *psychologistes*, et elle devra attendre le XXe siècle pour être érigée en discipline, sous le nom, préexistant, d'éthologie. Dorénavant, par l'éthologie, on pourra exprimer en particulier les divergences entre les cousins lion et tigre par leur adaptation à des habitats différents, par la nature et la quantité des proies qu'ils y trouvent, par les autres prédateurs avec lesquels ils sont en concurrence, etc. La zoologie y a gagné, assurément – et aussi le tigre, Buffon lui-même en conviendrait ! Mais la prose ?

Si on ne peut donc parler d'éthologie hors de la perspective évolutionniste, il s'était bien évidemment trouvé avant Darwin et Wallace des observateurs compétents des conduites animales [17] [166] – comme il s'en trouve aujourd'hui encore dans des contextes autres que scientifiques. Dans les temps anciens, c'était pour les hommes question de survie que d'acquérir des connaissances fiables sur les animaux qu'ils poursuivaient ou menaient en troupeaux, et sur ceux qu'il leur fallait redouter. D'autres cadres (cosmogoniques, mythologiques...) donnaient alors leur place aux espèces, pour expliquer leurs ressemblances, leurs particularités, leurs actions. Ainsi, chez les peuples du Pacifique Nord, les migrations saisonnières des animaux étaient vues non comme une adaptation vitale pour ceux-ci, mais comme un don sacré aux hommes chasseurs. Si le migrateur revenait, c'était simplement pour être mangé, qu'il s'agisse d'un saumon, d'une oie ou d'un caribou.

À défaut du cadre purement biologique qui fonde l'éthologie, un autre préalable à cette discipline est ici manifeste : le contact avec l'animal, l'expérience directe de ses comportements dans un milieu auquel il est adapté. Récemment d'ailleurs, le talent de traqueurs traditionnels, San d'Afrique australe et Aborigènes d'Australie, a suscité un regain d'intérêt chez les scientifiques : ainsi, des San reconstituent pour des chercheurs, à partir de traces, des événements qu'aucune observation n'a dérangés, ou suivent en douceur les progrès d'animaux particulièrement farouches qu'on réintroduit dans la nature...

Chant du cygne et marmottes dorées

Les bribes zoologiques conservées des premières civilisations témoignent de l'observation des animaux à des fins surtout pratiques, magiques ou théologiques. Dans le *Phédon* de Platon (v. 428-v. 347 avant J.-C.), ne lit-on pas encore cette interprétation que Socrate donnait des cris des oiseaux : « Les hommes, à cause de la crainte qu'ils ont de la mort, calomnient les cygnes, prétendent qu'ils se lamentent sur leur mort et que leur chant suprême a le chagrin pour cause ; sans réfléchir que nul oiseau ne chante quand il a faim ou froid ou qu'une autre souffrance le fait souffrir ; [...] ce n'est pas la douleur qui fait chanter, ni ces oiseaux, ni les cygnes. Mais ceux-ci, en leur qualité, je pense, d'oiseaux d'Apollon, ont le don de la divination et c'est la prescience des biens qu'ils trouveront chez Hadès qui, ce jour-là, les fait chanter et se réjouir plus qu'ils ne l'ont jamais fait dans le temps qui a précédé. »

Élève de Platon, Aristote (384-322 avant J.-C.) a fondé la zoologie et mené les premières recherches systématiques sur les modes de vie des animaux. Aristote a eu la bonne fortune de devenir, vers 343, le tuteur du jeune Alexandre. Celui-ci, devenu « le Grand », allait dix ans plus tard aider son mentor à fonder à Athènes le Lycée, avec sa bibliothèque et sa collection d'histoire naturelle. De même, il usa de toute son autorité pour inciter les pêcheurs, chasseurs, oiseleurs…, de son empire à apporter leur aide à Aristote. Grâce à ces facilités, celui-ci a pu composer, à côté de quelques autres écrits zoologiques, une *Histoire des animaux* en dix livres qui traite de l'anatomie, de la physiologie et des comportements de plus d'un demi-millier d'espèces, l'humaine incluse. Cet ouvrage développe abondamment la quête de nourriture et la reproduction – « […] pour les animaux, les actions relatives à la production des petits forment une part de la vie, les actions relatives à l'alimentation forment l'autre part. Car les efforts de tous et leur vie se ramènent à ces deux objectifs » (livre VIII, chapitre I) [2]. Mais Aristote a écrit aussi sur les migrations chez les oiseaux et les poissons, sur la veille et le sommeil, ou encore sur l'automédication chez les animaux.

Certes, les informations d'Aristote n'étaient pas toutes sans reproches : ainsi la loutre qui n'a de cesse de mordre l'homme qu'elle ait entendu craquer l'os (VIII, V), l'aigle de mer qui « oblige ses petits encore nus à regarder en direction du soleil, […] frappe celui qui ne le veut pas et le tourne, et quel que soit celui dont les yeux larmoient, celui-là, il le tue et élève l'autre » (IX, XXXIV). Des cygnes chers à Socrate, Aristote rapportait qu'« ils chantent surtout vers la fin de leur vie ; car ils volent vers la haute mer, et certains marins naviguant au large de la Libye en ont souvent rencontré qui chantaient d'une voix funèbre et en ont vu plusieurs mourir » (IX, XII). Aristote affichait toutefois une volonté de conserver les questions ouvertes, par exemple à propos du coucou : « L'oiseau dans le nid duquel il a donné naissance fait éclore l'œuf et élève le petit, et à ce qu'on raconte, lorsque le petit coucou a grandi, l'oiseau chasse ses propres petits et ainsi ils périssent. Et certains racontent qu'une fois qu'elle les a tués, la mère les lui donne à manger pour le nourrir ; et c'est parce que le petit coucou est beau qu'elle méprise ses propres petits. La plupart de ces faits font l'accord de certains témoins oculaires. Mais sur la destruction des petits de l'oiseau, tous ne parlent pas ainsi, car les uns disent que c'est le coucou qui vient manger les petits de l'oiseau recueillant, les autres, qu'en raison de la supériorité de sa taille, le coucou avale la nourriture, en devançant les autres, si bien qu'ils meurent de faim, et les autres disent qu'en raison de sa supériorité, il tue ceux avec lesquels il a été élevé » (IX, XXIX).

Aristote postulait une continuité entre les organismes – une grande « chaîne des êtres » – qui l'a engagé à une approche comparative des comportements. Cependant, les qualités ayant servi à fonder ses catégories ne prêtaient guère à une construction scientifique. Chez les animaux, a écrit Aristote, « les uns sont doux, indolents et non rétifs, comme les bœufs, les autres sont irascibles, rétifs et indociles, comme le sanglier, les autres, intelligents et craintifs comme le cerf, les autres, vils et tortueux comme les serpents, les autres libres, courageux et nobles, comme le lion, les autres racés, sauvages et perfides comme le loup [...]. D'autres sont fourbes et malfaisants comme le renard ; [...], envieux et vaniteux comme le paon » (I, I).

En raison de son ampleur et de sa quête manifeste de rigueur, l'entreprise zoologique d'Aristote n'allait pas être égalée avant longtemps. En revanche, dix-huit siècles durant, elle fut copiée, diluée moult fois dans des compilations plus ou moins volumineuses. Parmi les compilateurs antiques, Pline l'Ancien (23-79) est le plus connu : son *Histoire naturelle* en trente-sept livres, publiée en 77, résumait quelque deux milles volumes d'une centaine d'auteurs grecs et romains, pour traiter de l'univers, de la géographie, de l'art, de la médecine, des minéraux, des plantes, des animaux... Haut fonctionnaire, Pline était historien et encyclopédiste par curiosité. Il n'avait pas de vocation particulière pour la zoologie, aussi a-t-il mêlé connaissances véritables et grossières affabulations dans les parties traitant des animaux (livres VII à XI).

Pas davantage zoologistes, nombre de philosophes antiques ont écrit sur les conduites des animaux avec des fins pratiques et, à l'instar de Pline, souvent morales. Rien ne semblait incroyable à qui tentait, comme Plutarque (v.46-v.125), de vanter la nature non corrompue et la sagesse des créatures brutes et de faire de l'animal un égal sinon un supérieur de l'homme. « Les oies, expliquait Plutarque, qui ont à craindre les attaques des aigles lorsqu'elles survolent le mont Taurus, prennent en leur bec, pour cette traversée, une pierre de bonne taille, de quoi brider et réfréner leur propension à cancaner, et, sans aucun bruit, elles passent inaperçues. » Qu'on ne se gausse pas trop vite ! Peut-être faut-il lire ici une explication erronée à une observation correcte, celle de cailloux avalés par accident et retrouvés dans les voies digestives d'oies abattues. N'a-t-on pas réhabilité récemment un récit d'Hérodote (v. 484-425 avant J.-C.) – répété par Pline – sur des fourmis géantes qui faisaient la fortune des Perses en ramenant de l'or en surface ? Alexandre le Grand a cherché en vain ces insectes merveilleux, qui furent finalement rangés parmi les fables zoologiques. Mais, en 1983, elles ont finalement été identifiées comme des... marmottes de la plaine du Dansar, à la frontière indo-pakistanaise. Cette durable confusion nichée dans la littérature classique tiendrait à l'ancien mot persan pour marmotte, proche de « fourmi de montagne ». Pour le reste, Hérodote avait dit vrai : les marmottes, creusant leurs galeries dans du sable aurifère, ramènent de l'or en surface par leurs coups de pattes, et aussi dans leur fourrure. Pline toutefois n'a pu s'empêcher d'enjoliver : « L'or que [les "fourmis"] extraient durant l'hiver est dérobé par les Indiens pendant la chaleur de l'été. Elles courent alors et déchirent les voleurs bien qu'ils s'enfuient sur des chameaux très rapides, tant sont grandes leur agilité et leur passion de l'or » ! Hérodote, quant à lui, n'avait parlé que de poursuites, sans plus de détails.

Si les belles histoires sont légion dans les connaissances zoologiques antiques, les rapports sont rares en revanche d'expériences, telle celle réalisée à Rome par le médecin Claude Galien (v. 131-v. 201). À un chevreau qui venait juste d'être mis au monde par césarienne, il proposa divers aliments : vin, huile, miel, lait, grains, fruits. « On observa que le nouveau-né faisait ses premiers pas comme si on lui avait appris l'usage de ses pattes ; puis il secoua toute l'humidité qui provenait de sa mère ; la troisième chose qu'il fit fut de se gratter le flanc avec sa patte ; enfin, on le vit renifler chacun des récipients qui étaient disposés dans la pièce, sentir le lait et le lécher. Tout le monde poussa un cri en voyant se réaliser ce qu'avait dit Hippocrate : "La nature animale n'est pas apprise..." » Les interrogations ne sont évidemment pas d'hier sur la part de l'« inné » et celle de l'« acquis » dans le comportement...

Perroquet « gris », oies crustacées

L'Occident, en entrant dans son Moyen Âge, perdit durablement presque toute curiosité scientifique. Au contraire, la civilisation arabe, dans les mêmes siècles, prolongea et dépassa les sciences antiques. Aristote fut traduit en arabe au IXe siècle. À cette même époque, dans le sud de l'actuel Irak, le fils d'un poissonnier fut incité par sa mère à apprendre à lire et à écrire : Abu 'Uthman 'Amr ibn Bakr al-Basri al-Jahiz (v. 780-869) n'a eu guère de raisons de regretter le conseil maternel. Doué, il a tôt vécu de sa plume, moyennant des dédicaces judicieuses. Al-Jahiz devint un membre important, à Bassora puis à Bagdad, des cercles savants qui, à partir de la langue et de la tradition bédouines, ont bâti la littérature arabe en prose. Des quelque deux cents écrits attribués à al-Jahiz, trente seulement subsistent, qui traitent de l'art de tenir sa langue, de la frivolité, des marchands, de l'alimentation arabe traditionnelle, de la quadrature du cercle, des chanteuses, des théologiens, des califes ou encore des snobs du temps qui abusaient du mot « atome » dans la conversation banale...

Al-Jahiz craignait surtout d'ennuyer son lecteur, aussi a-t-il écrit beaucoup sous forme de dialogues riches d'anecdotes et de plaisanteries – ce chantre de l'expression limpide en perdait souvent le fil de ses exposés ! Son ouvrage le plus fameux, *Kitab al-Hayawan* (*Le Livre des animaux*), ne fait pas exception : ses observations et ses citations d'Aristote sont mêlées de poésie, d'extraits du Coran, de proverbes, de chroniques historiques, de récits de voyageurs, etc. – à un point tel que les continuateurs de al-Jahiz se sont empressés d'élaguer l'ouvrage.

Par l'exercice de la raison, de la logique et de l'observation, al-Jahiz a anticipé sur des recherches qui ne seront développées que des siècles plus tard. Il s'est intéressé à l'organisation sociale des fourmis, au camouflage, à la communication animale. Il a discuté l'intelligence, et esquissé une doctrine « évolutionniste ». Esprit pratique, il a imaginé comment libérer une chambre d'insectes importuns en jouant sur leur attirance pour la lumière. Il a aussi mené des expériences sur les effets de l'alcool autrement qu'en poète – il en fit ingurgiter à des animaux, inspiré peut-être par ce passage d'Aristote sur les oiseaux imitateurs : « Le perroquet, celui qu'on dénomme à langue d'homme, [...] perd toute retenue quand il a bu du vin » (VIII, XII). Les actes des créatures vivantes manifestant, pour al-Jahiz, la volonté d'Allah, chacune des observations que l'érudit pouvait effectuer lui était une manière de rendre gloire à Dieu. Al-Jahiz avait donc une haute appréciation de la vocation de savant : « Dans chaque génération et dans toutes les nations, a-t-il écrit, il se trouve quelques personnes avec le désir d'étudier les rouages de la Nature ; si ces personnes n'existaient pas, ces nations périraient. » Al-Jahiz est mort nonagénaire, victime semble-t-il d'une chute de manuscrits dans sa bibliothèque – même dans ces circonstances, il est douteux qu'il ait regretté d'avoir un jour suivi le conseil maternel...

Dans les siècles suivants, notamment par l'intermédiaire d'Ibn Sina (Avicenne, 980-1037) puis d'Ibn Rushd (Averroès, 1126-1198), la science arabe a rappelé à l'Occident l'œuvre d'Aristote, et le philosophe y a été établi, entre le XIIe et le XIVe siècle, comme la référence absolue en toutes matières. Il fallait alors un esprit fort pour regarder le monde par soi-même.

Frédéric II von Hohenstaufen (1194-1250) fut un esprit fort. Empereur de Germanie, mais surtout roi de Sicile, féru de despotisme, il fut aussi le plus grand ornithologue de tout le Moyen Âge. Orphelin à quatre ans, il a grandi en Sicile sous la tutelle du pape Innocent III. Il a connu les routines d'un monarque très ordinaire – recherche du pouvoir absolu, ruses, violences, cruautés, disputes avec l'Église –, mais aussi manifesté des élans moins conventionnels : il se piqua notamment d'utopie agricole et réorganisa la paysannerie du sud de l'Italie en fermes modèles royales.

Les papes avaient déploré le peu de hâte de Frédéric à rejoindre la croisade : il finit par acheter Jérusalem au sultan et s'en proclama le roi. Frédéric II voyait l'Orient sans œillères théologiques, avec la soif d'un esprit curieux de toute science. Malgré ses obligations, il a cultivé son intelligence exceptionnelle dans les domaines de l'histoire naturelle, des mathématiques et de l'architecture. Fondateur de l'université de Naples en 1224, Frédéric II ne manqua pas d'accueillir à sa cour de Palerme des savants et des philosophes juifs et arabes.

La Germanie, quand elle restait tranquille, ne préoccupait guère Frédéric II, au contraire de la fauconnerie. Ses rapaces lui tenaient tant à cœur qu'un jour il interrompit un siège pour les entraîner. Le roi s'intéressait toutefois à tous les oiseaux, son goût de chasseur servant une recherche éclairée. Couronnement de trente années de travail, *De arte venandi cum avibus*, achevé vers 1250, est une somme magnifique née de l'art du fauconnier et de l'acuité de l'ornithologue véritable. Le premier livre – des six qui subsistent – traite notamment de la quête de nourriture, de la reproduction, de la nidification et de la migration.

Selon une opinion courante de l'époque, écho de fables antiques, nombre d'oiseaux d'Europe hibernaient sur place, dans des lieux secrets – d'aucuns prétendaient ainsi que les hirondelles s'immergeaient dans les étangs. Frédéric II, lui, prêta attention aux troupes d'oiseaux volant vers le sud en automne, vers le nord au printemps. Il en conclut tout naturellement que ces volatiles passaient l'hiver sous des cieux plus cléments. Régalé en particulier par les appels de grues et d'oies volant dans la nuit, le roi n'a pas omis de faire figurer superbement leurs troupes en vol dans son manuscrit. De l'oie bernache – en fait, la bernache nonnette (*Branta leucopsis*) –, on croyait alors, faute d'avoir observé ses lieux de ponte, qu'elle naissait sur les coques des navires et les bois flottants, sous la forme des bernacles, crustacés appelés aujourd'hui anatifes – ce nom, qui provient du latin *anas* (« canard »), rappelle cette croyance que Frédéric a mise à mal : lorsqu'un de ses agents spécialement mandaté rapporta du « bois à bernaches », le roi put constater qu'il ne sortirait nul oiseau des carapaces d'anatifes. Néanmoins l'oie demeura durablement consommable le vendredi, comme un poisson !

Castors castrés

Avant Frédéric, l'abbesse bénédictine Hildegarde de Bingen (1098-1179) avait été un autre esprit aventureux. S'intéressant aux animaux, elle avait fait surtout rimer zoologie avec connaissance médicale, traitant de l'usage thérapeutique de parties animales ou de l'automédication dans le règne animal[3]. S'inspirant de la théorie des humeurs, Hildegarde a développé une vision dynamique de l'ordre divin, où les conduites des créatures s'expliquent par d'étranges combinaisons : « Le renard, grâce à la science du lion, à laquelle il a part, connaît beaucoup de choses ; parce qu'il a quelque chose des mœurs de la panthère, il a un caractère changeant, et connaît un peu l'homme. Le lion a en lui quelque chose de la force de l'homme, et la nature des bêtes. Le loup a quelque chose des mœurs du lion, et c'est grâce à sa nature de lion qu'il connaît et comprend l'homme, et le flaire de loin. Le chien a quelque chose de commun

3. Cette question de l'automédication chez les animaux a été relancée récemment sous le nom de *zoopharmacognosie* à l'initiative de primatologues, Richard Wrangham en particulier.

avec l'homme dans ses mœurs, qui appartient à sa nature, de même que l'âne apprécie l'homme car il touche à sa nature par quelque côté de la sienne [131]… »

Les œuvres d'Albert le Grand (v. 1193-1280) nous sont restées plus aisément lisibles. Le dominicain, qui prônait l'observation soigneuse et l'expérimentation, voua son traité *De animalibus* à balayer les superstitions populaires, et aussi des croyances d'érudits. Il fit notamment un sort à une fable antique selon laquelle un castor mutile lui-même ses parties génitales et les jette au chasseur qui convoite le précieux castoréum qu'elles sont censées contenir – en réalité, le castoréum, sécrétion utilisée en médecine et en parfumerie, n'est pas produit dans les testicules, mais dans des glandes de la région anale. À ce qu'on colportait encore, à chaque fois que ce même castor était traqué, il exhibait sa blessure pour sauver sa vie. Albert eut seulement à observer castors et chasseurs dans la campagne allemande pour balayer la croyance : le castor avait été ainsi baptisé non parce qu'il se « castrait », mais bien parce que les hommes le privaient d'attributs !

Albert ne pouvait toutefois avoir l'œil à tout. Évoquant un « éléphant-baleine » des mers nordiques, il le décrivit comme un gros animal avec « des défenses dirigées en bas, dont il se sert pour se suspendre aux rochers et pour combattre ». De cet animal, que l'évêque suédois Olaus Magnus (1490-1557) appellerait *mors* (« morse ») par emprunt au lapon, Albert rapporta aussi que « les pêcheurs s'en approchent quand il dort, lui détachent la peau de la queue, y passent une corde qu'ils attachent solidement à un rocher et lancent des pierres à l'animal. Celui-ci, pour s'enfuir, sort de sa peau, qu'il abandonne, et se précipite à la mer, où on le prend épuisé ».

Contemporain d'Albert, le franciscain Barthélemi l'Anglais composa vers 1230-1240 son *Liber de proprietatibus rerum*, qui associait des notices spécifiques – traitant du moineau comme du Phénix – à des réflexions de portée plus générale. Ainsi, s'inspirant de saint Augustin, Barthélemi a-t-il donné cette liste des comportements instinctifs qu'on reconnaissait alors aux animaux, en leur attribuant le cœur pour siège : « Moult fait a esmerveillier la prudence des bestes mues qui toutesvoies n'ont point de science, combien qu'ils en aient la semblance, car elles ont une evident diligence qui appert en nourrissent leurs faons, en ediffiant leurs habitacions, en querent leur vie, en guérissent de leurs plaies, en fuiant leur contraire, en anonçant la mutacion du temps advenir, et en cognoissant et aimant leur compaignie [...]. En toutes bestes, il a un membre qui est commencement et racine de toutes ses vertus naturelles et espirituelles, et ce membre est le cuer [142]. »

Toutefois, la vocation des bestiaires médiévaux était surtout de transfigurer les animaux par toutes sortes d'attributs surnaturels ou symboliques. Dès le IIe siècle après Jésus-Christ, le *Physiologus*, ouvrage grec anonyme, avait mêlé zoologie et citations bibliques pour élaborer une symbolique chrétienne. Les éléphants, par exemple, y incarnaient la chasteté et l'absence de désir, et on voulait croire alors que leurs couples, pour s'unir, faisaient le voyage du Paradis. Cette symbolique était bien servie par le fait que l'Occident médiéval n'avait guère de contact avec le pachyderme, aux amours de fait fort impétueuses.

Animal-machine

La Renaissance a ramené des naturalistes sur le terrain. Ainsi le diplomate Pierre Belon (1517-1564), qui voyagea au Moyen-Orient, a-t-il produit avec son *Histoire naturelle des estranges poissons marins* (1551) et son *Histoire de la nature des oiseaux* (1555) des textes fondés essentiellement sur l'observation, comme le furent les écrits ichtyologiques de Guillaume Rondelet (1507-1566), de la faculté de médecine de Montpellier. Même le Suisse Conrad Gesner (1515-1565), auteur d'une *Historia animalium* en quatre mille cinq cents pages abondamment illustrées, prit le temps de voyager pour étoffer d'observations concrètes son imposante compilation. Celle-ci ne fut dépassée, quant au volume, que par les notes publiées par le Bolonais Ulisse Aldrovandi (1522-1605), qui fit toutefois progresser davantage la botanique que la zoologie, faute d'avoir su se prémunir suffisamment des fables passées.

Quand bien même moult savants se sont ingéniés aux XVIe et XVIIe siècles à réconcilier la connaissance et la nature concrète, aucun n'a acquis, en ce qui concerne le discours sur les conduites animales, une influence comparable à celle de René Descartes (1596-1650). Le philosophe a donné vigueur à une conception de l'animal conçu comme une simple mécanique, conception qui aujourd'hui encore garde des faveurs, que ce soit sur le plan de l'idéologie ou sur celui de la méthode, parfois les deux. L'éthologie a, dans ses objectifs et sa pratique, une approche mécaniste, mais elle ne défend pas de dogme, en principe, quant au degré de vie psychique chez l'animal ou aux opérations qui en procéderaient – simplement, Niko Tinbergen a souligné la difficulté de les explorer et de les justifier objectivement. Il est convenu d'attacher au nom de Descartes une distinction occidentale classique entre l'animal et l'humain, celui-ci pourvu d'âme, de raison et de langage, celui-là soumis au seul instinct. Mais les versions les plus radicales de cette distinction – sur la souffrance de l'animal comme une illusion de l'observateur, par exemple – reviennent à quelques continuateurs des spéculations cartésiennes. Car les vues influentes de Descartes sur l'animal relevaient bien de la spéculation, non de l'observation méthodique, quand bien même, dans son exil, le philosophe fut un temps distrait par la compagnie d'un petit chien nommé Monsieur (!) Grat…

L'Anglais John Ray (1627-1705) fut, pour sa part, un esprit rétif à la spéculation. Considéré comme l'un des fondateurs de la zoologie moderne, il était le fils d'un maréchal-ferrant et d'une herboriste. Enfant, il se passionna pour les chevaux ; par ailleurs, il arpentait infatigablement les prairies, les bois et les marais de son Essex natal. Son intelligence lui valut à seize ans une bourse d'études, qui le mena à enseigner à Cambridge le grec, les lettres classiques et les mathématiques. En 1660 toutefois, Ray quitta l'université pour une charge de pasteur, revirement qui le conduisit tout droit à l'histoire naturelle. Un fait nullement paradoxal : à cette époque, on voulait croire que la nature révélait un peu du

Grand Horloger – et du Diable aussi, mais Ray ne put jamais regarder batraciens, reptiles et autres insectes comme des œuvres diaboliques ! Bien plus, il déplora ouvertement que l'Église décourage la curiosité scientifique. John Ray rompit d'ailleurs avec l'autorité ecclésiastique dès 1662, lorsqu'il refusa de prêter un serment. Sa contestation laissa Ray sans ressources, mais Francis Willoughby (1635-1672), un étudiant devenu son assistant, se fit heureusement son mécène.

John Ray put dès lors vouer tout son temps à l'observation des choses naturelles. Il décida de mettre bon ordre dans la classification et la nomenclature des plantes et des animaux – les sciences naturelles du temps évoquaient le chantier de Babel : à chaque créature s'attachaient une multitude de noms populaires. Outre l'invention d'un classement anatomique, qui anticipait sur celui de Carl von Linné (1707-1778), Ray imagina de décrire les comportements alimentaires et sexuels de tous les animaux qu'il pourrait recenser. Willoughby finança une série de voyages dans ce but : entre 1663 et 1666, les deux hommes visitèrent ensemble les côtes, campagnes et reliefs des îles Britanniques, puis gagnèrent le continent, traversèrent l'Allemagne avant de descendre par Vienne vers l'Italie.

À la mort de Willoughby, John Ray regagna son village natal, où il passa le reste de ses jours à écrire. Outre une œuvre botanique remarquable, Ray a sans doute rédigé l'essentiel de l'*Ornithologia* posthume de Willoughby, publiée en 1676 – un texte fondateur de l'ornithologie. Ray y développe la notion de territoire farouchement défendu chez l'oiseau, qui y tolère seulement une compagne. Les chamailleries d'oiseaux, connues depuis l'Antiquité, n'avaient jamais été associées aussi explicitement à la défense d'une aire de reproduction – une phrase dans un ouvrage italien de 1622 sur la connaissance traditionnelle des oiseaux avait suffi à inspirer John Ray ; celle-ci disait brièvement : « Le rossignol chante sur sa propriété. » Par la suite, Ray se consacra efficacement aux poissons et aux mammifères, en pionnier de la classification moderne.

Le naturaliste, qui célébra en 1691 d'un plein ouvrage la sagesse de Dieu « manifestée dans l'œuvre de la Création », était attentif à ces attributs précieux dont le Créateur avait pourvu chacune des espèces : c'est la prévenance divine qui avait imaginé les œufs pour les oiseaux – ces derniers, s'ils avaient été vivipares, n'auraient pu voler ! – ou doter le lièvre d'yeux placés haut pour voir les prédateurs de loin, de grandes oreilles pour mieux les entendre (al-Jahiz s'était émerveillé dans la même veine). Il arrivait cependant à Ray d'expérimenter sur les œuvres de Dieu, comme lorsqu'il subtilisa, jour après jour, un œuf après l'autre dans le nid d'une hirondelle, qu'il mena à pondre dix-neuf fois ! Toutefois, Ray en vint aussi à douter du récit de la Genèse et de l'arche sauvant du Déluge un couple de chaque espèce : les fossiles laissaient voir que des espèces qui avaient vécu jadis ne se rencontraient plus sur Terre…

Au XVIIIe siècle, un autre pasteur anglais approcha Dieu en observant ses créatures. Au contraire de Ray, Gilbert White (1720-1793) ne voyagea guère et trouva la matière à ses études et à ses écrits dans sa paroisse de Selborne, son village natal du Hampshire, où il était revenu vivre en 1756. Pendant presque quatre décennies, White a consigné ses observations dans des lettres à des naturalistes de l'époque, dont Daines Barrington (1727-1800), à la fois juge, historien et journaliste, qui fut aussi l'inventeur du carnet-journal naturaliste. Barrington encouragea White à publier une partie de ces lettres : *The Natural History and Antiquities of Selborne*, qui a paru à la fin de 1788, est devenu un classique de la littérature anglaise, avec plus de deux cents éditions et traductions recensées !

White a décrit finement d'humbles faits, comme l'instinct chez le rat des moissons qui construit son nid, ou les récitals et bagarres chez les criquets mâles… Et si le pasteur White s'interdisait d'engager trop avant des réflexions sur l'ordre divin de la nature, il a eu néanmoins quelques intuitions de belle portée. Écrivant avec force détails sur les hirondelles et les martinets, il a suggéré que l'étude de leur régime alimentaire apporterait peut-être une explication aux habitudes de vol différentes chez ces espèces : cette idée de chercher à comprendre les comportements par les avantages qui en découlent (comme réduire la concurrence pour une ressource) s'inscrit dans le cadre d'une éthologie moderne. En revanche, White est resté curieusement hostile à l'idée que les hirondelles puissent migrer, bien que son frère John l'ait informé depuis Gibraltar du passage de ces oiseaux. Le pasteur naturaliste réfuta certes qu'elles puissent hiberner sous l'eau, mais il soutint qu'elles devaient passer l'hiver sur quelque berge discrète. Un printemps, il envoya ses jardiniers fouiller autour de plans d'eau, en quête d'hirondelles endormies…

White fut le premier à utiliser le chant pour distinguer des espèces très proches de passereaux. Il réussit notamment à différencier le pouillot fitis (*Phylloscopus trochilus*) du pouillot véloce (*P. collybita*) ; il reconnaissait au premier des « notes joyeuses et riantes », au second cet appel rude et sonore qui a valu à l'espèce le surnom de « compteur d'écus ».

Daines Barrington, qui avait incité White à publier, avait de son côté les élans d'un expérimentateur moderne. Intéressé par l'éducation des bouvreuils, auxquels les oiseleurs enseignaient des airs sifflés ou joués au flageolet, il tenta l'expérience d'introduire de jeunes linottes dans les nids d'alouettes des champs (*Alauda arvensis*), d'alouettes des bois (aujourd'hui, l'alouette lulu, *Lullula arborea*) et de pipits farlouses (*Anthus pratensis*). Il eut la satisfaction d'entendre les jeunes oiseaux reproduire les notes des parents adoptifs, mais galvauda le fruit de son expérience en publiant en 1773, dans les *Philosophical Transactions*, cette généralisation hâtive que tous les oiseaux apprennent la totalité de leur chant : « Le chant n'est pas plus inné chez les oiseaux que le langage ne l'est chez l'homme, mais il dépend entièrement de l'enseignement qui leur est donné, en tant que leurs organes leur permettent d'imiter les sons qu'ils ont souvent l'occasion d'entendre. »

Pour convertir les chants d'oiseaux en notation musicale, Barrington avait sollicité l'aide d'un accordeur de clavecins. L'homme renonça : le syrinx des oiseaux réalise des prouesses qui sont un défi à l'oreille humaine, et quant à s'en tenir à notre gamme diatonique, l'oiseau n'en a cure !

En revanche, la musique humaine la plus prolixe de notes n'effraie pas certains oiseaux : ainsi, en 1784, Mozart s'enticha chez un oiseleur d'un étourneau qui lui aurait répété quelques mesures de son concerto pour piano en *sol* majeur K. 453, que le compositeur avait sifflé lors d'une précédente visite – selon d'autres sources, l'oiseau serait à l'origine dudit concerto après avoir sifflé quelques notes d'un air folklorique [193]. En 1769, le musicien avait rencontré à Londres Daines Barrington, justement, que la Royal Society avait mandaté pour examiner le jeune prodige…

Bêtes philosophiques, bêtes de chair

Cette même année 1769, à Pavie, Lazzaro Spallanzani (1729-1799) était nommé professeur d'histoire naturelle à l'université. Spallanzani est connu notamment pour sa réfutation de la génération spontanée et sa découverte du rôle du sperme dans la fécondation. Lui aussi fut amené à se pencher sur un cas de virtuosité : le talent des chauves-souris à évoluer dans l'obscurité. Le chirurgien et naturaliste genevois Louis Jurine (1751-1819) avait déjà montré qu'une chauve-souris dont les conduits auditifs ont été bouchés ne parvient plus, dans le noir, à éviter systématiquement les obstacles. Spallanzani vérifia cette conclusion avec des chauves-souris capturées dans la cathédrale de Pavie. Les malheureux chiroptères furent aveuglés, et quelques-uns en outre assourdis. Les chauves-souris seulement privées de la vue continuèrent à mener leurs vols sans encombre, mais celles privées d'ouïe avaient manifestement perdu leur aptitude à contourner les obstacles. Spallanzani ne put faire plus toutefois que dénier des talents surnaturels aux chauves-souris – ce qui constituait déjà un grand pas, néanmoins.

Dans les décennies précédentes, en Allemagne, Johann Pernauer de Rosnau (1660-1731), noble déçu par ses semblables, avait trouvé son bonheur dans la compagnie des oiseaux, qu'il observait et apprivoisait. Il en rapporta finement les mœurs alimentaires, sociales et familiales, leurs modes de communication et leurs migrations dans

Les Plaisirs agréables de la campagne ou l'Entraînement et l'apprivoisement des oiseaux (cet ouvrage paru en 1702 connut trois rééditions en moins de vingt ans). En France, René Antoine Ferchault de Réaumur (1683-1757) ne fut pas moins un observateur et un expérimentateur empressé des conduites animales. Réaumur est connu surtout comme l'inventeur du thermomètre et de la sidérurgie scientifique, alors que son œuvre entomologique est loin d'être négligeable : elle porte sur les sociétés d'insectes, leur écologie, l'incubation artificielle des œufs, etc. Mais ses *Mémoires pour servir à l'histoire des insectes* sont restés oubliés près de deux siècles… Le philosophe Étienne de Condillac (1715-1780), auteur d'un *Traité des animaux* (1755), l'aurait sans doute déploré, lui qui prôna sans relâche une approche concrète, directe de l'animal. Condillac fut un pourfendeur des systèmes philosophiques qui se passent des faits, et un détracteur des purs philosophes, « des hommes qui d'ordinaire aiment mieux une absurdité qu'ils imaginent qu'une vérité que tout le monde adopte », relevant ailleurs que « les choses les plus simples sont celles que les philosophes découvrent les derniers ». Comme en écho, moins de dix ans plus tard, un fonctionnaire-naturaliste écrivait dans une dédicace accompagnant quelques essais d'histoire naturelle : « Vous savez, Madame, que je soutiens qu'il n'appartient qu'au chasseur d'apprécier l'intelligence des bêtes. Pour les bien connaître, il faut avoir vécu en société avec elles ; et la plupart des philosophes n'y entendent rien. » Insistant plus loin : « Je me contente de voir ce qui est, et je ne me suis jamais inquiété de ce qui devrait être. Un des plus grands obstacles au progrès réel des connaissances, c'est cette fureur de présumer, et de décider ensuite sur des présomptions. Il est plaisant qu'avec le peu que nous savons, nous prétendions déterminer les lois de la nature ! »

L'auteur de ces lignes, Charles-Georges Leroy (1723-1789), fut un naturaliste de terrain, assurément. Il avait hérité les hautes fonctions de son père, lieutenant des chasses et administrateur des forêts royales des parcs de Versailles et de Marly. Ces occupations ne tinrent pas Leroy éloigné des cercles savants, et il contribua notamment à l'*Encyclopédie* de Diderot et d'Alembert par des articles sur la chasse, l'instinct, les fermiers, la forêt... Toutefois, quand on évoque Leroy aujourd'hui, c'est surtout pour ses *Lettres sur les animaux*, un recueil publié en 1764 sous le pseudonyme de « Naturaliste de Nuremberg ». Leroy y décrit en détail les modes de vie du loup, du renard, du cerf, du chevreuil, du lapin, de la perdrix... en s'excusant d'écrire sur si peu d'animaux, de surcroît courants, mais c'était là toutes les espèces qu'il avait durablement côtoyées ! Leroy se distinguait à cet égard de Buffon, son contemporain, qui avait entrepris de traiter de tous les mammifères et oiseaux connus alors. Grâce aux voyageurs, missionnaires, diplomates ou autres militaires, Buffon recevait des informations et des spécimens du monde entier. Il fut un « explorateur en cabinet », qu'inspiraient d'abondantes collections. Il vit peu d'espèces vivantes, et toujours hors de leur milieu – lorsqu'il regagnait sa Bourgogne natale, c'était pour y diriger sa forge plutôt que pour courir la campagne.

Pour pallier l'expérience réduite qu'il avait des comportements animaux, Buffon, on l'a vu, animait ses descriptions selon ses sympathies et ses aversions. Pas davantage que le tigre, le loup n'a trouvé grâce sous sa plume soucieuse de captiver son lecteur : « Il n'y a rien de bon dans cet animal que sa peau ; on en fait des fourrures grossières, qui sont chaudes et durables, sa chair est si mauvaise qu'elle répugne à tous les animaux, et il n'y a que le loup qui mange volontiers du loup. Il exhale une odeur infecte par la gueule. Enfin, désagréable en tout, la mine basse, l'aspect sauvage, la voix effrayante, l'odeur insupportable, le naturel pervers, les mœurs féroces, il est odieux, nuisible de son vivant, inutile après sa mort. »

Leroy avait la zoologie plus courtoise. Lui raconta les loups avec un mélange de tendresse et d'admiration : « La nécessité de la rapine, l'habitude du meurtre et la jouissance journalière de membres d'animaux déchirés et sanglants ne paraissent pas devoir former au loup un caractère moral bien intéressant : cependant, excepté le cas de rivalité en amour, cas privilégié pour tous les animaux, on ne voit pas que les loups exercent de cruauté directe les uns contre les autres.

Tant que la société subsiste entre eux, ils se défendent mutuellement, et la tendresse maternelle est portée dans les louves jusqu'à l'excès de fureur qui méconnaît entièrement le péril. » Leroy discerna chez ces canidés une intelligence qu'il attribua aux collaborations variées du mâle et de la femelle, suscitant sans cesse de nouvelles « idées ». En revanche, Leroy voyait le cerf comme « un de ces animaux que leur constitution, les inclinations qui en résultent, la manière de se nourrir, et les rapports qu'ils peuvent avoir avec les autres, ne mettent pas dans le cas d'avoir beaucoup d'idées. Il n'a nulle difficulté à vaincre quant à la recherche de sa nourriture ». Et de poursuivre : « Ni l'amour, ni la société, qu'ils ont ensemble pendant l'hiver, ne sont encore pour eux les sources d'un grand nombre d'idées. L'amour n'est en eux qu'un besoin momentané de jouir qui admet toutes les femelles indistinctement, qui n'établit aucun choix réciproque, aucun soin de famille. Pendant l'hiver, ils ne vivent pas proprement en société ; seulement ils se rapprochent les uns des autres pour se garantir du froid : ce besoin passé, ils se séparent ou du moins ne paraissent en aucune façon attachés les uns aux autres, excepté les jeunes et les femelles, que la faiblesse et la timidité retiennent ensemble. »

Ce fut une intuition majeure de Leroy que l'attention portée aux contraintes différentes auxquelles chaque espèce est soumise, et adaptée. Leroy considéra toutefois la variété des adaptations dans leurs conséquences non sur les instincts en général, mais plus étroitement sur les aptitudes à l'apprentissage. Il a défendu fermement chez l'animal l'idée d'individualité et de progrès individuel par l'expérience, fustigeant les philosophes pour qui tous les représentants d'une espèce étaient d'un même moule, avec leur lot de conduites automatiques immuables. « Lorsque vous aurez suivi un grand nombre d'individus dans des espèces différentes, a écrit Leroy, que vous aurez reconnu les progrès de l'éducation dont ils sont susceptibles, en raison de leur conformation, de leurs appétits naturels, des circonstances dans lesquelles ils se trouvent ; lorsque vous les aurez vus, se traînant sur les pas de l'expérience, ne devoir qu'à des méprises répétées et à l'instruction qui en résulte, la prétendue sûreté de leur instinct, il est impossible, ce me semble, de ne pas rejeter bien loin toute idée d'automatisme. »

Leroy observa que les jeunes oiseaux améliorent d'année en année leurs nids d'abord « mal façonnés et mal placés », ou que les jeunes loups, « après avoir passé deux mois au liteau suivent enfin leur mère qui ne pourrait plus fournir seule à une voracité qui s'accroît tous les jours. Ils déchirent avec elle des animaux vivants, s'essaient à la chasse et parviennent, par degrés, à pourvoir avec elle à leurs besoins communs. [...] Ils apprennent à reconnaître les forts où se retire le gibier ». Leroy se fit l'avocat des castors en contestant que ces rongeurs n'améliorent pas leurs habitations quand l'homme avait su passer de la hutte à Versailles ! Leroy était d'avis que si l'on cessait de tourmenter ces animaux, peut-être pourraient-ils manifester quelque progrès – il eût sans doute été déçu d'apprendre que l'industrieux rongeur couvre aveuglément de branches un haut-parleur qui diffuse un bruit d'eau qui s'écoule !

Leroy réservait néanmoins sa part à l'instinct, avec une manière de conciliation fort moderne entre ce qui devait faire le fondement, matérialiste, de l'éthologie et les préoccupations de la psychologie expérimentale : « Ce qui appartient proprement à l'instinct dépend entièrement de l'organisation : ainsi, c'est par instinct que le cerf broute l'herbe, et que le renard se nourrit de chair. Mais ce n'est pas à l'instinct, c'est à la faculté de sentir et à ses effets qu'appartiennent les moyens que ces animaux emploient pour satisfaire les besoins de leur appétit naturel. L'instinct détermine l'objet du désir, le désir donne l'attention, l'attention fait remarquer les circonstances, et grave les faits dans la mémoire ; la mémoire des faits donne l'expérience, l'expérience indique les moyens. Si les moyens ont quelque succès, ils constituent la science ; s'ils n'en ont pas, ils produisent la réflexion, qui combine de nouveaux faits et enfante de nouveaux moyens. »

Paresseux providentiels

La pratique durable de quelques bêtes communes, comme chez Leroy, fut une attitude exceptionnelle en un temps où se multipliaient les explorations à vaste échelle. La zoologie était alors surtout marquée par les inventaires. On découvrait continuellement de par le monde de nouvelles espèces, et on collectait des spécimens dans la mesure du possible pour les ramener ou les envoyer en Europe. Les explorateurs, toutefois, n'avaient guère de temps, ou ne le prenaient pas, pour s'intéresser aux comportements. De certaines espèces, on ne connaîtra jamais leurs mœurs mieux que superficiellement. Ainsi de l'énorme rhytine, une parente des lamantins longue de près de huit mètres. Georg Wilhelm Steller, explorant le Pacifique Nord avec le Danois Vitus Béring, en mentionna l'existence en 1741, avec quelques commentaires. Vingt-sept ans plus tard, l'espèce avait été exterminée par les chasseurs...

Cependant, les expéditions devenant plus localisées, et les séjours plus durables, la vision des faunes exotiques s'est enrichie lentement. Parmi les voyageurs moins pressés, Charles Waterton (1782-1865) n'est certes pas le plus connu, quoiqu'il ait écrit plusieurs relations de voyages. Cet aristocrate anglais a eu toutefois l'immense mérite de soutenir – parce qu'il croyait en un Grand Horloger, encore – que toute espèce est pleinement adaptée, par sa forme et ses comportements, à un mode de vie qui doit lui être profitable puisqu'elle se perpétue. Et qu'importe si nous jugeons son existence peu enviable !

C'est ainsi que, en plein essor industriel, Waterton devint un fervent avocat, en particulier, des paresseux – ceux qui habitent l'Amazonie, donc. Il avait toute latitude pour étaler ses vues provocatrices : il était en marge de l'aristocratie anglaise parce que catholique, une tradition de famille depuis que l'ancêtre Thomas More (1478-1535) – l'auteur de l'*Utopie* – avait été décapité sur l'ordre d'Henri VIII, fâché de s'entendre contester par lui un mariage et la direction de l'Église d'Angleterre.

Moins durement traité, mais privé néanmoins de poste officiel, Waterton exécra toujours les protestants, monarques britanniques en tête, qu'il comparait aux rats. Ce rongeur fut l'un des rares animaux que Waterton détesta, d'ailleurs. Le personnage était en effet plein de prévenance à l'égard des animaux. Ses écuries de Walton Hall, le domaine familial dans le Yorkshire, étaient aménagées de manière que les chevaux puissent communiquer entre eux, et la porcherie autorisait aux cochons des bains de soleil. En 1826, des marécages situés dans le domaine devinrent la première réserve d'oiseaux des îles Britanniques. Renards et mustélidés y étaient régulièrement capturés pour être relâchés ailleurs ! Quant aux braconniers, ils étaient découragés par une multitude de leurres de faisans qui leur faisaient gaspiller les munitions. Pratiquant l'ornithologie dans sa réserve, Waterton se dissimulait dans des troncs creux aménagés, une démarche pionnière.

Le goût pour l'histoire naturelle était né chez Waterton après la lecture d'une thèse sur la théologie naturelle, publiée en 1802, dans laquelle un promeneur trouve une montre et s'interroge sur l'Horloger qui l'a conçue. Peu après, Waterton eut à se rendre en Guyane dans les plantations familiales, et l'exubérance de la forêt amazonienne étancha amplement sa soif de rouages divins. Vingt ans durant, il balança entre l'Europe et la jungle. Il y rencontra les paresseux, dont l'existence avait interloqué plus d'un naturaliste : « Moins paresse que misère, c'est dénuement et vice dans la conformation », avait soupiré Buffon. Waterton, pour sa part, regarda ces créatures avec l'intime conviction que « chaque espèce de la grande famille des êtres animés est parfaite à sa manière, adaptée à la sphère d'existence que la Providence lui a assignée ». Plutôt qu'arracher un spécimen à son milieu pour aller constater ailleurs que, certes, le paresseux peut sembler fort démuni, Waterton l'observa dans son élément. Il conclut que le paresseux mène une vie digne comme n'importe quelle autre créature, et fit remarquer en particulier que nulle loi naturelle n'interdit de vivre sous les branches plutôt que dessus !

Des naturalistes raillèrent ses observations, mais, à leur

décharge, on précisera que Waterton lui-même, outre qu'il avait l'intervention plutôt péremptoire lorsqu'il participait à des assemblées scientifiques, n'avait eu que jugements acides pour l'œuvre ornithologique accomplie en Amérique du Nord par le peintre John James Audubon (1785-1851), pour les rapports produits sur les gorilles par l'explorateur franco-américain Paul Belloni du Chaillu (v. 1831-1903) – du Chaillu fut le premier Occidental à en tuer un… –, ou encore pour une observation qu'Edward Jenner (1749-1823) – père du vaccin antivariolique – publia sur les brutalités du jeune coucou à l'encontre des œufs de ses parents adoptifs. Waterton se montra plus courtois lorsque, en 1845, il accueillit à Walton Hall un naturaliste qui avait lui aussi visité l'Amérique du Sud, un certain Charles Darwin. Cependant, celui-ci devait bientôt mettre à mal cette certitude à laquelle Waterton tenait tant – il n'était pas le seul ! – d'une Providence à l'œuvre dans la nature et qui avait doté les créatures de conduites parfaites…

2. Le double legs de Charles Darwin

« Aussi longtemps que nous considérons l'homme et tous les autres animaux comme des créations indépendantes, nous sommes empêchés dans ce désir naturel qui nous pousse à déterminer aussi loin que possible les causes des comportements expressifs. Avec cette doctrine, toute chose s'explique aussi bien que son contraire, aussi s'est-elle avérée dommageable tant pour l'étude des expressions que pour les autres branches de l'histoire naturelle. Chez l'homme, certains comportements expressifs, comme le hérissement des pilosités sous l'effet d'une extrême terreur, ou le découvrement des dents sous l'influence d'une grande fureur, sont difficilement compréhensibles sauf si l'on croit que l'homme a existé précédemment dans une condition plus primitive et plus animale. [...] Celui qui admet que les structures et les habitudes de tous les animaux ont évolué graduellement considérera le chapitre de l'Expression sous un jour nouveau et intéressant » (Charles Darwin, *L'Expression des émotions chez l'homme et les animaux*, 1872).

C'est peu dire que la manière occidentale de voir le vivant a été bouleversée dès lors que Charles Darwin et Alfred R. Wallace sont parvenus à défendre valablement l'idée que l'anatomie des organismes et leurs comportements ne peuvent être vraiment compris que si l'on admet des filiations entre espèces, des ascendances communes, des transformations sous l'effet d'une sélection naturelle...

Il naît dans la nature bien plus d'organismes qu'il n'en peut survivre. Ce constat incompatible avec l'idée d'une Providence bienveillante n'était pas neuf au temps de Darwin et de Wallace : en particulier, le pasteur et économiste anglais Thomas Robert Malthus (1766-1834) avait disserté sur ce thème dans son *Essai sur le principe de population* (1798). Darwin et Wallace, au fil d'innombrables observations, ont été amenés à reconnaître les principes à l'œuvre dans la « lutte pour la vie » : il survient de menues variations entre représentants d'une même espèce, et un individu a d'autant plus de chances de survivre assez longtemps pour se reproduire et disséminer ses caractères qu'il bénéficie d'une variante avantageuse dans les circonstances du moment – morphologie ou revêtement plus aptes à décourager les prédateurs, mouvements défensifs plus efficaces, course ou vol plus performants, signaux de communication plus évidents ou, plus discrètement, une enzyme digestive modifiée…

On a trop souvent l'impression, bien à tort, que la révolution suscitée par Darwin et Wallace dans les sciences biologiques revenait surtout à expliquer l'apparence physique et l'anatomie des organismes : par exemple, comprendre comme le résultat d'adaptations divergentes à partir d'un même membre ancestral la patte antérieure du loup, l'aile de la chauve-souris, la nageoire de la baleine, la main des primates… Or, Darwin et Wallace n'ont pas fait moins de cas des comportements et de leurs origines, de leurs filiations et de leur signification évolutives.

Rires d'enfants, parades de paons

Si la vision évolutionniste devait rendre plus fascinante, et surtout plus controversée que jamais, la comparaison entre l'homme et ses proches parents primates, Darwin s'est d'abord refusé à la traiter publiquement – au contraire de Lamarck, un demi-siècle plus tôt. Mais les polémiques s'étant accrochées à cette question fondamentale, elle fut désamorcée rapidement au cours de débats dans lesquels des disciples et proches de Darwin se montrèrent brillants. Considérer le comportement humain comme l'aboutissement d'un processus évolutif menait à imaginer, comme le souligna Darwin, d'en retracer l'histoire animale et même de reconstituer une image de nos ancêtres éteints, en étudiant nos proches cousins – l'éthologie, dans sa vocation d'étude comparative des comportements, était là en germe. Darwin s'est souvent rendu au zoo de Londres pour y observer les primates, et il sollicitait l'aide du personnel pour des études suivies de tel ou tel détail. Les mimiques des différentes espèces l'intéressaient au premier chef ; il expérimenta sur ce thème, confrontant par exemple de jeunes orangs-outans à un miroir. Darwin fut également l'observateur attentif de son premier fils, William. En soumettant l'enfant à divers bruits, il quêta ses réactions instinctives, ses sourires et ses moues. Observant d'autres nourrissons, Darwin nota soigneusement l'ordre et l'âge d'apparition de leurs expressions. Il se mit par ailleurs à collectionner les photographies, dont il remplissait ses carnets ; il se procura notamment des clichés réalisés par le neurologue et clinicien parisien Guillaume Duchenne de Boulogne (1806-1875), qui avait immortalisé les grimaces de patients soumis à des stimulations électriques légères. Darwin alla jusqu'à louer les services d'un acteur qui se photographia simulant la surprise, la défiance, la colère… Enfin, il adressa dans les colonies un questionnaire sur les mimiques et les gestes des autochtones, au total seize questions telles que : « Le mépris s'exprime-t-il en avançant un peu les lèvres et en retroussant le nez, tout en expirant légèrement ? » Soucieux d'être documenté sur les convergences et les différences selon la culture dans la forme et la signification des comportements expressifs, Darwin fut surtout frappé par les points communs : « Les mêmes états de l'esprit sont exprimés avec une uniformité remarquable de par le monde. »

L'Expression des émotions chez l'homme et les animaux est un essai de synthèse par le Darwin explorateur, décrypteur des comportements. Hors les parts importantes, éthologiques avant l'heure, réservées à l'expression humaine, l'ouvrage comprend un catalogue consistant de signaux par lesquels mammifères, oiseaux ou reptiles communiquent leurs émotions – catalogue mêlant des observations personnelles à de nombreux emprunts à la littérature naturaliste de l'époque. Darwin a ainsi détaillé l'usage de divers « appendices dermiques », les plumes, poils ou écailles propres à être hérissés, ébouriffés, redressés (il a notamment expérimenté l'introduction d'un serpent naturalisé chez les chimpanzés du zoo de Londres, afin d'observer leur réaction pileuse). Il a aussi remarqué finement que le positionnement des oreilles vers l'arrière, couramment manifesté par un animal qui s'apprête à attaquer ou à se défendre, était généralement une adaptation des carnivores et des ruminants qui se battent en usant de leurs dents – et Darwin de poser ce contre-exemple que les éléphants, qui s'éprouvent défenses contre défenses en tentant de faire reculer l'adversaire, peuvent déployer sans risque leurs oreilles, largement, pour intimider.

Darwin a relevé également l'opposition de forme qui existe entre des attitudes exprimant des motivations contraires, principe que le naturaliste a appelé *antithèse* et dont un bon exemple tient dans le contraste entre le chat amical, caressant, et le chat prêt à une attaque défensive, paradant de flanc, le dos arqué, raidi, tout son poil hérissé. Toutefois, à considérer le chien exprimant par des aboiements pareillement sonores des états de « joie » et de « fureur », Darwin n'a pu généraliser autant qu'il l'aurait espéré l'application de ce principe – il n'en demeure pas moins que, assez généralement, les sons émis par des animaux en situation de détresse ou de dépendance sont de fréquences plus élevées, relativement, que les sons accompagnant une menace. Des innombrables sons vocaux produits dans le règne animal, Darwin a fait l'hypothèse qu'ils avaient leur origine dans divers réflexes respiratoires que l'évolution aurait nuancés vers les vocalisations plus élaborées servant les parades sexuelles ou le fonctionnement des sociétés.

Les parades sexuelles précisément ont frappé Darwin comme un contexte souvent marqué d'exagérations dans l'apparence et les conduites, de la part des mâles généralement, à l'instar du paon – on rencontre cependant des espèces où ce sont les femelles qui mènent la cour et sont plus voyantes que les mâles, ainsi chez les échassiers appelés phalaropes. Il était difficile de soutenir que ces excès, ces extrêmes dans la morphologie et le comportement puissent accroître les chances de survie de l'animal : dans ce cas, ils se seraient manifestés chez les deux sexes. Darwin a donc conclu à une forme particulière de la sélection naturelle, dite *sélection sexuelle*. Celle-ci favorise des traits qui s'avèrent avantageux dans la compétition pour les partenaires sexuels en agissant sur des préférences instinctives des femelles. Cette intuition de Darwin quant à une sélection opérée par l'un des sexes, généralement les femelles, n'est entrée dans les vues des biologistes qu'un plein siècle plus tard – c'est tout le temps qu'il aura fallu pour que les mentalités évoluent assez et admettent plus librement un rôle aussi déterminant des femelles…

Un Darwin lamarckien

Il eût été surprenant que Darwin considère les comportements expressifs autrement qu'en conformité avec ses thèses évolutionnistes, en termes d'avantage sélectif et de succès reproducteur. En revanche, le naturaliste ne s'est pas suivi lui-même quant à leur origine et leur évolution. Plutôt que d'envisager le même processus que celui qu'il avait proposé pour expliquer la transformation des traits physiques – variations naturelles, apparition d'un potentiel avantageux chez un individu, sélection favorable, diffusion par la reproduction –, Darwin a postulé la transmission à la progéniture de comportements acquis par le parent au cours de son existence. C'est ainsi que Darwin expliquait, chez les mammifères et les oiseaux, l'usage de l'ébourriffement ou du hérissement par un comportement jadis déclenché volontairement et qui, par l'habitude, se serait inscrit dans le patrimoine héréditaire pour devenir un réflexe. Ailleurs, il a fait remonter les mœurs des coucous à une ponte accidentelle adoptée comme un usage par les générations suivantes (« Je crois que cette habitude longtemps continuée a fini par amener l'instinct bizarre du coucou »). On célèbre souvent Darwin contre Lamarck, et le principe de la sélection naturelle contre celui, erroné, de la transmission des caractères acquis. Or, non seulement Darwin a passablement emprunté à Lamarck en dehors du principe central de sa théorie, mais il était tout à fait lamarckien lorsqu'il a posé l'hypothèse que de simples réflexes acquis par un individu, ou des actions apprises suffisamment répétées, pouvaient devenir héréditaires, et de là instinctives.

Darwin n'en a pas été moins déterminant, évidemment, pour les sciences du comportement. En cette matière, il a ouvert deux voies dès lors qu'il a établi, contre le dogme d'une Création divine, des filiations au sein du vivant et une forme de continuité entre les espèces. Une voie d'étude, celle de la psychologie expérimentale, s'est attachée à cette continuité, en mesurant le degré, selon l'espèce, de diverses aptitudes telles que l'apprentissage ou la résolution de problèmes ou encore, plus périlleusement chez certains auteurs, l'esthétique, l'humour... L'autre voie, appelée à devenir l'éthologie, devait au contraire mettre l'accent plutôt sur les différences entre les espèces, exprimées dans les comportements manifestant une composante héréditaire forte et dits instinctifs. Historiquement, c'est la voie de la psychologie qui allait se développer en premier.

En 1871, Darwin accueillit chez lui Lewis Henry Morgan (1818-1881). Ce descendant d'une des premières familles anglaises émigrées outre-Atlantique avait grandi dans l'État de New York au contact des tribus indiennes. Devenu juriste, il fut le défenseur des populations indigènes en butte à l'avancée des colons blancs, et ses séjours et études sur le terrain, notamment auprès des Iroquois, ont été le point de départ de l'ethnologie scientifique – Morgan plaça cependant les nations indiennes fort bas dans une hiérarchie sociale qu'il avait imaginée. Morgan a mené également une carrière d'entrepreneur, et il fut le promoteur d'une ligne de chemin de fer qui, au sud du lac Supérieur, devait servir de relais entre des mines et des fonderies. C'est en surveillant ce chantier qu'il s'est passionné pour le castor, qu'il regarda comme l'exemple accompli de ce que la pensée n'était pas une prérogative de l'homme. Assisté d'un guide indien et d'un révérend féru de photographie, Morgan effectua des relevés complets de nids et de barrages, dans l'État de New York d'abord, puis dans les montagnes Rocheuses à des fins de comparaisons. Il rassembla ses observations dans l'ouvrage *The American Beaver and his Works* (1868), qui représenta à l'époque la plus volumineuse monographie jamais réalisée sur une espèce animale. Morgan avait privilégié l'explication du comportement par l'intelligence, et Darwin le déplora vivement, en rappelant la puissance de l'instinct à produire des comportements qui ne sont ingénieux qu'à première vue[1] (voir l'empressement du castor à lutter contre un bruit d'eau courante enregistré sur bande magnétique…).

De la jalousie chez les poissons

Charles Darwin aura eu infiniment plus de regrets à voir s'égarer George John Romanes (1848-1894), qui voulut retracer l'évolution des états psychiques et de l'intelligence. Les deux hommes se rencontrèrent en 1874, à l'invitation de Darwin, qui avait apprécié une lettre de Romanes à la revue *Nature* sur un point de détail des thèses évolutionnistes. Darwin avait alors soixante-cinq ans, et il aurait accueilli Romanes de toute la chaleur d'un : « Heureux que vous soyez si jeune ! » De fait, du jour de leur rencontre, les deux hommes entamèrent une relation quasi filiale.

Né au Canada, dans une famille aisée, Romanes avait grandi en Angleterre, puis en Allemagne et en Écosse. À l'université de Cambridge, une bourse pour l'étude des sciences naturelles le détourna d'une carrière ecclésiastique. La vogue était alors à la physiologie, et Romanes s'intéressa au système nerveux des méduses, des étoiles de mer et des oursins. Il prit l'habitude de travailler l'été en Écosse, dans un cottage en bord de mer. C'est en 1878 qu'il commença à s'interroger sur l'évolution qui, depuis les comportements simples régis par le réseau nerveux rudimentaire des méduses, avait mené jusqu'aux achèvements du cerveau

1. Alfred Russell Wallace aurait probablement réservé un meilleur accueil à Morgan. Wallace ne croyait guère à « l'accomplissement par un animal d'actes complexes absolument sans instruction ni connaissance acquise préalablement » ; et il s'est efforcé de dénoncer des assertions non prouvées sur l'instinct : « Je refuse d'accepter la théorie de l'instinct dans tous les cas où l'on n'a pas d'abord épuisé tous les autres moyens possibles d'explication » (Wallace songeait à l'apprentissage par imitation).

humain. S'il parvenait à retracer l'évolution des activités mentales chez les animaux, il compléterait utilement, jugeait-il, les vues de Darwin. Ce dernier l'encouragea, lui remit des notes sur le comportement et, même, un manuscrit traitant de l'instinct qui n'avait pas trouvé place dans *L'Origine des espèces*.

Romanes élabora un classement des émotions et des facultés de l'intelligence selon leur ordre d'apparition supposé au cours de l'évolution, de la peur chez les organismes les plus primitifs au sens esthétique chez les oiseaux et à la cruauté chez les chats, en passant par l'affection parentale chez certains insectes. Il élabora une ontogenèse des facultés mentales chez le jeune humain, qui le conduisait d'une mentalité de méduse, à sa naissance, jusqu'à celle d'une chenille goulue, puis au-delà, à quatre mois, au stade de reptile par la faculté de reconnaître les individus. À quinze mois, l'enfant surpassait la condition de singe… Mais Romanes ne mit pas à ce projet le soin qu'il avait manifesté au cours de ses études de physiologie. Il rejeta même, pratiquement, la méthode expérimentale. Avait-il été découragé par son incapacité à vérifier ce que plusieurs observateurs avaient soutenu avant lui, à savoir qu'un chat déplacé hors de son territoire le retrouve en général assez rapidement ? Ayant capturé des félins à Wimbledon, dans la banlieue de Londres, pour les relâcher dans la campagne voisine, Romanes n'avait pu observer qu'une confusion de chats désorientés et surtout pressés de se dissimuler n'importe où ! Toujours est-il qu'il prit le parti d'observer les phénomènes mentaux plus simplement tout en déléguant beaucoup ! Il confia ainsi à sa sœur un petit singe d'Amérique du Sud emprunté au zoo de Londres. La découverte par l'animal des aises et contraintes de la société victorienne fut consignée scrupuleusement dans un journal. Le singe avait si bien pris son rang qu'il éclata de rage un jour où son hôtesse fit mine de nourrir une peluche ! Romanes a inclus le rapport de sa sœur dans *Animal Intelligence* (1882), compilation d'anecdotes innombrables recueillies auprès d'observateurs très divers : militaires, explorateurs, naturalistes (dont Darwin), propriétaires d'animaux familiers, gardiens de zoo, fermiers, etc. Avec ce matériel, Romanes a pu disserter sur la jalousie chez les poissons, le goût des araignées pour la musique, le sens de la justice chez les corbeaux freux ou de la bonne plaisanterie chez le chien, ou encore la fierté du perroquet après une parole bien tournée ! L'ouvrage relatait même cette vengeance de perroquet harcelé par un chat : l'oiseau, de la voix, attira le chat dans une cuisine pour le doucher d'un bol de lait…

Romanes, à vouloir expliquer les conduites animales par des processus mentaux inaccessibles à toute vérification, s'était précipité dans une impasse. Ce cul-de-sac devait être, dans les années suivantes, encombré toujours davantage ! Ainsi, on allait parler beaucoup au début du XXe siècle d'un étalon appartenant à un aristocrate allemand, Wilhelm von Osten. Ce dernier, qui à ses heures avait enseigné l'arithmétique à des enfants, était convaincu que les animaux non humains raisonnent moins que les hommes, tout simplement parce qu'ils ne sont pas éduqués pareillement. Dans sa confortable propriété de Berlin, von Osten entreprit donc d'enseigner l'arithmétique à un premier cheval, puis à un second du nom de Hans, en usant de la méthode de la carotte, mais aussi du bâton d'après ses voisins. « Hans le Malin », comme on surnomma bientôt le cheval, répondait aux questions qu'on lui posait en frappant le sol de son sabot. En deux ans, son génie arithmétique sembla valoir celui d'un enfant de douze ans, et les visiteurs commencèrent à affluer, même d'Amérique.

Une controverse s'installa tout naturellement sur les capacités réelles de l'animal, et l'empereur Guillaume II en personne décida d'une expertise. Karl Stumpf (1848-1936), alors directeur de l'Institut de psychologie de Berlin, forma une commission de treize membres où figuraient notamment un homme politique, un dresseur de cirque, un vétérinaire et un zoologiste, le Dr Oskar Heinroth, que nous retrouverons en des circonstances moins polémiques. Après avoir examiné Hans, la commission conclut en septembre 1904 à un possible savoir arithmétique, mais recommanda néanmoins une étude plus approfondie, que Stumpf confia à l'un de ses plus brillants étudiants, Oskar Pfungst (1874-1932). Ce dernier ne tarda pas à remarquer que Hans répondait correctement aux questions seulement si la réponse était connue de von Osten : il était donc évident que le cheval recevait des informations de son propriétaire. Néanmoins, cela se passait à l'insu de celui-ci. Pfungst put établir que le cheval comprenait qu'il avait frappé le bon nombre de coups de sabot à d'infimes changements de conduite chez von Osten : respiration suspendue, tête penchée, sourcils s'élevant, posture redressée... Lavé de tout soupçon de tricherie mais très remonté contre son cheval, von Osten vendit Hans, dont le nouveau propriétaire resta pour sa part convaincu des capacités de l'animal.

Hans ne fut ni le premier ni le dernier d'un cortège d'animaux dits « savants », de fait subtilement « autodidactes » pour les uns, à l'instar de Hans, habilement dressés pour les autres [27]. Mais l'expression « *Clever Hans* » (« clever » : malin, en anglais) sert aujourd'hui encore à désigner les risques d'interprétation erronée dès lors qu'on vise à identifier, chez un animal, des états mentaux et des raisonnements que l'on veut tenir pour causes de ses comportements. Avant même Hans le Malin toutefois, des égarements tel celui de Romanes avaient stimulé des voies d'étude du comportement voulues parfaitement objectives, ne prenant en compte que des éléments directement mesurables.

Un canon et de petites mécaniques

L'année où Romanes publiait son *Animal Intelligence*, sir John Lubbock (1834-1913) – qui fut entre autres préhistorien et le père des mots « paléolithique » et « néolithique »... – livra le bilan de longues recherches sur les insectes sociaux. Les conceptions de Lubbock recelaient encore passablement d'anthropomorphisme, mais ses méthodes et ses observations soigneuses, ainsi que le recours, innovateur, à la statistique ont concouru à faire de son œuvre un jalon et un modèle. Quant à Conwy Lloyd Morgan (1852-1936), un ami de Romanes que celui-ci avait lassé par ses accumulations d'anecdotes, il contribua à épurer le débat en 1894 en édictant, dans *An Introduction to Comparative Psychology*, une règle connue encore aujourd'hui sous le nom de « canon de Morgan ». Ce professeur de zoologie et de géologie à l'université de Bristol proposa qu'on ne rattache plus le comportement animal à des causes vagues telles que l'intelligence ou le raisonnement si une interprétation plus simple s'avérait suffisante – cette règle aurait été inspirée à Morgan par cette seule observation qu'un chien n'ouvre pas une porte parce qu'il a acquis une science des leviers, mais parce qu'il a appris lesquelles parmi des actions désordonnées produisent un effet satisfaisant pour lui. L'étude des conduites animales doit toutefois à Morgan plus que le mouvement d'humeur de son canon : outre des expériences sur les conduites innées, sur l'apprentissage et sur l'imitation, Morgan est à l'origine de l'usage en anglais du mot *behaviour* (« comportement ») et de la notion de « comportement animal » – en français, c'est le psychologue Henri Piéron (1881-1964) qui a, en 1907, réhabilité le terme de *comportement*, tombé en désuétude, pour désigner « les manières d'être et d'agir des animaux et des hommes, les manifestations objectives de leur activité globale ».

À Morgan, on doit aussi, en 1903, dès lors qu'il jugea que son canon avait été trop bien entendu, un amendement à sa règle spécifiant que des processus mentaux plus complexes peuvent être invoqués « si nous avons déjà des preuves indépendantes de l'occurrence de ces processus supérieurs chez l'animal étudié ». Il réagissait ainsi à l'essor d'approches du comportement très réductionnistes, visant à ramener toutes les conduites à des sommes de processus physiologiques simples (réflexes, apprentissages élémentaires...) dont on pouvait manipuler à volonté le contenu et les circonstances.

Fils d'un commerçant allemand, Jacques Loeb (1859-1924) se destinait aux affaires à Berlin quand, encouragé par un oncle médiéviste, il réalisa que ses intérêts profonds le poussaient vers la science. En particulier, Loeb fut fasciné sa vie durant par la question des fondements organiques du libre arbitre. Étudiant la médecine, il eut tôt l'ambition d'expliquer toutes les actions, même les plus nobles, en les réduisant à des mécanismes élémentaires. Entre 1881 et

1886, Loeb travailla à Strasbourg dans un laboratoire où l'on s'ingéniait à montrer que le cerveau n'est pas un organe de contrôle, mais un simple relais des sens vers les muscles, ainsi qu'un substrat au processus de la mémoire où les stimulations seraient associées à des réponses appropriées. Promu en 1886 assistant en physiologie à l'université de Wurzbourg, Loeb y devint l'ami du botaniste Julius von Sachs (1832-1897) – à qui, dans le passé, Darwin avait confié son fils Francis. Sachs instruisit Loeb sur les mouvements chez les plantes, appelés *tropismes* : le *phototropisme*, par exemple, sous l'action de la lumière, ou le *géotropisme*, en rapport avec la gravité (le tropisme est positif ou négatif selon que la plante suit ou fuit le stimulus). Loeb se plut à penser que les animaux ne se conduisaient pas différemment des plantes, réagissant positivement ou négativement à des stimulations extérieures. Toutes leurs conduites devaient tenir à une mécanique très simple, à l'instar des plantes, dépourvues de système nerveux central, mais qui n'en manifestent pas moins une certaine mobilité.

Prudemment, Loeb expérimenta d'abord sur des animaux aux allures de plantes, des vers marins dont il montra qu'ils construisent toujours le tube qui les abrite en direction d'une source lumineuse. Loeb retrouva la même attirance pour la lumière chez des chenilles, des papillons..., et il n'eut guère de mal à trouver des créatures qui, au contraire, fuient la lumière. Il s'enthousiasma bientôt de pouvoir prédire avec une précision mathématique quel chemin des larves de crustacés suivraient entre deux sources lumineuses, selon les variations d'intensité appliquées à l'une ou à l'autre source... Privées d'un œil, les mêmes larves infléchissaient fortement leur trajectoire du côté de l'œil intact, ce qui conforta Loeb dans son idée que les comportements résultent de simples additions de stimuli – Loeb ne concevait pas de différence fondamentale entre réflexes, tropismes et instinct : tous étaient une réponse à une stimulation externe. Si le réflexe impliquait une partie seulement de l'organisme, les tropismes impliquaient sa totalité. Quant à l'instinct, il était un enchaînement plus ou moins complexe de réflexes et de tropismes. Même dans les conduites extrêmement accomplies, le cerveau le plus élaboré ne faisait rien d'autre qu'additionner d'innombrables stimulations élémentaires. Additionner, et non coordonner.

Ce credo, Loeb le défendit à l'université de Chicago dès 1892, puis à celle de Californie, et enfin à l'institut Rockefeller de recherche médicale à New York – Loeb avait émigré outre-Atlantique après quelques années d'errance qui l'avaient vu revenir à Strasbourg pour démissionner aussitôt faute d'avenir, poursuivre des recherches de biologie marine à Naples et épouser finalement une Américaine rencontrée à Zurich.

Si Loeb s'est investi dans d'autres champs de la biologie, notamment les mécanismes de la fécondation, la régénération cellulaire et la longévité, sa transposition des tropismes végétaux au règne animal reste sa contribution la moins oubliée, avec son utilité, et ses limites, pour la compréhension des conduites animales. Le terme tropisme a été conservé pour les mouvements d'orientation chez les animaux qui vivent fixés, et celui de *taxie* est venu qualifier, chez les animaux qui se déplacent librement, les mouvements d'orientation en réaction à un facteur physique, un objet ou une proie (on aura ainsi la *phototaxie*, réaction d'orientation à la lumière, la *chimiotaxie*, réaction à une odeur, une saveur, ou encore la *géotaxie*, orientation selon la direction de la gravité…). Hors ces affinements terminologiques, au XXe siècle, progressivement, l'insuffisance des conceptions de Loeb a pu être largement démontrée : de nombreux organismes, à l'évidence, quêtent une stimulation plutôt qu'ils ne la suivent, explorant activement leur environnement par *essais et erreurs* en vue d'accomplir une action déterminée – beaucoup d'animaux en chasse, par exemple. La certitude d'interconnexions complexes, cycliques, entre les états de motivation, mais aussi la découverte de décharges nerveuses spontanées au sein du système nerveux ont permis de ramener définitivement les taxies à un rang bien moins éminent que celui de grand principe imaginé par Loeb.

Cloches et labyrinthes

Au début du XXe siècle, à l'Institut de médecine expérimentale de Saint-Pétersbourg, le physiologiste Ivan Pavlov (1849-1936), prix Nobel de médecine en 1904, allait peu à peu se convaincre, pareillement, qu'il avait découvert le principe ultime expliquant tous les comportements – sans que d'ailleurs Pavlov soit directement intéressé par le comportement animal, ses thèmes de recherches étant d'ordinaire la pression sanguine et la digestion. En recherchant ce qui causait la sécrétion des sucs digestifs, Pavlov en vint à stimuler chez des chiens certaines zones de leur muqueuse buccale et de leur langue en y appliquant de la nourriture en poudre. Il constata que cette action déclenchait un réflexe de salivation, lequel fit entrevoir au physiologiste la possibilité d'une étude quantitative, avec la mesure du volume de salive produit. Mais Pavlov dut vite déchanter : les chiens, aussitôt qu'ils furent accoutumés à la procédure expérimentale, commençaient à saliver dès ses préparatifs, puis, bientôt, lorsqu'ils entendaient les pas de l'expérimentateur résonner dans le couloir ! Impossible dès lors d'effectuer des mesures valables.

Pavlov a mué cette déconvenue en une recherche fondamentale, qui l'a occupé de 1902 à sa mort, sur les associations pouvant s'établir chez un organisme entre un réflexe naturel inné et une stimulation quelconque sans signification naturelle pour l'espèce. Dans l'expérience certainement la plus connue parmi toutes celles que Pavlov a menées sur le *conditionnement associatif*, des chiens furent confrontés au son d'une cloche précédant une distribution de nourriture : bientôt, les sujets salivaient dès qu'ils entendaient la cloche. Des expériences ultérieures montrèrent comment on pouvait amener l'animal – ou plus précisément son système nerveux végétatif – à des généralisations telles que « tout son de cloche annonce de la nourriture », ou au contraire à une discrimination entre des signaux proches, telle que « seul un son d'une certaine fréquence promet un casse-croûte ». Pavlov a pu constater également, en sens inverse, que le réflexe de salivation subissait une *extinction* si, lors de quelques essais consécutifs, la stimulation n'était plus associée avec la présentation de nourriture. Outre le processus même du conditionnement associatif, ces expériences ont ouvert une voie d'étude élégante des capacités et des limites sensorielles et perceptives chez les animaux – pas de conditionnement associatif possible, évidemment, si le stimulus associé n'est pas accessible aux sens de l'espèce étudiée.

La mise en relation, au niveau cérébral, entre une zone contrôlant un réflexe naturel inné (*inconditionnel*), tel que la salivation, et une zone réagissant à une excitation provoquée par un événement neutre (*conditionnel*), comme le son d'une cloche, a semblé à Pavlov une voie d'explication à toutes les conduites supérieures, jusqu'à l'activité psychique la plus accomplie. Pavlov poursuivait de fait le projet de rendre l'étude des comportements parfaitement objective, en traduisant ceux-ci dans les termes de la seule physiologie – c'est là une partie du programme éthologiste que Tinbergen devait établir au début des années 1950. Aussi Pavlov s'érigea-t-il en pourfendeur de tous ceux qui, quelquefois dans ses propres laboratoires, se référaient à des états subjectifs invérifiables comme cause et explication des comportements – Pavlov mit bien moins de formes et de douceur de ton que Tinbergen n'en mettra trois décennies plus tard lorsqu'il argumentera dans le même sens. Le physiologiste eut bien d'autres emportements, fustigeant par exemple en 1934 son collègue britannique Charles Scott Sherrington (1857-1952), qui avait exprimé ses doutes quant aux rapports entre l'activité nerveuse et l'intelligence : « Je suis porté à supposer qu'il est malade, et que bien qu'il n'ait pas encore soixante-dix ans, ce sont là des signes évidents de sénilité, de vieillissement. » Pavlov ne fut pas plus tendre avec l'école naissante, aux États-Unis, de psychologues bientôt connus comme les *béhavioristes*, un courant que Pavlov tenait pour non scientifique. Ces scrutateurs en laboratoire des apprentissages par association et conditionnement avaient pourtant pris beaucoup de soin pour vider de toute subjectivité leur approche des conduites animales, et leurs sujets d'expérience…

Dans la dernière décennie du XIXe siècle, aux États-Unis, Edward Lee Thorndike (1874-1949) s'était lancé dans l'exploration des capacités d'apprentissage chez les poussins après une conférence de Conwy Lloyd Morgan. Les recherches de Thorndike, diplômé de fraîche date de l'université Harvard, connurent cependant un faux départ : sa logeuse l'expulsa avec toute sa basse-cour. Thorndike trouva refuge chez le philosophe William James (1842-1910), dont il avait suivi les cours. Celui-ci lui ouvrit le sous-sol de sa maison et prêta à Thorndike ses enfants ainsi que ses livres – les enfants jouèrent les assistants, et les livres servirent à élaborer des labyrinthes dans lesquels Thorndike testait ses poussins.

Ce dernier mena ensuite des expériences sur des chats, qu'il enfermait, affamés, dans des cages dont ils pouvaient sortir en tirant une corde, en pressant un levier ou en poussant un battant. Pour Thorndike, qui avait souscrit pleinement au canon de Morgan, les chats n'avaient nul recours au raisonnement pour gagner leur liberté et le morceau de poisson qui les récompensait. Seule la panique de l'enfermement les menait à actionner par hasard le mécanisme d'ouverture, et les progrès que Thorndike observa chez ses félins n'avaient à ses yeux d'autre explication que des connections toujours plus directes entre les stimulations induites par la captivité et l'action libératrice avec son bénéfice. Thorndike tenait pour preuve de la pauvreté des opérations dans un cerveau félin qu'un chat bien entraîné placé dans une cage dont tout un côté manquait n'en continuait pas moins à tenter d'en sortir en usant de l'astuce qu'il avait apprise précédemment. De là, Thorndike généralisa au règne animal tout entier une *loi de l'effet*, considérant que tout comportement, même le plus complexe, apparaît au hasard et s'installe grâce aux conséquences qu'il entraîne, bonnes ou néfastes. Par exemple, si un animal retourne accidentellement une pierre, y trouve un insecte et fait l'expérience de sa comestibilité, ce comportement s'en trouvera *renforcé* et l'animal retournera d'autres pierres. Satisfait de ses conclusions, Thorndike abandonna l'étude du comportement animal pour les sciences de l'éducation.

Pourtant, il n'avait pas découvert une loi ultime et universelle – pour seul exemple, on devait montrer par la suite qu'un poussin condamné par des lunettes déformantes à manquer un grain qu'il convoite n'en améliore pas moins son picorage, resserrant ses coups de bec de plus en plus précisément autour d'un point à côté d'un grain qui, jamais, ne vient le récompenser. Thorndike fut critiqué en tant qu'inventeur de la « cage-test » : des détracteurs estimèrent ses cages trop petites, et Conwy Lloyd Morgan, son inspirateur, jugea les expériences trop artificielles. Un autre critique de Thorndike, Leonard T. Hobhouse (1864-1929), ne semblait pas destiné par ses occupations à prendre part directement à ce genre de controverse : philosophe, sociologue et journaliste au *Guardian* de Manchester, il était l'auteur de *The Labour Movement* (1893) et de *The Theory of Knowledge* (1896). Il fut autorisé à mener des expériences au zoo de Manchester, où il compléta sur des primates des essais qu'il avait menés sur des animaux familiers. Hobhouse a pu ainsi contester que les chats soient lents à apprendre ou qu'ils ne puissent, de même que les chiens, s'inspirer des succès de congénères qu'ils ont observés. Ayant résumé ses recherches dans *Mind in Evolution* (1901), Hobhouse retourna à la sociologie, tout en restant un journaliste engagé : en 1904, il devait publier *Democracy and Reaction*…

Thorndike n'en a pas moins engendré une postérité vigoureuse. John Broadus Watson (1878-1958), en particulier, allait fonder le *béhaviorisme* sur cette même idée que l'animal fonctionne à la manière d'une machine qui, au fil des circonstances, produit des réponses comportementales, conserve celles qui se révèlent avantageuses et abandonne celles qui ne le sont pas.

Des rats et des hommes

John B. Watson, qui fit courir beaucoup de rats dans des labyrinthes, a eu l'existence aussi riche en virages que celle de ses cobayes : il fut délinquant juvénile, diplômé en psychologie, professeur d'université et finalement publiciste.

Natif de Caroline du Sud, de père alcoolique et de mère baptiste convaincue que seule la propreté peut mener à Dieu, Watson aurait été dressé à l'hygiène dès l'âge de trois mois… En 1891, après que son père eut quitté le domicile conjugal pour s'établir en concubinage avec deux femmes indiennes, John se tourna vers une existence de rue et fit son ordinaire des armes, rixes et virées racistes. À seize ans, menacé d'un durable séjour en pénitencier, il changea de cap : il s'inscrivit dans une université locale et y étudia avec acharnement. Il put rejoindre ensuite l'université de Chicago, où il se lia avec Jacques Loeb, dont il partageait pour une part les vues sur le comportement animal comme réductible à une somme de réactions élémentaires.

Dans le temps où il s'était converti à l'étude, Watson avait eu des rats pour compagnons. Il leur avait enseigné quelques tours, autrement dit, il avait su *renforcer* certaines de leurs actions par des gratifications immédiates. De même, dans les expériences qu'il mena à Chicago, les rats apprirent rapidement, dans un labyrinthe, le chemin ou la règle qui menaient à une récompense. Cependant, l'inertie des rongeurs à changer une habitude acquise conforta Watson dans l'idée que leurs comportements étaient le résultat d'apprentissages aveugles : des rats entraînés à trouver leur nourriture au fond d'un petit couloir s'arrêtaient à mi-chemin quand ce couloir était rendu deux fois plus long, et ils fouillaient un temps devant un mur invisible quand bien même la nourriture se trouvait bien en évidence un peu plus loin. Des circonstances plus naturelles ne changeaient rien, constata Watson. En 1907, séjournant parmi les sternes d'un îlot au large de la Floride, il fit l'expérience de déplacer légèrement des œufs et de les mettre à côté des nids. Les sternes reprenaient place dans le nid vide, bien que leur œuf unique soit en vue. Watson observa par ailleurs que chaque sterne regagnait son nid à travers des fourrés, depuis un lieu d'atterrissage, toujours le même. Bien que le chercheur ait éclairci les fourrés, les oiseaux n'en continuèrent pas moins à contourner des obstacles désormais inexistants !

Watson passa ensuite à l'étude du comportement humain, en particulier de la relation entre la mère et l'enfant, et il devint un chantre du traitement des enfants comme de petits adultes. Nommé en 1908 à la chaire de psychologie de l'université Johns Hopkins, à Baltimore, Watson put entrevoir une grande destinée pour la science nouvelle qu'il mûrissait. L'acte de naissance du béhaviorisme fut un article publié en 1913, dans lequel Watson disqualifiait toute psychologie qui ne s'en tiendrait pas à ce qui peut être observé et mesuré [186]. Il paya ainsi bien mal de retour William James, le même qui avait hébergé Thorndike, fustigeant la stérilité de la psychologie par l'introspection, que James représentait aux États-Unis… Watson était convaincu que, grâce au béhaviorisme, chacun bientôt comprendrait et contrôlerait sa conduite et celle des autres en usant judicieusement de renforcements positifs ou négatifs appliqués respectivement aux « bons » et aux « mauvais » comportements. Mais en 1920, Watson fut brutalement privé de sa chaire et quitta les milieux académiques. Il avait eu le tort de répondre aux stimuli adressés par l'une de ses étudiantes, d'autant qu'il fut encouragé dans sa conduite par quelques récompenses subséquentes. Ce fut sa femme qui le dénonça aux autorités universitaires, non sans avoir d'abord tenté en vain de reconditionner son époux à d'autres sentiments en lui délivrant des renforcements négatifs sous la forme de lettres anonymes accompagnées de photos. Watson rebondit rapidement dans la publicité – on lui doit entre autres le conditionnement des mamans américaines à certaine marque de talc –, mais il n'en continua pas moins de publier des ouvrages de vulgarisation sur les thèses béhavioristes.

Burrhus Frederic Skinner (1904-1990) allait bientôt développer jusqu'à des proportions industrielles l'étude de l'apprentissage par conditionnement, remplissant des salles entières de cages, d'un modèle dit *boîte de Skinner*, dans lesquelles l'activité de rats et de pigeons s'enregistrait automatiquement. Les animaux étaient récompensés (nourris) ou punis (chocs électriques légers) pour renforcer positivement ou négativement leurs réponses comportementales à divers problèmes qui leur étaient proposés, ou pour favoriser l'association de ces réponses à des signaux variés. À l'instar de Pavlov, Skinner n'avait pas un intérêt particulier pour les animaux. Il n'était préoccupé que par le processus d'apprentissage et la modification des comportements par le conditionnement.

Skinner a découvert ainsi qu'un retard infime dans le renforcement d'une réponse diminue les performances d'apprentissage, mais aussi que, dans ce cas, une seconde stimulation peut servir de relais, jusqu'au moment de la récompense. Le béhavioriste n'avait fait là que vérifier expérimentalement un vieux truc de dresseur : celui-ci ne peut pas toujours récompenser immédiatement un animal qui vient d'accomplir un tour, aussi siffle-t-il, par exemple, pour entretenir chez l'animal une association entre le tour réussi et la récompense. En une autre occasion, alors qu'il était presque à court d'aliments, Skinner espaça les récompenses qu'il offrait à des pigeons. Il fit cette prédiction que les volatiles perdraient vite leur motivation à presser le levier qu'ils avaient appris à actionner pour être nourris. La prédiction se révéla fausse : les pigeons redoublèrent d'ardeur ! Ayant pu mesurer que l'apprentissage même est d'autant plus durable que la distribution de récompense est aléatoire, Skinner risqua l'analogie avec les jeux d'argent chez l'homme, et conclut de cette recherche notamment que l'argent fonctionne comme un puissant renforcement intermédiaire. De fait, pour Skinner, ces expériences de conditionnement par *renforcements positifs* (qui augmentent la probabilité de répétition d'une réponse) ou *renforcements négatifs* (qui diminuent la probabilité de répétition d'une réponse) suffisaient à expliquer nos conduites, nos phobies, nos dépendances et, d'une manière plus générale, les affaires du monde. Il ne doutait pas qu'il tenait en même temps un moyen de remédier à tous nos travers : dans un roman intitulé *Walden Two* (1948), Skinner s'est plu à imaginer un monde d'humains conditionnés vivant dans la plus quiète des harmonies, sans haine ni envies. Le psychologue prêcha à l'identique dans *Beyond Freedom and Dignity* (1971), mais sans l'aide de la science-fiction cette fois…

« Étant donné que l'apprentissage par la réussite joue un rôle capital chez les animaux supérieurs et chez l'homme, l'école béhavioriste a fourni un travail très intéressant. Il est absolument nécessaire de le souligner ici, parce que l'on attribue à tort aux éthologistes la réputation de dénier toute valeur à la recherche béhavioriste. En réalité, ce qu'en tant qu'éthologistes nous reprochons aux béhavioristes, aussi bien sur le plan méthodologique que sur le plan pratique, ne porte pas sur ce qu'ils font – ils le font de manière exemplaire – mais sur ce qu'ils ne font pas [114]. »

Ces quelques lignes de Konrad Lorenz sont une version courtoise des critiques plus vives qui furent adressées au béhaviorisme dès les années 1930 par les premiers éthologistes européens. Ceux-ci, zoologistes de formation, étaient rompus à l'observation de l'animal en milieu naturel ou semi-naturel, et leur attention allait surtout aux différences entre les espèces. Ils admettaient donc difficilement que le rat ou le pigeon, étudiés dans des conditions hautement artificielles, puissent incarner, résumer à eux seuls le comportement animal. Par ailleurs, les éthologistes contestaient absolument que, chez l'individu, les comportements se mettent en place essentiellement par voie d'apprentissage : tout animal, soulignaient-ils, s'avère capable de réaliser de manière appropriée un certain nombre d'actions pour lesquelles il n'a eu aucune pratique préalable. Aussi Lorenz s'est-il enflammé, ailleurs : « Aux béhavioristes orthodoxes américains, qui essaient sérieusement d'exclure de leur méthode toute observation directe de l'animal, ainsi qu'à d'autres gens "sans yeux", mais doués d'intelligence, c'est une noble tâche que de prouver ce que nous avons vu, de telle façon qu'ils doivent le croire. Et que tout un chacun doive le croire [113]. » Mais qu'avaient donc vu Lorenz et ses confrères ?

3. Naissance de l'éthologie

Où, finalement, l'éthologie s'est-elle constituée en science indépendante ? Cette question nous mène de l'Autriche aux Pays-Bas, des hameaux d'Altenberg, près de Vienne, et de Brunnwinkl, près de Salzbourg, jusqu'aux dunes qui bordent la mer du Nord entre La Haye et Leyde. Elle nous conduit aussi à quelques pigeonniers américains et dans les allées du zoo de Berlin…

C'est à Altenberg que Konrad Lorenz (1903-1989), tenu souvent, trop étroitement, comme « le » père de l'éthologie, a réalisé ses observations les plus pénétrantes et ébauché ses synthèses théoriques les plus fertiles. Il travaillait dans la propriété familiale et ses environs, entre Danube et forêts. Dans un texte autobiographique de 1985, Lorenz a conté comment sa future femme, Margarethe (« Gretl »), et lui-même se sont un jour improvisés « mères-canes », pour deux canetons qu'ils avaient recueillis chez un fermier du voisinage : « Nous pataugions sur les rives des bras morts du Danube, choisissant des étangs grouillant de larves d'insectes, constatant avec allégresse combien nos canetons appréciaient cette nourriture naturelle. […] Nous répondions à propos quand nos protégés criaient de détresse, et nous devinions en général si c'était la faim, le froid ou la solitude qui les avait fait appeler. […] Nous vivions avec eux une vraie vie de canards et, en peu de mois, nous devînmes familiers de tout ce qu'un canard peut faire ou vocaliser. Nous ne savions pas que pareille accumulation de connaissances serait appelée "éthogramme" des années plus tard [115]. »

Éthogramme, le terme a été introduit en 1936 par l'ornithologue Gerritt François Makkink dans un compte rendu d'observations de l'avocette (*Recurvirostra avosetta*) [116]. L'éthogramme est un catalogue détaillé décrivant tous les comportements d'une espèce. Préalable à toute étude éthologique, il sert aussi à former le regard chez l'apprenti éthologiste, avec ce problème de décider du meilleur découpage, du juste degré de détail à appliquer à la continuité des productions comportementales. Même, le terme eût-il été forgé lorsque Lorenz se sentit pour la première fois une vocation de mère-cane, il n'en aurait sans doute guère usé : il n'avait alors que cinq ans !

Des choucas aux oies cendrées

Lorenz devait aussi apprendre plus tard que ce lien étroit qu'il avait instauré avec des canetons relevait d'un processus appelé *empreinte*, disposition précoce des nouveau-nés de certaines espèces d'oiseaux et de mammifères à s'attacher fortement à leur mère pour la suivre partout. À défaut, le jeune animal suivra toute autre créature, naturalistes compris, et même n'importe quel objet mobile qui lui sera présenté au cours de la courte période permettant cet attachement irréversible, ou, plus justement, difficilement réversible. Lorenz a tiré parti de ce mécanisme pour s'immiscer dans la vie de bien des oiseaux, dont les oies cendrées, qui l'ont occupé sa vie durant. Ce qui lui fit dire, naturellement, que le processus d'empreinte avait fonctionné dans les deux sens !

Le caneton qui suivait Lorenz enfant devint une grosse cane et vécut longtemps. Lorenz s'est plu à dire qu'il avait appris bien plus en sa compagnie qu'avec beaucoup de ses professeurs. De fait, Lorenz éthologiste changea peu la « méthode » qu'il avait suivie dans sa tendre enfance. En 1931, sa deuxième publication scientifique, une monographie détaillée sur la vie sociale des corvidés [110], racontait bien plus qu'elle ne les exposait les conclusions d'années d'intimité avec une troupe de choucas hébergés sous le toit familial d'Altenberg. Lorenz expliquait par exemple comment il avait mené de jeunes choucas à le rejoindre quand il imitait le cri de contact de leur espèce. Chaque choucas, Tchok le favori mis à part, avait reçu son nom d'après les anneaux de couleur attachés à ses pattes, procédé de reconnaissance individuelle utilisé en ornithologie : « Comme je les appelais depuis le jardin, il devint évident qu'ils étaient trop attachés à leur refuge pour s'aventurer si loin. Chaque fois que j'appelais, Bleu-Bleu et Bleu-Rouge descendaient en volant dans ma direction mais ils perdaient leur assurance à mi-chemin et regagnaient le toit après avoir décrit quelques cercles. Finalement, je les portai tous les deux sur ma main à travers la maison jusque dans le jardin. Comme l'escalier leur était inconnu, ils ne s'aventurèrent pas à s'éloigner du seul objet qui leur était familier : moi. Les rares fois où ils s'y essayèrent, ils revinrent aussitôt se percher sur mon bras. Ils restaient toujours accrochés à moi dans le jardin, ce lieu leur étant aussi un territoire inconnu. Après cette première excursion, ils regagnèrent seuls le toit quand je les appelai d'en haut. Après quelques excursions semblables, ils en vinrent à répondre à mon appel lancé depuis le jardin et à me rejoindre depuis le toit sans mon aide. »

Pour construire, dans les années 1930, une science éthologique véritable à partir des comportements instinctifs, Lorenz a dû inventer et adopter, on le verra, un certain nombre de concepts et de termes spécialisés. Mais jamais il n'a renié ce mode de relation étroit avec les animaux qu'il observait, ce qui lui a valu parfois de vigoureuses critiques sur son objectivité et la spontanéité de ses sujets. Mais Lorenz a toujours su raison garder et, lorsqu'il s'est tourné davantage vers l'épistémologie (dès 1940), il s'est efforcé notamment de légitimer le rapport étroit entre l'observateur et ce qui est observé. Et, indirectement, de valider par là l'éthogramme de ses cinq ans…

Douglas Spalding et ses poussins

À considérer ce que, dans ses intérêts et sa manière de faire, Lorenz tenait pour fondamental, on peut se demander si l'Écossais Douglas Alexander Spalding (1840-1877), ex-couvreur venu à la philosophie, n'aurait pu tenir la place du savant autrichien avant l'heure. La question restera sans réponse, Spalding n'ayant pas été ménagé par l'adversité.

De naissance modeste, Spalding avait pu néanmoins suivre, sans frais, des cours de littérature et de philosophie à l'université d'Aberdeen. Il poursuivit à Londres des études de droit, et il venait d'accéder au barreau quand la tuberculose ruina ses ambitions. Petite consolation, Spalding put compter sur l'amitié du philosophe John Stuart Mill (1806-1873), ardent promoteur de l'expérimentation – et aussi, en France, le bienfaiteur de l'entomologiste Jean Henri Fabre (1823-1915). Mill encouragea Spalding à mener des études expérimentales sur le comportement animal. Le jeune homme, captivé par les récentes thèses sur l'évolution, se piqua de contribuer au vieux débat sur ce qui est inné et ce qui est appris, *acquis*, dans le comportement. La plupart des conduites non humaines (et un bon nombre d'humaines) lui apparaissaient innées, instinctives, ne nécessitant pas d'apprentissage ni de pensée rationnelle pour être exécutées.

Par l'intermédiaire de Mill toujours, Spalding trouva les moyens et le lieu pour mener à bien ses recherches. Il fut introduit auprès de lord et lady Amberley, aristocrates socialistes et athées qui habitaient un manoir à Ravenscroft, dans le pays de Galles. Les Amberley firent de Spalding le précepteur de leur fils aîné. Le grand-père, lord Russell, ancien Premier ministre, faillit s'étouffer en trouvant un prolétaire chargé de l'éducation de son petit-fils – le cadet, qui devait philosopher un jour sous le nom de Bertrand Russell (1872-1970), était, lui, trop jeune pour être confié à Spalding lorsque celui-ci prit ses fonctions, en 1873.

Entamant une vie de château, Spalding entreprit d'emblée d'élever des pinsons et des abeilles dans sa chambre, des poules dans un salon, des lapins sur les pelouses, etc. Ses employeurs avaient les idées larges, et lady Amberley l'assistait même. L'une des expériences de Spalding, la plus connue, démontra qu'aucun exercice n'est nécessaire aux jeunes hirondelles pour voler. Cinq oisillons furent emprisonnés dans des boîtes où ils ne pouvaient battre des ailes. Au moment de l'envol, il fut évident que les muscles et les nerfs des captifs n'en étaient pas moins préparés pour un vol bien coordonné ! Spalding accumula les expériences avec différentes volailles, soustrayant les oisillons à l'influence maternelle en improvisant des couveuses avec des berceaux placés au-dessus de casseroles d'eau bouillante. Il expérimenta sur le goût inné des poussins et des dindonneaux à poursuivre les insectes sans qu'ils aient besoin d'encouragements maternels, au contraire de ce que Darwin avait postulé. Il constata aussi que des poussins développés en couveuse reconnaissent les cris d'une mère poule à la première audition. Avec sa basse-cour, Spalding fit – inévitablement – l'expérience de l'empreinte, et il lui arrivait donc de déambuler flanqué d'oisillons. C'est ainsi qu'un jour il put relever : « Alors qu'un de mes petits protégés âgé de douze jours courait à côté de moi, il poussa le pépiement particulier qui avertit du danger ; en regardant en l'air, je vis un faucon en train de planer très haut dans le ciel. » Une observation promise à une longue postérité : Spalding conclut à une crainte innée des rapaces chez les poussins, mais il fut vite critiqué, au motif que l'oisillon avait pu simplement s'effrayer d'une présence inhabituelle. Konrad Lorenz et Niko Tinbergen, après une expérience commune durant l'été 1937, se rallièrent à l'opinion de Spalding, concluant à une reconnaissance innée des rapaces chez la jeune oie cendrée. Tinbergen se ravisa ultérieurement, après avoir pris connaissance de nouveaux résultats qui suggéraient une crainte non spécifique, suscitée simplement par un animal inhabituel ; résultats qui eux-mêmes ont été contestés ensuite…

Spalding semblait donc marcher, par anticipation, dans les pas de Lorenz. Mais ses travaux sur les conduites instinctives, mêlés à son intérêt pour les thèses évolutionnistes, auraient-ils pu le conduire à la paternité de l'éthologie ? Nul ne peut l'affirmer. Spalding fut emporté tôt par la maladie, à l'âge de trente-sept ans. La Royal Society de Londres, qui n'avait vu que son défaut de diplômes, s'était refusée à publier ses résultats. Ils le furent par des magazines, dont *Nature*. L'un des articles de Spalding, où il exposait notamment son expérience avec les jeunes hirondelles, a cependant été distingué en 1954 par une seconde publication dans une revue scientifique, après avoir paru initialement en 1873 [165].

Dans la société victorienne, Spalding ne valait pas davantage que son origine sociale, et les Amberley n'ont pu l'aider longtemps : lady Amberley mourut en 1874 de diphtérie, peu avant son mari, qui succomba à une crise d'épilepsie. Le vieux lord Russell s'empressa de mettre à la porte Spalding, qui mourut désargenté en 1877. Lord Russell a aussi gommé rageusement le précepteur des archives familiales : il était apparu que lady Amberley, avec l'accord de son mari, mettait une conviction très intime à aider Spalding dans l'étude des conduites naturelles.

Jean Henri Fabre, Homère des insectes

Les instincts captivaient tout autant l'entomologiste Jean Henri Fabre, l'autre protégé de John Stuart Mill. Celui-ci, outre qu'il avait poussé Fabre à l'écriture naturaliste, vola financièrement à son secours le jour où Fabre l'enseignant démissionna parce qu'on lui contestait le droit de parler sexualité végétale à de jeunes publics, féminins en particulier ! Fabre eut alors tout loisir d'explorer le monde des insectes en observateur scrupuleux et en expérimentateur ingénieux. Dans les dix volumes de ses *Souvenirs entomologiques*, publiés entre 1879 et 1908, sa prose vive raconte des créatures bien plus soumises à des automatismes aveugles que leurs comportements ne le laisseraient croire. Par exemple, du pélopée, une guêpe maçonne, Fabre écrivit : « J'ai dit comment l'amas de cellules terminé, l'insecte crépit son nid et le recouvre d'une grossière écorce de boue sous laquelle disparaissent les élégances de la poterie. Je surprends un Pélopée au moment où il étale ses premières pilules en revêtement cortical. Le nid est appliqué contre un mur enduit de mortier. » Or, Fabre ayant subtilisé le nid, il ne resta sur le mur qu'« un mince filet discontinu marquant le pourtour de la motte de boue. Dans ce périmètre, sauf quelques rares parcelles boueuses, le mur a repris la blancheur de son enduit de mortier, coloration bien différente de celle du nid, d'aspect cendré. Arrive le Pélopée avec sa charge de glaise. Sans hésitation que je puisse apprécier, il s'abat sur l'emplacement désert, où il dépose sa pilule en l'étalant un peu. Sur le nid lui-même, l'opération ne serait pas autrement conduite. D'après le zèle et le calme du travail, il est indubitable que l'insecte croit vraiment crépir sa demeure, alors qu'il n'en crépit que le support mis à nu. La nouvelle coloration des lieux, la surface plane remplaçant le relief de la motte disparue, ne l'avertissent pas de l'absence du nid ». Le pélopée poursuivit ainsi transports de boue et façonnage, contribuant sinon à l'édification d'un nid, tout au moins à celle de Fabre : « La gent entomologique ne paraît guère s'écarter d'un fonds commun d'aptitudes ; ceux que nous jugeons les mieux doués sur le témoignage des actes normalement accomplis se montrent aussi bornés que les autres lorsque l'expérimentateur trouble le courant de leurs instincts. » En une autre occasion, Fabre disposa des chenilles processionnaires sur le bord d'une grande vasque : des jours durant, les larves tournèrent en vain, et sans fin, en quête de verdure.

Fabre n'eut pas toujours l'expérience aussi élégamment simple. Ainsi, ayant constaté que les cigales détectent le danger visuellement plutôt qu'à l'ouïe – le fait est-il étonnant, vu le bruit dont elles s'environnent ? –, il mobilisa pour le montrer pas moins que « l'artillerie municipale, c'est-à-dire les boîtes que l'on fait tonner le jour de la fête patronale ». Et de poursuivre : « Le canonnier se fait un plaisir de les charger à l'intention des cigales et de venir les tirer chez moi. Il y en a deux, bourrées comme pour la réjouissance la plus solennelle. [...] Les deux tonnants engins sont disposés au pied des platanes, devant ma porte. » Cinq témoins avaient été conviés à constater la réaction des cigales. « La boîte part, vrai coup de tonnerre. Aucun émoi là-haut. Le nombre des exécutants est le même, le rythme est le même, l'ampleur du son est la même. Les six témoignages sont unanimes : la puissante explosion n'a modifié en rien le chant des cigales. »

Il arriva à Fabre de se plaindre des cigales comme d'« importunes voisines [...] martelant le cerveau de leur rauque symphonie ». Ayant un jour essayé divers résonateurs en papier sur l'abdomen amputé d'une cigale de l'orne ou cacan, Fabre se félicita que l'espèce « ne suive pas les conseils des évolutionnistes. Si, plus enthousiaste d'une génération à l'autre, elle pouvait acquérir, de progrès en progrès, un résonateur ventral comparable à celui que lui font mes cornets de papier, la Provence, peuplée de cacans, serait un jour inhabitable ». Fabre fut en effet un farouche adversaire des thèses darwiniennes, même s'il a entretenu une correspondance amicale avec Darwin (« Si les faits tels que je les observe, m'éloignent de ses théories, je n'ai pas moins en vénération sa noblesse de caractère et sa candeur de savant »).

D'aucuns ont tenu Fabre pour un savant de second plan, qui de surcroît aurait emprunté beaucoup aux entomologistes qui l'avaient précédé, entre autres Réaumur, dont Fabre toutefois remarquait qu'il s'était borné à relever des faits en expérimentant rarement plus avant, « tant à son époque tout était à faire ; et la moisson [était] si grande, que l'illustre moissonneur [allait] au plus pressé ». L'aversion de Fabre pour les vues évolutionnistes l'écarte certes de l'ascendance directe des éthologistes, mais ceux-ci ont cependant reconnu l'œuvre d'un précurseur dans la minutie de ses observations en milieu naturel et la simplicité élégante – en général – de ses expériences. Fabre aura donc laissé d'autres tirer les justes conséquences du désaveu qu'il adressait à quiconque « ne voit que des ressemblances organiques, et dédaigne les différences d'aptitude. À ne consulter que l'os, la vertèbre, le poil, les nervures de l'aile, les articles de l'antenne, l'imagination peut dresser tel arbre généalogique que demanderont nos systèmes ». Or, « une machine se juge non d'après tel ou tel rouage, mais d'après la nature du travail accompli »…

Les pigeons de Whitman et Craig

Darwinien, Charles Otis Whitman (1842-1910) l'était, assurément. Professeur de zoologie à l'université de Chicago, fondateur et directeur du prestigieux laboratoire de biologie marine de Woods Hole, dans le Massachusetts, Whitman s'en prit en 1898 à tous ceux qui s'efforçaient de comprendre les conduites animales sans avoir étudié longuement la vie de plusieurs espèces [195]. Whitman lui-même s'était passionné pour les insectes et, bien plus encore, pour les pigeons – sa grande étude comparative des columbidés n'a été cependant publiée qu'en 1918, par son étudiant et continuateur Wallace Craig (1876-1954). Fondamentalement, Whitman exprima sa pleine adhésion à une approche évolutionniste des comportements instinctifs, postulant notamment que leur histoire passée nous est accessible en comparant des espèces actuelles apparentées, comme Darwin l'avait préconisé pour retrouver en particulier les comportements des ancêtres de l'homme. De là, Whitman souligna que le comportement pouvait fournir des critères aussi sûrs que les traits physiques pour identifier et classer les espèces, ce qu'il illustra par l'exemple des pigeons, que l'habitude de boire par succion distingue des autres oiseaux.

Whitman défendit également ce point de vue que les instincts, même s'ils constituent un bagage invariable de chaque espèce, conservent néanmoins une certaine plasticité sous l'effet de l'expérience. Craig put le vérifier lors des recherches qu'il mena à son tour sur les pigeons, étudiant leur communication par la voix et les postures. Manipulant des tourterelles mâles qui lui étaient très vivement attachées, Craig observa que la première occurrence de la parade sexuelle était quelque peu mécanique, mais que les productions ultérieures affichaient une aisance croissante.

« Le comportement instinctif ne se résout pas à un enchaînement de réflexes simples », soutint Craig, qui établit une distinction entre deux types de comportement se succédant chez l'animal animé par un besoin quelconque. Dans un premier temps, l'animal manifeste un *comportement d'appétence*, c'est-à-dire une suite d'actions qui l'amènent à rencontrer la situation dans laquelle le besoin peut être satisfait (la quête et la localisation d'une proie, par exemple). Cette condition réalisée, l'animal peut accomplir ce que Craig nomma l'*acte consommatoire*, qui est toujours un comportement inné, mais perfectible, comme le coup de grâce donné à un futur repas. En 1918, dans sa publication la plus influente – elle devait inspirer profondément Lorenz –, Craig postula que toute activité instinctive peut se ramener à un cycle comportant, en général, quatre phases : la première est celle de l'appétit éveillé et de la quête ; la deuxième phase débute avec la détection par l'organisme d'un stimulus attendu et se poursuit par la consommation, jusqu'à satisfaction ; la troisième phase, dite de la *surabondance*, conduit à une répugnance à l'égard du stimulus ; dans la quatrième, enfin, l'organisme se retrouve libéré du stimulus, et momentanément en état de repos [38].

Sans que l'on puisse contester, bien sûr, que certaines actions soient de purs réflexes qui répondent à l'urgence d'une situation, Craig voyait surtout des cycles enchevêtrés derrière les besoins les plus fondamentaux, comme la quête de nourriture ou de partenaire sexuel, mais aussi derrière des activités plus élevées telles que, chez l'homme, écouter de la musique ! « Tout le comportement de l'être humain est comme celui d'un oiseau, un vaste système de cycles et d'épicycles, le plus long s'étendant à travers toute la vie, le plus court ne durant que quelques secondes. » On s'abuserait à ne voir qu'une portée esthétique à cette généralisation : la vision très globale, extérieure, qu'avait Craig des comportements annonçait d'une certaine manière le nécessaire rapprochement entre les disciplines vouées à comprendre le système nerveux, la chimie du corps, le rôle de l'hérédité…

Whitman et Craig auraient pu susciter la naissance de l'éthologie aux États-Unis dans les deux premières décennies du XXe siècle si le béhaviorisme, plus pragmatique, n'avait gagné toutes les faveurs, occultant leur œuvre. En Europe, en revanche, rien n'empêcha qu'une démarche comparable aboutisse à la naissance d'une science nouvelle.

L'éthologie d'Oskar Heinroth

Quelques-uns des oiseaux hébergés au zoo de Berlin à cette époque manifestaient une anthropophilie touchante, et Oskar Heinroth (1871-1945) n'était pas étranger à cette familiarité : bien qu'il fût au sein du zoo le directeur de l'aquarium, sa passion allait aux oiseaux, avec une tendresse particulière pour les canards, les oies et les cygnes – les chevaux mathématiciens n'étaient donc nullement sa spécialité, pour qui se souvient qu'Heinroth fut de la commission chargée d'évaluer les aptitudes de Hans le Malin. Oskar Heinroth avait remarqué lui aussi que tous les columbidés usent, pour boire, d'une même technique qui n'appartient qu'à eux – le bec dans l'eau, ils pompent. Son grand dessein était de parvenir à un inventaire des comportements invariables et significatifs de chacune des espèces d'oiseaux d'Europe centrale, inventaire qui permettrait des comparaisons déterminantes pour distinguer entre familles, genres, espèces... Heinroth commença par observer les oiseaux représentés au zoo, parcourant les allées avant l'arrivée des visiteurs. Aidé par sa femme Magdalena, il se chargea aussi d'élever de jeunes oiseaux, dont bon nombre s'attachèrent à lui par empreinte – c'est, de fait, à Heinroth qu'on doit ce terme, à l'origine *Prägung* en allemand. Heinroth fut bientôt très escorté dans ses tournées, et envahi dans son bureau par des volatiles refusant obstinément d'élire domicile dans les étangs du zoo.

Lors d'un congrès d'ornithologie à Berlin, en 1910, Heinroth présenta ses premiers résultats, sur « l'éthologie et la psychologie » des canards [85]. Il dénommait *éthologie* cette « étude comparative des gestes » qu'il entendait mener chez les oiseaux. Peut-être a-t-il emprunté le terme en France, soit par l'intermédiaire du zoologiste Alfred Giard (1846-1908), soit directement chez Isidore Geoffroy Saint-Hilaire (1805-1861). Ce dernier, ardent promoteur de l'acclimatation et de la domestication en Europe d'espèces exotiques potentiellement utiles, avait proposé en 1859 qu'on applique le terme d'éthologie à « l'étude des animaux dans leur environnement naturel ». Le mot préexistait, néanmoins : le *Dictionnaire de l'Académie française* le définissait bien antérieurement comme la « description du caractère d'après les mimiques et les gestes » et l'« étude des mœurs » ; et en 1843, John Stuart Mill en avait usé pour désigner une « science traitant du caractère et de sa formation ». Peu d'années avant Heinroth, l'Américain William Morton Wheeler (1865-1937), spécialiste des sociétés d'insectes, avait tenté de qualifier de même l'étude du comportement animal, sans être suivi.

Grâce à l'éthologie d'Heinroth, les ornithologues pourraient considérer désormais la parenté entre les oiseaux non seulement par les *homologies* anatomiques, mais aussi par les mouvements – de la tête, du cou, des ailes, du croupion, du corps tout entier ! On parlerait donc, désormais, d'homologies aussi à propos du comportement, en qualifiant les usages différents, d'une espèce à l'autre, d'un membre, d'un organe, d'un appendice ayant même origine évolutive – on parle d'*analogie*, à l'opposé, pour qualifier la forme ou l'usage semblables de structures ayant une origine évolutive totalement différente, comme les ailes chez les insectes et les oiseaux. Chaque espèce serait distinguée par certains mouvements, ou par des enchaînements spécifiques, lors de la parade nuptiale en particulier : ainsi, selon l'espèce, chez le canard mâle qui fait sa cour, l'ordre n'est pas le même entre des comportements tels que secouer le bec verticalement, remuer la queue horizontalement, rentrer la tête entre les épaules, la secouer deux ou trois fois avant de redresser tout le corps, le cou tendu, pour projeter du bec une gerbe d'eau, s'ébrouer, désigner du bec une marque colorée sur l'aile, etc. La femelle, en général, ne s'y trompe pas, l'ornithologue averti non plus !

En 1912, Julian Sorell Huxley (1887-1975), un zoologiste d'Oxford, passa son été à observer les parades sexuelles des grèbes huppés (*Podiceps cristatus*) sur le plan d'eau de Tring, au nord-ouest de Londres. Il se forgea la même conviction que Whitman et Heinroth : le comportement peut se révéler aussi déterminant que le physique pour identifier et classer des espèces. Petit-fils du darwinien fervent Thomas Huxley – et frère d'Aldous Huxley, auteur du *Meilleur des mondes* –, le jeune Julian fut le premier à remarquer que ces parades, et les signaux qu'elles enchaînent, dérivent d'actions quotidiennes banales de l'animal, qui sont à l'origine sans valeur directe pour la communication à l'intérieur de l'espèce. Par exemple, chez les grèbes, l'offrande de quelques herbes aquatiques, avec des attitudes et mouvements rappelant le nourrissage du jeune, est devenue, sous une forme plus stéréotypée, un élément indispensable du rituel qui mène à l'union du couple [93]. Ce processus d'évolution, faisant d'un comportement banal un signal spécifique bien reconnaissable, Huxley devait l'appeler *ritualisation* [94]. À quelque temps de là, il le retrouvera en terre Adélie, dans la parade nuptiale chez les manchots : « Le cours normal des choses consiste, pour cette brave mais comique créature, après avoir ramassé une pierre dans son bec, à venir se placer devant un autre manchot du sexe opposé, et à la déposer à ses pieds avec une révérence maladroite et en déployant d'une façon absurde ses moignons d'ailes » (cette offrande riche de signification est la ritualisation d'une action qui intervient dans la délimitation du nid). Huxley a rapporté aussi que « quand il y a des hommes au voisinage de leur colonie, les oiseaux s'approchent parfois d'eux en toute solennité avec leur offrande qu'ils déposent aux pieds de l'être humain, embarrassé ou amusé »…

En 1926, les Heinroth avaient pratiquement achevé leur grand inventaire, et l'ouvrage *Die Vögel Mitteleuropas* (*Les Oiseaux d'Europe centrale*) fut publié en quatre volumes dans les sept années suivantes. Durant ces mêmes années, le jeune Konrad Lorenz, promu assistant au sein de l'Institut d'anatomie comparée de l'université de Vienne, allait engager un raisonnement semblable à celui d'Heinroth et de Whitman. Lorenz, on l'a vu, s'était passionné très tôt pour les animaux, dans et hors de la propriété familiale. Il avait obtenu à l'université de Vienne un diplôme de médecine – son père était un chirurgien renommé –, mais il avait renoncé tout aussitôt à une carrière médicale, davantage attiré qu'il était par l'anatomie comparée, la psychologie ou la philosophie. Alors qu'il menait sa recherche doctorale, consacrée à l'adaptation de la forme de l'aile chez les oiseaux, Lorenz réalisa à son tour que des études comparatives d'espèces proches sont possibles en prenant pour objet les comportements dits « instinctifs », dont la forme relativement invariable est pour l'essentiel transmise héréditairement. « C'est la découverte sur laquelle toute l'éthologie est fondée », soulignera plus tard Lorenz – il reconnut bientôt à Heinroth la paternité de cette idée, avant que tous deux, devenus amis en 1931, conviennent ensemble qu'elle revenait à Charles Whitman.

L'Arche d'Altenberg

En 1935, Lorenz renonça à un poste au sein de la faculté de médecine en raison d'une incompatibilité académique dont il reconnut par la suite qu'il avait été la victime heureuse : Lorenz ayant présenté sa candidature pour un cours de psychologie animale en faculté de philosophie, il lui fut signifié qu'il ne pourrait enseigner chez les philosophes s'il restait employé par la faculté de médecine. Confronté au dilemme de sacrifier une position prometteuse contre une modeste charge de cours, Lorenz choisit l'enseignement. Cette audace avait toutefois été encouragée par Gretl Lorenz, qui occupait une fonction élevée au sein d'une clinique d'obstétrique de Vienne et put proposer de financer la reconversion de son mari. C'est donc à elle, en quelque sorte, que l'on doit l'Arche d'Altenberg, où Lorenz connut ses années les plus fertiles au milieu d'innombrables pensionnaires : toutes sortes de canards et d'oies sur les pelouses, des choucas dans les combles, des cacatoès, des poissons, des chiens, des chats, des lémuriens et même un singe capucin du nom de Gloria… Comme Spalding à Ravenscroft, comme Heinroth déambulant dans les allées du zoo de Berlin, Lorenz était souvent suivi d'une escouade de jeunes oiseaux, jusque dans les rues d'Altenberg parfois. Mais sous ses apparences un rien excentriques qui désespéraient M. Lorenz père, l'entreprise de Konrad Lorenz était assurément celle d'un zoologiste sérieux. Ainsi, ce n'est nullement une liberté prise avec la rigueur, mais une démarche calculée qui le mena, dès 1936, à établir par voie d'empreinte un lien étroit avec ses fameuses oies cendrées : contrairement à d'autres espèces, l'oie cendrée n'est pas sexuellement perturbée par une empreinte qui la dirige vers l'homme – l'imprégnation est dans ce cas simplement *sociale* –, et Lorenz y a donc recouru avec à propos pour contourner les difficultés que ces oiseaux timides avaient posées jusqu'alors aux ornithologues. De ses oies, Lorenz put observer bientôt tout à loisir les relations sociales, leurs parades sexuelles, la nidification, l'élevage des jeunes…

En 1935, Lorenz livra au *Journal für Ornithologie* un long article à vocation de programme, où il affirmait ses ambitions scientifiques. En deux cents pages, « Der Kumpan in der Umwelt des Vogels » (« Le compagnon dans le monde propre de l'oiseau ») [111] développe les concepts clés de ce qu'il est convenu aujourd'hui d'appeler l'*éthologie classique* et illustre la méthode comparative appliquée à une trentaine d'espèces d'oiseaux. Lorenz s'attacha à expliquer que tout animal produit à l'intention de ses semblables des stimuli simples (visuels, acoustiques...) dont chacun est un *déclencheur social* adapté très précisément à une fenêtre perceptive chez l'animal récepteur. De même, l'environnement constitue, par ses éléments qui sont vitaux pour l'animal, une source de *stimuli-signaux*. Chez le récepteur, postule Lorenz, le stimulus-déclencheur reçu du congénère, ou la stimulation constituée par une proie, un lieu..., actionnent un *mécanisme inné de déclenchement*, qui lui-même libère une *réponse instinctive*, appelée aussi *coordination héréditaire* ou *schème d'action fixe* – d'aucuns jugèrent plus tard cette dernière désignation malheureuse parce que donnant au comportement une connotation excessive de rigidité. De fait, comme Whitman, Lorenz reconnaissait aux comportements instinctifs une relative plasticité, une perfectibilité de la forme – mais non du fond ! Lorenz établissait la nature « instinctive » d'une action par le fait que celle-ci est pleinement et parfaitement accomplie dès sa première occurrence, indépendamment d'un apprentissage individuel. Le vol chez les petites hirondelles de Spalding, ou de jeunes pigeons dans d'autres expériences, en est une illustration, comme la nage chez des têtards développés sous narcose ou encore, chez des écureuils, les comportements de stockage de noisettes avec creusement et tassement du sol dès la première rencontre avec cet aliment prisé, même si les rongeurs ont grandi avec des bouillies pour toute nourriture...

Lorenz devait postuler aux conduites instinctives un certain nombre d'autres propriétés, en particulier une dépendance étroite à des sources internes d'énergie se manifestant cycliquement à travers des besoins vitaux – cette idée lui était venue en 1932, alors qu'il observait un étourneau captif, mais il lui faudra quelques encouragements extérieurs pour la mûrir. S'appuyant largement sur Craig, Lorenz souligna qu'une activité instinctive réveillée s'épuise et finit par disparaître temporairement quand elle a été accomplie jusqu'à satisfaction, et aussi qu'elle est d'autant plus aisément déclenchée que l'animal a attendu longtemps le stimulus-signal – des leurres de plus en plus grossiers peuvent amener l'animal à réagir à tout coup ; à l'extrême même, si le stimulus ne survient pas, le seuil de déclenchement s'abaisse jusqu'à laisser l'activité s'exprimer *à vide*. Lorenz schématisa la motivation inhérente à une réponse instinctive en recourant à l'image d'un gaz enfermé qui est libéré *via* un robinet lorsqu'un stimulus adéquat vient l'ouvrir – cette image, dont on a souligné la parenté avec les conceptions freudiennes, remontait de fait à 1921, à des observations que Lorenz, adolescent, avait effectuées avec son ami Bernhard Hellmann sur l'agression chez *Herichtys cyanoguttatus*, un poisson cichlidé. Ce modèle devait être affiné par la suite dans une version « hydraulique », mais il semble que Lorenz l'ait disqualifié rapidement dans les premières réunions éthologiques, après la guerre, en abusant de l'analogie avec la chasse d'eau : certain éthologiste a fait remarquer que les mêmes concepts expliqués par des analogies avec l'électronique naissante auraient suscité plus d'intérêt. De toute manière, le modèle dut être finalement abandonné, notamment parce que de simples expériences avec des épinoches ont montré que chez le mâle qui tente de chasser de son territoire un autre mâle enfermé dans un tube de verre par un expérimentateur, l'agression s'accroît avec le temps plutôt qu'elle ne s'épuise, ou encore que le repos sexuel chez ces mêmes mâles n'est pas déterminé par une fécondation accomplie, mais par la perception d'œufs à l'intérieur du nid – ce qu'on vérifie simplement en introduisant des œufs dans le nid d'un mâle qui n'y a pas encore entraîné une femelle. Pourtant, dans un premier temps, la rencontre avec quelques épinoches hollandaises avait été très gratifiante pour Lorenz…

Niko Tinbergen et l'épinoche

En 1936, Konrad Lorenz, encore à ses constructions théoriques, prit part à l'université de Leyde à une réunion en petit comité consacrée à l'instinct. C'est là qu'il fit la connaissance d'un jeune chercheur du lieu, de quatre ans son cadet : Nikolaas Tinbergen. Celui-ci avait été fort impressionné par l'article « Der Kumpan... », et se trouva bien confus d'entendre Lorenz s'enthousiasmer pour ses expériences en aquarium sur la parade nuptiale chez les épinoches. « C'est exactement ce dont nous avons besoin ! » lança le savant autrichien à Tinbergen, qui pour sa part jugeait cette étude avec d'autant plus de modestie qu'elle avait été lancée surtout à titre de travaux pratiques pour ses étudiants.

La petite histoire de l'éthologie veut qu'une observation déterminante sur le comportement sexuel de l'épinoche soit survenue par hasard. Constatant qu'au temps de la reproduction les mâles étaient saisis de fureur tous les jours à la même heure, tous ensemble, chacun dans son aquarium, Tinbergen comprit que cette agitation coïncidait avec le passage dans la rue d'une voiture des postes, d'un rouge vif comparable au rouge ornant le ventre des épinoches mâles en période d'activité sexuelle. S'ensuivirent les expériences au cours desquelles Tinbergen, en collaboration avec Joost ter Pelkwijk, soumit des épinoches mâles à toutes sortes de modèles bricolés imitant de faux rivaux (*méthode* dite *des leurres*). Certains leurres étaient grossiers, d'autres très fidèles, mais les deux expérimentateurs constatèrent que la ressemblance du leurre avec une épinoche importait peu : une forme rouge, allongée, suffisait à stimuler une attaque, d'où l'agitation suscitée par le passage de la voiture postale – cependant, la stimulation était encore plus efficace si la forme était inclinée vers le bas. Un leurre avec un ventre argenté et rebondi, que l'on dirigeait cette fois obliquement vers le haut, était en revanche courtisé avec autant d'ardeur que s'il était une véritable femelle. Ces mêmes travaux mirent en évidence un enchaînement précis d'événements qui se déroulent, depuis l'amorce de la cour par le mâle jusqu'à la fécondation des œufs à l'intérieur d'un nid qu'il a creusé et qui reste à sa garde, selon un enchaînement dans lequel le mâle et la femelle engagent chaque étape à tour de rôle sous l'effet de signaux produits par l'autre partenaire.

Même si d'autres chercheurs ont peiné depuis à reproduire des résultats aussi tranchés en répétant les expériences de Tinbergen, celui-ci avait pu, comme Lorenz, conclure à des déclencheurs simples de comportements sociaux bien précis. On comprend donc l'intérêt et aussi très vite l'amitié que le savant autrichien manifesta à son collègue néerlandais. Toutefois, ce dont Lorenz « avait exactement besoin », plus encore que des enseignements de l'épinoche, c'était du talent d'expérimentateur de Tinbergen. Lorenz était avant tout un observateur, et un théoricien – il s'est toujours plu à dire qu'il n'avait jamais dessiné un graphique de sa vie. Tinbergen avait pour sa part peu de goût pour les grands systèmes explicatifs et préférait les réponses simples issues d'expériences sans complication. Ce qui ne l'empêcha pas de théoriser à l'occasion. Il a notamment imaginé l'organisation hiérarchique, par groupes, des comportements instinctifs, depuis les mouvements les plus élémentaires jusqu'aux catégories plus générales que sont le comportement alimentaire, la défense territoriale, la sexualité..., avec un jeu complexe de relations de stimulation ou d'inhibition entre les unités de comportement. Cette représentation devait permettre à Tinbergen d'expliquer des conduites fort surprenantes telles que, par exemple, un brin de toilette chez un animal qui balance entre la fuite et l'approche. Tinbergen postula deux systèmes instinctifs de même niveau s'inhibant mutuellement, libérant un comportement dit *substitutif* ou *de déplacement*, sans rapport avec les deux autres – d'autres variantes ont été proposées par la suite, suggérant que le conflit de deux comportements levait l'inhibition que l'un et l'autre faisaient peser sur un troisième.

Niko Tinbergen était d'une famille brillante – son frère Jan devait être distingué avant lui d'un prix Nobel, celui d'économie, en 1969. Les Tinbergen vivaient à La Haye, et ils louaient pour les congés une maison de campagne près du

Zuider Zee. Niko a, dès ses jeunes années, passé d'innombrables heures à courir les dunes et les landes. C'est tout naturellement parmi les pins et les bouleaux qu'en 1929, fraîchement diplômé en zoologie de l'université de Leyde, il décida du sujet de sa thèse de doctorat. Lors d'une promenade, il se retrouva entouré de guêpes solitaires de l'espèce *Philantus triangulum* (la philante apivore ou « loup des abeilles »). Il se mit à en observer le manège, inlassable : inspecter un nid où une larve a été déposée, le quitter en dissimulant l'entrée, s'éloigner pour capturer une abeille, rentrer au nid, dégager l'ouverture, livrer la proie à l'appétit de la larve... Tinbergen en vint très vite à cette question : comment, parmi des centaines de nids alentour, chaque guêpe retrouve-t-elle la bonne cavité ? Fabre n'avait pu imaginer davantage que l'activation d'un mystérieux instinct...

Tinbergen remarqua que la guêpe effectuait quelques cercles au-dessus du nid avant de s'éloigner. Mémorisait-elle des repères de l'environnement, tels que pierres et branchettes ? Cette hypothèse conduisait à prédire que, si l'abord du nid était nettoyé en l'absence de sa propriétaire (ce que fit Tinbergen), l'insecte ne le retrouverait pas à son retour (ce qui arriva). Tinbergen fit ensuite l'expérience de placer autour d'un nid des repères tels qu'un cercle de pommes de pin, qu'il déplaçait un peu dès que la guêpe s'était éloignée : celle-ci, revenant, recherchait vainement une entrée au milieu des pommes de pin. Ces quelques expériences, issues d'hypothèses simples élégamment testées, racontées en trente-deux pages, valurent sa thèse à Niko Tinbergen. Plus tard, aidé d'étudiants, il déracinera carrément des pins pour montrer que les guêpes utilisent aussi des repères à plus large échelle !

Tinbergen allait user de son sens expérimental pour abuser gentiment des épinoches d'abord, puis, dans l'immédiat après-guerre, de jeunes goélands au nid, lors d'expériences devenues classiques. Chez les goélands, le jeune stimule ses parents à régurgiter leur pêche en frappant leur bec avec le sien. Les parents ont sur leur mandibule inférieure une tache rouge qui oriente le jeune. Cette tache était-elle un stimulus-déclencheur ? Tinbergen le vérifia à l'aide de toutes sortes de leurres qui simulaient plus ou moins une tête de goéland adulte, variant la forme, la couleur et la position de la tache, du bec, de la tête… L'attractivité de ces têtes artificielles fut comparée, le nombre de coups de bec portés à chacune rapporté au total des présentations. Une fausse tête grossière avec un point rouge se révéla plus efficace qu'une vraie dont on avait couvert de jaune la tache rouge. Il apparut que le rouge n'était pas déterminant, car toute tache faisant un contraste pouvait susciter dans une bonne mesure la réaction de picorage, y compris une tache blanche sur un bec gris foncé. Tinbergen découvrit en sus que certains leurres agissaient plus efficacement que tous les autres, ainsi une baguette rouge cerclée de trois taches blanches à son extrémité, et il en conçut l'idée de *superstimulus* – un concept qui vaut au-delà de l'artificialité des expériences : le bec et les cris du jeune coucou, par exemple, fonctionnent comme des superstimuli naturels à l'intention des parents adoptifs.

Au printemps 1937, Tinbergen fit, en famille, le voyage d'Altenberg, pour quatre mois que Lorenz et lui évoqueront toujours avec émotion [115] [178]. Tinbergen, qui avait le statut de visiteur académique, resta la plupart du temps reclus à Altenberg – à un collègue qui s'inquiétait du sérieux de la visite du savant néerlandais, Lorenz fit cette réponse pas vraiment rassurante que Tinbergen travaillait à creuser un étang, ce qui était exact ! Leur œuvre en commun ne s'est pas limitée, toutefois, à des travaux de terrassement ! Ils menèrent ainsi une étude confrontant des oies cendrées au problème d'un œuf disposé à côté du nid, un stimulus-déclencheur pour ces oiseaux. Ils constatèrent qu'une fois engagée, la coordination héréditaire de récupération va immanquablement à son terme : l'oie, cou ployé vers le sol, œuvre de son bec à ramener l'œuf en le roulant jusqu'au nid, et elle ne s'interrompt pas si l'œuf est subtilisé en route par l'expérimentateur. En revanche, dans cette dernière circonstance, l'oiseau cesse de se livrer aux réajustements dans l'orientation du cou, de la tête et du bec stimulés par la progression hésitante de l'œuf – ces mouvements apparaissent donc indépendants de la coordination héréditaire.

Lorenz et Tinbergen s'intéressèrent également aux réactions de jeunes oies cendrées à diverses formes glissant le long d'un fil tendu à une dizaine de mètres du sol. Parmi les leurres figuraient une forme d'oie en vol et une autre simulant un rapace (la forme d'oie étant caractérisée par un long cou et une queue réduite, la forme « rapace » par son juste contraire, une longue queue mais peu de cou). Ils constatèrent ainsi que l'« oie » n'inquiétait pas les oisons, mais le « rapace » oui : les jeunes s'immobilisaient alors, aplatis sur le sol. Ils observèrent aussi que le leurre simulant l'oie, quand il était déplacé en arrière, avait valeur de rapace pour les jeunes oiseaux. Comme il a été dit plus haut, Lorenz et Tinbergen conclurent, un peu hâtivement peut-être, à une peur innée du rapace.

Von Frisch et les poissons mélomanes

Lorsqu'il quitta Altenberg à la fin de l'été, pour retourner à l'université de Leyde, Tinbergen prit le temps de faire un détour pour rencontrer un zoologiste autrichien prestigieux, Karl von Frisch (1886-1982). Tinbergen admirait l'œuvre expérimentale conséquente de von Frisch, son aîné de vingt ans, et aussi l'audace avec laquelle celui-ci avait bousculé quelques convictions savantes, sans égards pour la hiérarchie académique. Appartenant à une famille viennoise aisée, von Frisch avait passé ses jeunes étés dans une propriété de campagne à Brunnwinkl, à l'est de Salzbourg, au-dessus du lac Wolfgang. L'endroit, s'il était pluvieux pour une villégiature, était en revanche un paradis foisonnant pour un naturaliste en herbe. Année après année, le jeune Karl avait augmenté ses notes et enrichi la collection d'un petit musée personnel qu'il avait installé dans un moulin désaffecté. En 1905, von Frisch, se destinant à la médecine, avait rejoint l'université de Vienne, où il avait retrouvé son oncle, Sigmund Exner, spécialiste de la vision chez les arthropodes.

L'influence d'Exner devait être durable. Si von Frisch s'intéressa très tôt aux comportements des animaux, c'est parce qu'ils permettent de découvrir ce qu'une espèce perçoit de son environnement. Jeune diplômé, il eut d'emblée l'occasion de faire valoir cette approche à l'université de Munich, où une controverse était en cours sur les capacités visuelles d'animaux tels que les poissons ou les insectes. Von Frisch s'attira une rancune tenace de la part d'un aîné, Carl von Hess (1863-1923), en démontrant que le poisson distingue les couleurs – von Hess enseignait le contraire. Von Frisch amena des poissons à entrer en activité dès qu'ils percevaient un signal coloré associé à des distributions de nourriture – un aménagement des expériences pavloviennes.

Quant à la question de la vision chez les insectes, von Frisch la médita à Brunnwinkl. Au milieu de fleurs à profusion, il se refusait à croire que leurs couleurs existent pour le seul agrément de l'espèce humaine. Von Frisch habitua donc des abeilles à venir se gorger d'eau sucrée dans une coupe posée sur une surface de couleur bleue. Puis il disposa cette surface parmi d'autres, peintes en gris, qui représentaient de nombreuses nuances du blanc au noir : si les abeilles n'étaient sensibles qu'à un degré de luminosité, et non à la couleur, elles seraient attirées à la fois par la surface bleue et par son équivalent en nuance de gris. Il n'en fut rien, les insectes continuèrent à converger vers la surface bleue. Pareillement, von Frisch put montrer que les abeilles ne distinguent pas le rouge, qu'elles traitent comme du noir [58]. Plus tard, une de ses étudiantes devait découvrir que les abeilles sont en revanche sensibles à l'ultraviolet : les insectes faisaient une différence entre des feuilles blanches qui, à l'expérimentatrice, apparaissaient toutes pareilles. De fait, en raison des qualités différentes du papier, les surfaces ne réfléchissaient pas toutes à l'identique le rayonnement UV. De son côté, von Hess, qui voulait discréditer von Frisch, avait mené sa propre expérience, et il avait montré qu'une abeille enfermée dans une boîte avec deux sorties, l'une vraie et l'autre fausse, signalées par des lumières colorées, ne peut être conditionnée à associer la bonne sortie avec une couleur : l'insecte privilégiera toujours la lumière la plus intense, quelle que soit sa couleur. Von Hess en avait conclu que les abeilles sont insensibles aux couleurs. De fait, les deux savants avaient expérimenté sur des comportements très différents : le butinage et la fuite, qui ne répondent pas aux mêmes stimulations.

Au début des années 1920, nommé à l'université de Rostock, von Frisch y mit fin à une autre querelle. Il était à nouveau question de poissons, mais de leurs capacités auditives cette fois. L'anatomie de leurs ouïes, en particulier au niveau de l'oreille interne, incomplète, laissait penser que les poissons étaient sourds. Ce point de vue était défendu par le directeur de la clinique otologique rattachée à l'université, Otto Korner. Celui-ci alla jusqu'à exposer de pleins aquariums à des *Lieder* interprétés en direct par une cantatrice célèbre ! Les poissons manifestèrent une totale indifférence à ce récital, pour la plus grande satisfaction de Korner. Un poisson-chat que von Frisch hébergeait dans son laboratoire fut moins gâté : d'une part il fut aveuglé, d'autre part il n'eut droit pour tout concert qu'à quelques notes sifflées quotidiennement par von Frisch lui-même. Toutefois, chaque sifflotement était suivi de la chute d'un ver dans le bassin – l'expérimentateur considérait qu'un animal doit trouver un intérêt à réagir à un signal, élément que Korner avait négligé. Et en effet, le poisson-chat se mit bientôt à anticiper un repas, très visiblement, dès que von Frisch sifflotait : l'ouïe chez les poissons, si elle est limitée, n'en est pas moins fonctionnelle, s'ajoutant à d'autres sensibilités aux vibrations *via* la ligne latérale et la vessie natatoire.

Durant toute sa carrière, von Frisch a conservé cette alternance dans ses activités : l'été, il expérimentait sur les abeilles de ses ruches, l'hiver, il étudiait les sens chez les poissons. Grâce à ses recherches hivernales, il confirma qu'il y a deux attributions distinctes parmi les cellules rétiniennes : les cônes sont dévolus à la vision des couleurs tandis que les bâtonnets sont sensibles à l'intensité lumineuse. Il a aussi émis l'hypothèse d'une substance sécrétée par le vairon blessé, qui alerte ses congénères – vérifié depuis, ce fait de communication a reçu récemment une autre interprétation : le destinataire premier de ce message chimique ne serait pas un autre vairon, mais un… second prédateur, qui, venant déranger le premier, augmente pour la proie les chances de s'enfuir !

Niko Tinbergen garda de sa rencontre avec Karl von Frisch des sentiments mêlés d'admiration et d'inquiétude : il se souviendra durablement de von Frisch articulant un timide « *Grüß Gott* » (« Bonjour ! ») à un tonitruant « *Heil Hitler !* » que lui adressait un étudiant. Quelques années plus tard, pendant la guerre, Tinbergen devait faire partie, aux Pays-Bas, des universitaires emprisonnés par l'occupant nazi pour s'être élevés contre le sort infligé aux citoyens d'origine juive. Bien plus tard, Tinbergen aura à déplorer que d'aucuns aient retenu seulement qu'il avait, dans les premières années du conflit, livré des articles à une revue allemande de psychologie animale et accepté, en 1940, une distinction décernée par la Société ornithologique allemande (Oskar Heinroth était l'un des cosignataires de la lettre lui annonçant cette récompense). Tinbergen avait cette conviction que la science doit transcender la politique, mais quelques poignées d'étudiants, en Amérique du Nord, ignoraient cette autojustification et ses engagements, ou les jugèrent insuffisants : après la guerre, plusieurs des conférences de Tinbergen outre-Atlantique ont été perturbées par des manifestations…

Konrad Lorenz avait pour sa part accueilli le nazisme avec une naïveté que la polémique fouille encore. Il avait rejoint en 1940 l'université de Königsberg, où lui fut confiée la chaire de psychologie, autrefois occupée par Emmanuel Kant. Un rêve pour Lorenz, admirateur de longue date de Kant, mais un cauchemar pour les zélateurs locaux du philosophe, qui critiquèrent la « pure déraison » de Lorenz : l'éthologiste avait en particulier encombré le département d'aquariums ! Toutefois, pour leur soulagement, Lorenz fut bientôt enrôlé dans l'armée allemande, initialement comme instructeur motocycliste – n'avait-il pas été pilote de course pendant dix ans, dès 1924, pour British Leyland notamment, avant que Gretl Lorenz ne le somme de cesser, suite à une chute dont une conséquence durable fut que Lorenz porterait dorénavant un bouc, dissimulant qu'il avait eu la mâchoire brisée ? L'état-major muta bientôt Lorenz dans les services médicaux, en psychiatrie, et le détacha en Russie en 1944. Capturé, Lorenz resta prisonnier jusqu'en 1949. Les Soviétiques l'employèrent dans plusieurs hôpitaux, mais il trouva néanmoins le temps de préparer sur du papier récupéré de sacs de ciment un manuscrit qui devait aboutir à *L'Envers du miroir*, un essai d'épistémologie évolutionniste (le manuscrit original a connu une publication posthume en 1992). Un autre loisir de Lorenz fut d'apprivoiser un étourneau, Friedrich, qui l'accompagna lorsqu'il rentra au pays.

Les arcanes de la danse des abeilles

Karl von Frisch, protégé par sa réputation d'éminent zoologiste, fut consigné en 1943 dans la propriété familiale de Brunnwinkl, notamment pour avoir aidé financièrement des étudiants juifs. Il ne fut donc guère entravé dans ses travaux, puisque tous ses étés se passaient alors à l'étude des abeilles. Il est cependant dérisoire, ô combien, que sa découverte la plus extraordinaire sur ces hyménoptères, le décryptage de leur danse, soit intervenue en ces années d'infinie tragédie.

Von Frisch vit resurgir en 1943 un problème qu'il estimait résolu depuis longtemps. En 1919, il avait entrepris de marquer des abeilles en deux lieux : à l'intérieur de la ruche et aux alentours d'une soucoupe d'eau sucrée. Il avait observé que, rapidement, une soucoupe vidée n'attirait plus d'abeilles, mais que, si on la réemplissait, elle redevenait une destination privilégiée en peu de temps. En suivant jusqu'à la ruche d'expérience, transparente, une abeille marquée près de la soucoupe, il l'avait vue exécutant sur un des rayons verticaux une danse circulaire qui entraînait une excitation chez les ouvrières à proximité. Puisqu'il avait aussi marqué ces dernières, von Frisch put vérifier qu'il s'agissait bien des spectatrices de la danse qu'il retrouvait plus tard au site de nourrissage. « Ce fut, je crois, l'observation la plus pénétrante de ma vie », a témoigné von Frisch, qui mit pourtant bien du temps à comprendre les arcanes de cette chorégraphie d'hyménoptères.

La danse des abeilles était connue depuis plusieurs siècles, et on l'avait considérée comme un rituel d'invitation à suivre une butineuse. Peu d'années avant que von Frisch l'observe à son tour, l'écrivain belge Maurice Maeterlinck (1862-1949) avait montré que des abeilles peuvent rejoindre une source de nourriture sans suivre directement l'abeille éclaireuse qui l'a découverte – Maeterlinck avait simplement capturé l'éclaireuse ressortant de la ruche, ce qui n'empêchait nullement ses sœurs de converger vers le site à exploiter. Une information topographique passait donc dans la colonie. Von Frisch fut le premier à envisager la danse comme une forme de communication par laquelle les éclaireuses recrutent d'autres butineuses [59]. Toutefois, ses premières conclusions étaient erronées : il interpréta une forme circulaire de la danse comme signifiant « eau sucrée », et attribua la signification « pollen » à une seconde danse en forme de « 8 » écrasé. Von Frisch maintint ce point de vue face aux critiques d'autres observateurs qui avaient relevé des danses circulaires également chez des éclaireuses chargées de pollen. Mais durant l'été 1943, une assistante de von Frisch, qui entraînait des abeilles à collecter de l'eau sucrée de plus en plus loin, observa bientôt des danses en forme de « 8 » au retour à la ruche.

Ce n'est qu'en 1944 que von Frisch put réviser vraiment son opinion. Il réalisa bien vite que la forme de la danse dépendait non de la nature de la nourriture, mais de la distance : la danse était circulaire tant que les soucoupes d'eau sucrée étaient à moins de soixante-quinze mètres de la ruche environ, et elle prenait la forme plus élaborée d'un « 8 » quand le site de ravitaillement se situait au-delà. Les longues distances semblaient précisées par la durée de la danse, mais aussi par le tempo de l'abeille lorsqu'elle parcourt en frétillant le trajet central du « 8 » : plus la source de nourriture était distante, plus la danse durait, tout en étant moins énergique (pour indiquer cent mètres, l'abeille répétait dix trajets centraux sur une quinzaine de secondes, mais cinq seulement pour indiquer deux kilomètres). Si les grandes distances ne posaient pas de problème de communication aux abeilles, en revanche elles étaient un défi pour les observateurs : ainsi, il arriva que le retour d'une éclaireuse marquée vers la ruche où elle était censée danser soit annoncé par von Frisch soufflant dans une vieille corne, signal que relayait son frère Hans avec une cloche vers un troisième intermédiaire qui prévenait d'un coup de trompette un observateur posté dans le jardin de Brunnwinkl.

Von Frisch fit l'hypothèse que l'abeille éclaireuse évalue la distance d'après l'effort qu'elle a fourni, et il pensa l'avoir prouvé en chargeant des abeilles de petits poids, ou encore en les contraignant à marcher – une éclaireuse danse en « 8 » après un parcours de seulement trois mètres sur ses pattes. Cinquante ans plus tard, toutefois, cette conclusion a été invalidée lors d'une expérience au cours de laquelle les éclaireuses sont conduites à de la nourriture à l'extrémité d'un étroit tunnel orné de motifs. Ce tunnel ne mesure que quelques mètres, une distance pourtant convertie en dizaines de mètres lors de la danse qui s'ensuit : on en a conclu que l'abeille n'évalue pas les distances selon l'effort qu'elle produit, mais selon le flux d'informations visuelles qu'elle reçoit, d'autant plus élevé que l'environnement est resserré, comme dans un tunnel.

Quant à la direction, son encodage dans la danse devint évident à von Frisch dès lors qu'il eut entraîné les ouvrières d'une même ruche simultanément vers deux sources de nourriture éloignées. Pendant la danse en « 8 » qu'elles exécutaient ensuite sur un rayon, les éclaireuses orientaient différemment la course centrale selon le lieu qu'elles avaient prospecté, et toutes les ouvrières revenant d'une même source suivaient une orientation identique. Il apparut à von Frisch que la direction du lieu de récolte était rapportée à la position du soleil. De fait, si ce lieu se trouve dans la direction du soleil, le trajet central est parcouru vers le haut. Tous les angles intermédiaires indiquent l'écart par rapport au soleil jusqu'à l'extrême inverse : un trajet central parcouru vers le bas est une invite à voler vers un site de nourrissage dans la direction opposée à la position du soleil. Au cours de la danse, la direction des trajets centraux successifs est assez inconstante toutefois, et la bonne information procède d'une moyenne. Von Frisch put l'expérimenter lorsque ses assistants dissimulèrent des soucoupes d'eau sucrée pour tester son talent à interpréter les danses en même temps que les abeilles.

Quand von Frisch annonça en 1946 qu'il avait découvert une communication symbolique chez les abeilles et qu'il en expliqua les fondements et le code [60], il fut reçu avec beaucoup d'incrédulité – par la suite même, des éditions universitaires refusèrent son premier livre [61]. En moins de vingt ans pourtant, le langage des abeilles sera accepté largement comme un fait, jusqu'à ce que, en 1967, toute l'œuvre de von Frisch sur ce thème soit remise en question, ses expériences critiquées car mal conçues et impropres à écarter l'hypothèse que des éléments olfactifs suffisent à l'orientation d'autres butineuses par les abeilles éclaireuses. Von Frisch, trop âgé, ne s'est défendu qu'en réutilisant d'anciennes notes. Mais, finalement, ses observations et ses conclusions ont été confirmées par d'autres équipes, y compris l'hypothèse sur l'usage, par temps couvert, de la lumière polarisée en tant que repère pour pallier le défaut de soleil. Des observations récentes ont approfondi ses intuitions sur les éléments acoustiques de la danse, notamment les vibrations des ailes chez l'éclaireuse, qui participent de l'information sur la distance, ou le son plaintif qu'on détecte chez les abeilles assistant à la danse – ce son entraîne l'interruption de la danse le temps que l'éclaireuse distribue des échantillons de la nourriture proposée au butinage. Le premier robot qui, en laboratoire, est parvenu à mimer convenablement la danse des abeilles ignorait ce signal d'interruption : il fut violemment attaqué…

Depuis les années 1950, von Frisch et plus tard les hyménoptères-robots imparfaits n'ont pas été les seuls à essuyer de vigoureuses attaques : l'éthologie tout entière a subi plusieurs assauts critiques. Selon les points de vue, les obédiences, les intérêts…, on a pu dire que la jeune discipline était ressortie de ces attaques exsangue, défunte ou, au contraire, vivifiée, enrichie…

4. Haro sur l'éthologie !

Le 10 décembre 1973 est une date mémorable pour l'éthologie. Ce jour-là, à Stockholm, Karl von Frisch, Konrad Lorenz et Niko Tinbergen reçurent conjointement le prix Nobel de médecine et de physiologie « pour leurs travaux sur les causes et l'organisation des schèmes comportementaux ». Von Frisch a laissé à d'autres le soin de songer qu'il aurait pu obtenir cette distinction plus tôt – Lorenz s'est empressé de le reconnaître. Lorenz, justement, qui venait de prendre sa retraite, a accueilli cette consécration avec un rien de mesquinerie, comme il l'a confessé plus tard : « Pan dans l'œil des béhavioristes ! » fut sa première pensée. Il a cependant affirmé qu'elle procédait moins d'un orgueil tout personnel que du bonheur de voir l'éthologie gagner une légitimité ! Lorenz eut aussi une pensée pour son père, plusieurs fois cité pour le Nobel de médecine sans l'avoir jamais obtenu. Adolf Lorenz s'étant éteint en 1946, son éthologiste de fils n'a pu qu'imaginer les sarcasmes qui auraient secoué la maison familiale d'Altenberg : « Incroyable ! Ils ont donné le Nobel à ce garçon pour ses idioties avec ses oiseaux et ses poissons [115] ! » Niko Tinbergen eut l'âme moins tourmentée, et sa première réaction fut sans beaucoup d'éclat : à l'employé de l'ambassade de Suède qui lui téléphona la nouvelle, il répondit par un pâle : « Vous êtes sûr [178] ? »

L'éthologie se trouvait consacrée après un quart de siècle d'existence, et ce malgré quelques sérieuses controverses qui l'avaient bousculée. Dans le même temps, elle avait cessé d'être confidentielle et restreinte à l'Europe continentale pour s'amplifier en un mouvement de recherche mondial. La polémique évoquée sur la danse des abeilles illustre entre mille autres exemples l'essor de l'éthologie dans la seconde moitié du XXe siècle : de part et d'autre de l'Atlantique, tenants et adversaires de l'hypothèse d'une communication symbolique chez les abeilles se sont affrontés des années durant, en usant de ressources techniques de plus en plus sophistiquées. Aujourd'hui encore, de nouvelles découvertes viennent préciser sinon amender ce chapitre des plus fascinants, qui a suscité en un demi-siècle d'innombrables publications spécialisées. S'agissant de la recherche sur le comportement, il est désormais pratiquement impossible, comme pour toute discipline actuelle, de procéder à l'inventaire de tous les lieux de recherches, chercheurs, réunions nationales ou internationales, articles, revues et ouvrages qui sans cesse étendent, approfondissent ou remettent en question l'éthologie comme champ, cadre, programme d'études. Les révisions ne viennent pas seulement de l'intérieur, elles découlent aussi, évidemment, des progrès dans toutes les disciplines qui, entre gènes, neurones et environnement, contribuent à notre compréhension des comportements.

Une impulsion décisive pour la diffusion de l'approche éthologique fut le choix de Niko Tinbergen de poursuivre sa carrière dans une université anglo-saxonne : il quitta Leyde en 1949 pour l'Angleterre et l'université d'Oxford. À la même époque, Konrad Lorenz fut pressenti à Cambridge puis à Bristol, après qu'il fut écarté de la succession de von Frisch à l'université de Graz – le ministre autrichien de l'Éducation avait rejeté sa candidature au motif que, en tant qu'évolutionniste, il était indésirable à Graz... Finalement, Lorenz fut convaincu par la Société Max-Planck (une institution allemande) de rester en Autriche, à Altenberg, le temps que soit ouvert en Allemagne un centre de recherches officiel sur le comportement. Lorenz devait s'associer dès 1950 au physiologiste Erich von Holst (1908-1962) dans des installations provisoires à Buldern, près de Duisbourg, avant que tous deux ne soient à l'origine, en 1956, de la section de physiologie comportementale de l'institut Max-Planck, à Seewiesen, près de Munich. L'amitié entre Lorenz et von Holst remontait à 1935 : lors d'une conférence à Berlin, von Holst, assis par hasard à côté de Gretl Lorenz, avait salué d'un cinglant « Imbécile ! » un exposé sur les activités instinctives que Lorenz venait de conclure. Von Holst avait pour l'essentiel apprécié cette présentation et aurait applaudi chaleureusement si Lorenz, après s'être référé largement à Wallace Craig et à ses cycles d'appétence, n'était revenu dans sa conclusion à l'idée que les comportements reçoivent leur impulsion et leur énergie de l'extérieur, *via* des voies-réflexes. Lorenz avait craint alors d'être assimilé aux zélateurs d'une « force vitale » mystérieuse animant les organismes. Or, von Holst étudiait à l'époque des décharges rythmiques produites spontanément dans le système nerveux de poissons, sans lien avec des stimulations externes – impulsions réglant par exemple le battement des opercules ou certains mouvements de nageoires. À l'heure du déjeuner, von Holst sut remettre Lorenz sur la bonne voie. On ne sait s'il usa déjà de cette comparaison qu'il servit en 1937 : « Le système nerveux n'est pas comme un âne paresseux qu'il faut battre ou, plutôt, dont il faut pincer la queue pour lui faire faire un pas, mais bien comme un cheval capricieux qu'il faut retenir avec les rênes et pousser avec le fouet… »

Cultures en collision

Quand Tinbergen prit ses quartiers en Angleterre, les éthologistes étaient encore tous continentaux. On étudiait évidemment le comportement animal outre-Manche ou de l'autre côté de l'Atlantique, mais avec des centres d'intérêt et un cadre théorique différents. Tinbergen allait rapidement travailler à concilier les approches. Peu après son arrivée, les éthologistes eurent l'occasion d'une première rencontre avec des scrutateurs britanniques et nord-américains du comportement (tous physiologistes) lors d'une réunion à l'université de Cambridge sur les mécanismes physiologiques déterminant les comportements animaux. Les ressentiments consécutifs à six années de guerre furent rapidement occultés par d'autres tensions : il fallut s'entendre sur une terminologie et des concepts de base. Pour les chercheurs anglo-saxons, les stimulations extérieures à l'organisme conservaient un rôle exclusif dans le déclenchement des comportements, tandis que les éthologistes, avec von Holst, s'étaient convaincus de l'action d'impulsions nerveuses endogènes. Les expériences de von Holst imposaient des faits directement convaincants pour des physiologistes, davantage sans doute que les observations éthologiques de comportements déclenchés sans leur stimulation naturelle quand celle-ci tarde trop (activités dites *à vide*). Malheureusement von Holst, malade, ne put se rendre à Cambridge pour présenter ses résultats, publiés uniquement en allemand. Il avait néanmoins remis un argumentaire à Lorenz, à charge pour celui-ci de le développer. Or, Lorenz choisit de transmettre le document à Hans Lissmann, un physiologiste de Cambridge, afin que celui-ci en fasse la lecture en traduction directe. Décision malheureuse ! Le texte de von Holst était émaillé de commentaires et de plaisanteries qui ne seyaient qu'à une correspondance entre amis. Le malaise dans l'assistance fut suffisant pour empêcher que le point de vue des éthologistes soit débattu valablement. Von Holst sut faire oublier cet épisode fâcheux dès l'année suivante en organisant une deuxième réunion à Wilhelmshaven – la première avait-elle laissé tant d'amertume que certaines chronologies donnent cette ville allemande comme le lieu de la première rencontre éthologique d'après-guerre ? Dès cette date, il fut décidé qu'une conférence éthologique internationale se tiendrait tous les deux ans, et l'un des premiers effets de ces rencontres fut qu'avant la fin des années 1950 les conclusions de von Holst allaient être largement admises. L'idée aurait donc vécu que les organismes agissent sous l'effet des seules stimulations externes !

En 1951, Niko Tinbergen livra avec *L'Étude de l'instinct* le premier ouvrage visant à une présentation d'ensemble des fondements et des buts de l'éthologie ; il y instaurait ce programme « canonique » invitant à considérer tout comportement selon : 1) les stimulations externes et les processus internes dont il est la résultante ; 2) les modalités de son développement chez l'animal, son « *ontogenèse* » ; 3) sa fonction adaptative ; 4) son histoire évolutive, sa « *phylogenèse* ». *L'Étude de l'instinct* avait pour origine des conférences que Tinbergen avait données après la guerre aux États-Unis. Malgré des révisions substantielles apportées aux textes originaux, l'ouvrage était loin de satisfaire son auteur, qui devait exprimer plus tard ses regrets, en particulier d'avoir réservé un traitement insuffisant à l'apparition et à la maturation des comportements. Un chapitre plus étayé sur cette matière aurait peut-être empêché qu'en 1953 l'éthologie ne soit attaquée violemment dans un article fustigeant l'importance exagérée accordée par la jeune discipline à une détermination génétique des conduites au détriment des influences externes [107]. Nouvel acte d'une querelle aussi vieille que la philosophie et la science, cette polémique avait pour instigateur Daniel S. Lehrman, de l'unité de psychologie expérimentale du musée d'Histoire naturelle de New York. Lehrman et ses collègues s'étaient démarqués des pratiques béhavioristes pour étudier l'animal dans des conditions plus naturelles qu'une « boîte de Skinner ». Ils restaient néanmoins convaincus que l'environnement, les stimulations extérieures, les apprentissages étaient prépondérants dans l'apparition et la mise en place des comportements, et ce dès les premiers stades de la croissance, avec les mouvements de l'embryon, les effets d'autostimulation nerveuse et chimique, etc. Ces détracteurs de l'éthologie montraient néanmoins une curiosité pour la manière dont concrètement les gènes fonctionnent lorsqu'un comportement s'organise, curiosité que les éthologistes européens n'avaient pas, ou pas encore…

Malgré le choc provoqué par l'attaque de Lehrman, des relations de courtoisie furent vite rétablies entre les éthologistes et les psychologues américains – les éthologistes néerlandais Gerard Baerends et Jan Van Iersel, lors d'un congrès à Montréal, furent les premiers à rencontrer Daniel Lehrman peu de mois après son offensive. Baerends s'est rappelé leur premier contact, hors débats : « Après quelques bavardages insignifiants, nous découvrîmes que nous avions pour intérêt commun l'observation des oiseaux, ce qui facilita par la suite grandement nos échanges de vues. Celles-ci, nous le constatâmes bientôt, étaient bien moins incompatibles que nous l'avions pensé. » En effet, dès leurs premières études, les éthologistes n'avaient-ils pas été confrontés au rôle de l'environnement (ainsi le phénomène de l'empreinte) dans la mise en place de comportements ? Surtout, des recherches en cours dans les deux « camps » menaient à une évidence que tous étaient sur le fond prêts à admettre : l'ontogenèse du comportement est bien plus qu'une somme de comportements qui seraient soit *innés*, soit *acquis*, et bien plus qu'un jeu parallèle d'hérédité et d'apprentissages – voir ainsi les travaux du physiologiste William Thorpe, devenu éthologiste et s'intéressant à Cambridge à l'acquisition du chant chez les oiseaux, et ceux des époux Harlow, psychologues étudiant à l'université du Wisconsin la maturation affective de jeunes primates (voir chapitre VI). Le bagage héréditaire de l'espèce détermine la nature et les limites de ce qui est reçu de l'environnement, et le développement voit se succéder des contextes organiques et des expériences qui contribuent à ce que le potentiel des comportements spécifiques soit réalisé (à défaut d'admettre cette intrication, on se situe dans cette naïveté dénoncée précédemment que « des gènes ordonnant directement des comportements bien définis existent tels quels dans les chaînes d'ADN »). Signe que cette querelle fut pour la plupart des éthologistes un – utile – feu de paille, en 1956 déjà, William Thorpe publiait *Learning and Instinct in Animal Behaviour*. En 1966, son collègue Robert Hinde consacrait définitivement la rencontre fructueuse des deux points de vue sur l'origine et le développement des comportements dans *Animal Behaviour : A Synthesis of Ethology and Comparative Psychology*.

Lorenz, qui avait été le plus directement mis en cause, ne prit guère de peine pour nuancer son point de vue, même s'il établit de bons rapports avec Lehrman, rencontré en France en 1954 à l'instigation du biologiste Pierre Paul Grassé. Réconciliation mais non conciliation : en 1970, Lehrman et Lorenz se disputaient toujours, à propos des expériences dites de *déprivation*. Le savant autrichien persistait à soutenir que le statut héréditaire d'un comportement est prouvé si celui-ci se manifeste chez un animal qui a grandi dans un environnement appauvri à l'extrême. Lehrman réitérait son point de vue qu'on ne peut supprimer totalement les influences du milieu, et que l'environnement peut agir sur la maturation des comportements par des voies détournées. Jamais las de polémiquer, Lorenz avait entre-temps transporté la controverse de l'acquis et de l'héréditaire dans le champ naissant de l'éthologie humaine (voir chapitre XII). En revanche, Niko Tinbergen avait tout lieu de se réjouir : le programme ouvert qu'il avait suscité se trouvait étoffé d'autant par ces deux approches complémentaires de l'ontogenèse des comportements.

Prudence et objectivité

Tinbergen lui-même s'est vu pourtant reprocher un manque d'ouverture, pour un autre motif : d'aucuns jugeaient qu'il sacrifiait à un « physiologisme » exagéré. Ce ne sont pas les attentes de l'éthologiste de voir transposés en termes d'ensembles neuromusculaires et de processus physico-chimiques les concepts de sa discipline (*mécanisme inné de déclenchement*, *coordination héréditaire*...) qui suscitèrent ce reproche, mais son refus de prendre en compte les états subjectifs chez l'animal pour l'explication de ses conduites. « Les éthologistes sont comme des gens qui chausseraient des lunettes monochromatiques pour contempler un tableau en couleurs », glissa un jour à Tinbergen le psychologue Johan A. Bierens de Haan, une figure éminente de la psychologie animale aux Pays-Bas. Bierens de Haan tenait la subjectivité animale comme un objet incontournable pour comprendre la cause des comportements, contrairement à Tinbergen, qui écrivait en 1951 : « La conclusion qu'un animal chasse parce qu'il est affamé [...] ne satisfera pas le savant qui veut savoir ce qui se passe à l'intérieur de l'animal quand il est dans cet état. Le chercheur essaiera alors de découvrir les influx qui stimulent les muscles impliqués dans la recherche de la nourriture, d'où viennent ces influx, et ainsi de suite. [...] Quand on prétend que le phénomène subjectif de la faim est l'une des causes du comportement de recherche de la nourriture, on confond physiologie et psychologie. »

Tinbergen, en excluant les phénomènes subjectifs du champ de l'éthologie, n'avait nulle prétention à épuiser, par l'explication éthologique, tous les aspects possibles d'un comportement. Simplement, il visait à une prudence méthodologique : éviter l'interprétation des conduites animales selon des motivations ou des sentiments dont l'humain a l'expérience (voir chapitre XI), et s'en tenir à des faits détectables, dénombrables, mesurables, dont l'observation peut être facilement répétée ou reproduite. « Bien que [...] l'éthologiste ne veuille pas nier l'existence possible de phénomènes subjectifs chez les animaux, il juge futile de présenter ceux-ci comme des causes puisqu'ils ne peuvent être observés suivant des méthodes scientifiques. » Certes, l'animal s'en retrouve quelque peu mécanisé, décrit à travers ses conduites les plus constantes. C'est le biais inévitable d'une quête de *régularités* dans le comportement. Cependant, combien de carnets de terrain d'éthologiste sont enrichis de moult observations anecdotiques, qui témoignent de souplesse dans les conduites, de stratégies de remplacement, et ce d'autant plus évidemment que l'espèce possède un système nerveux central complexe ? Une éthologie dite « cognitive » est apparue dans les années 1970. Un courant s'est voué à explorer le rôle dans les conduites animales d'une subjectivité aussi vraisemblable qu'elle est difficile à saisir et à qualifier (sentiments, intentions, conscience de soi) [73] ; un autre courant, né dans les laboratoires de psychologie animale, a entrepris de décrire et modéliser les processus cognitifs liés aux comportements [65].

Un retour de darwinisme

Niko Tinbergen aura d'autant moins sacrifié à la physiologie qu'il a été amené à développer ses recherches vers les relations entre l'espèce et son environnement, et donc à s'intéresser davantage aux fonctions qu'aux causes des comportements. D'aucuns ont pu dire que cette nouvelle orientation tenait à ce que les aspects internes des comportements faisaient, en l'état des techniques et des concepts de l'époque (les années 1950), des objets d'études bien trop fuyants, qui se dérobaient aisément dans des enchevêtrements de cycles, comme l'avait pressenti Craig, ou dans les interrelations multiples de « centres instinctifs » hiérarchisés, telles que les avait schématisées Tinbergen et quelques autres. Mais aussi, l'ambiance d'Oxford et de ses cercles évolutionnistes ne pouvait que pousser Tinbergen à donner une autre dimension au concept fondamental de l'éthologie : *un comportement spécifique, à l'instar d'un trait physique, résulte d'un processus d'évolution, donc d'une sélection en raison d'un avantage adaptatif.* Cet avantage n'était alors rien de plus qu'un présupposé, indiscuté mais scientifiquement non vérifié. Tinbergen se mit donc à rechercher quels facteurs peuvent expliquer les formes divergentes d'un comportement homologue chez des espèces proches, et à tester si vraiment et en quoi une conduite donnée procure à une espèce un bénéfice déterminant dans son habitat. L'approche comparative chère à Whitman, à Heinroth et à Lorenz était sur le point de déborder le thème des comportements sociaux et sexuels – thème qu'elle avait le plus abondamment exploré –, et, en même temps, elle allait quitter les pigeonniers et les basses-cours puisque c'est surtout sur les oiseaux de mer, ses oiseaux de prédilection, que Tinbergen a travaillé, et il a incité ses étudiants à faire de même.

Ainsi, dans les îles Farne, sur la côte orientale de l'Angleterre, la Suissesse Esther Cullen fit-elle d'une tour médiévale son séjour d'été à proximité d'une colonie de mouettes tridactyles, une espèce qui niche dans les falaises. Cullen put observer plusieurs adaptations spécifiques à cet environnement particulier, qui distinguent les mouettes tridactyles de leurs proches parents, tels les goélands. Ainsi, elles restent placides en présence d'étrangers – certes, elles en rencontrent fort peu sur leurs escarpements ! –, mais elles sont querelleuses entre elles – les meilleurs emplacements pour nidifier sont non seulement étroits, mais rares. Par ailleurs, lors de la parade nuptiale, la femelle s'empare de l'offrande du mâle sans attendre qu'il la dépose au sol – sinon, l'offrande risquerait d'être précipitée dans le vide. De même, les jeunes se servent de nourriture directement dans le gosier de leurs parents. Enfin, l'oisillon, qui risque toujours le grand plongeon et ne peut nulle part se mettre à l'abri des querelles, maîtrise un signal d'apaisement fort (détourner la tête), signal qui, chez les goélands, ne s'observe que chez les adultes.

Parallèlement à une telle approche par observations *ad libitum*, Tinbergen a suscité l'étude expérimentale de la fonction des comportements en montrant notamment, toujours chez des oiseaux de mer, comment certaines conduites constituent une défense contre la prédation. Ainsi, peu après une éclosion chez les mouettes rieuses, les parents emportent les morceaux de coquille et s'en débarrassent à l'écart de la colonie. Ce comportement a-t-il vraiment pour effet d'éviter que l'intérieur clair de la coquille attire l'attention de prédateurs vers le nid et rende inutile le camouflage des jeunes ou d'œufs non encore éclos ? Pour vérifier cette hypothèse, Tinbergen répartit sur un terrain sans nid des œufs intacts et des coquilles vides, et il put mesurer qu'effectivement la proximité d'une coquille augmentait les risques qu'un œuf non éclos soit découvert et mangé par des corneilles [177]. En montrant très simplement ce qui arriverait si les parents ne réagissaient pas au stimulus constitué par les coquilles vides, Tinbergen a démontré que leur comportement est une adaptation augmentant les chances du couple de laisser une progéniture, et pareil trait ne peut donc que se répandre rapidement dans une population. Les mouettes tridactyles, dont les nids dans les falaises ne sont pas aussi directement menacés, ne manifestent pas en revanche le comportement de rejet actif des restes de coquilles.

Toujours soucieux de se démarquer du reproche d'être d'abord un physiologiste, Niko Tinbergen écrivait en 1969 : « Les sciences du comportement et les sciences biologiques ont pris un cours unilatéral ; on porte un intérêt disproportionné aux facteurs d'ordre causal du comportement. Or, j'ai la conviction qu'on devrait s'attacher avec autant d'intérêt à comprendre les effets du comportement, quel rôle ils jouent pour la survie de l'espèce. » Tinbergen devait être entendu au-delà de ses espérances. Ses premières études fonctionnelles, fort sobres, ont pavé la voie pour un courant d'étude puissant, l'écologie comportementale (*behavioural ecology*), vouée à peser les *bénéfices* et les *coûts* associés à un comportement ou à un ensemble de comportements constituant une *stratégie comportementale* – coûts et bénéfices pouvant être mesurés en calories consommées, économisées, investies, gaspillées, en descendants engendrés, élevés ou perdus [104]...

Une éthologie comptable

En bonne logique évolutionniste, un comportement, pour qu'il résiste à la sélection naturelle, doit apporter à l'individu un avantage primant sur les inconvénients et les risques qu'il peut engendrer – ainsi, chez les mouettes rieuses, il sera moins avantageux pour des parents, statistiquement en tout cas, de garder le nid et ses oisillons quelques minutes de plus que de prendre ce temps pour débarrasser une coquille vide, une action qui augmente la sécurité de leur « capital-progéniture ». Le même postulat mène à admettre qu'un regroupement en colonie ou en société, qui peut sembler coûteux pour l'individu (compétition accrue pour l'espace, les ressources alimentaires, les partenaires sexuels...), doit apporter des avantages sous certaines conditions, sans quoi ces regroupements ne s'observeraient pas : meilleure sécurité contre la prédation ou plus grande efficacité dans la quête de nourriture par exemple. Ainsi, il a été mesuré qu'en pêchant à plusieurs, chacun pour soi, des oiseaux de mer se disputent moins un bénéfice qu'ils ne l'accroissent : les bancs de poissons s'éparpillent en tous sens à la moindre alerte, et toute attaque d'un individu précipite des proies dans le bec de ses congénères ; dès lors, chacun consacre moins de temps et d'énergie à pêcher que s'il œuvrait isolément.

Cette comptabilité en calories ou en nombre de descendants, riche d'enseignements et d'éclaircissements, n'était toutefois qu'un premier pas dans une mise en équations toujours plus sophistiquée des conduites animales et de leurs conséquences. En effet, avec la nouvelle vision du vivant qui s'est dessinée dans les années 1960, les comportements sociaux, les relations entre les individus sont devenus la matière d'équations dans lesquelles les gènes font figure d'acteurs principaux, et l'animal de simple « véhicule » pour ce qu'il est convenu d'appeler son bagage génétique – lequel bagage apparaît bien davantage, dans cette perspective, comme le voyageur ! Cette nouvelle manière de voir, provocatrice (bien résumée par la formule « le gène égoïste », qui a fait le titre d'un ouvrage du biologiste d'Oxford Richard Dawkins), visait à résoudre des paradoxes autrement plus troublants que la grégarité chez les mouettes. Et bientôt, elle ambitionnerait d'envoyer aux oubliettes l'éthologie fraîchement nobélisée…

Altruisme et génétique

Jusque dans les années 1960, s'agissant du rôle des comportements, le « bien de l'espèce » avait force d'explication, et cela, en général, de manière implicite (même si Julian Huxley en 1963 et Konrad Lorenz en 1966 avaient fait cette même remarque que les blessures dans les combats allaient à l'encontre des intérêts de l'espèce, d'où la ritualisation des duels, et Tinbergen, traitant de communication en 1964, avait expliqué comment un animal émetteur adressait un signal à un animal récepteur qui y réagissait « dans un sens avantageux pour l'espèce »). Dans une telle perspective, les comportements de collaboration et d'assistance entre individus étaient tenus pour une banalité évidente et nullement considérés comme problématiques. Or, en vue strictement darwinienne, ce sont les intérêts, la survie de l'individu qui priment. En se conformant à cet axiome essentiel, il restait certes compréhensible que des individus engagent une *coopération* quand celle-ci produit des bénéfices immédiats pour chacun (lors de chasses en commun, par exemple), ou une relation de *réciprocité* si celle-ci est corrélée à l'avantage futur d'un « service » en retour (une explication parmi d'autres aux cris d'alarme…). En revanche, des comportements sans contrepartie apparente, purement *altruistes*, ne trouvaient pas d'explication ! Comment comprendre ainsi ces sociétés d'insectes dans lesquelles les ouvrières renoncent à toute postérité pour prendre un soin extrême de la descendance d'une autre femelle – leur mère – et la défendre le cas échéant jusqu'à la mort ?

En 1964, un jeune chercheur néo-zélandais installé à Londres, William D. Hamilton (1936-2000), fasciné par le potentiel des mathématiques pour résoudre des problèmes complexes de biologie, publia une reformulation d'une théorie vieille de trente ans. Celle-ci, développée par le généticien sir Ronald Aylmer Fisher (1890-1962), et exposée dans *The Genetical Theory of Natural Selection*, avait fait de la parenté génétique le facteur crucial qui oriente le comportement en inclinant soit à la coopération, soit à la compétition. Fisher et à sa suite Hamilton se référaient à une génétique dont l'objet est la démographie et la dissémination des gènes (*génétique des populations*), non leur action dans l'organisme.

C'est le plus souvent en errant dans les rues de Londres que Hamilton médita son approche novatrice des comportements sociaux et de l'altruisme. S'étant convaincu que la survie individuelle ne constitue pas, à l'évidence, le but de l'existence des organismes, irrémédiablement mortels, Hamilton leur reconnut pour finalité le legs à la postérité d'un nombre le plus grand possible de copies de leurs gènes, ou plus exactement de variantes individuelles de chacun de leurs gènes – on nomme *allèles* les différentes formes d'un même gène. Se reproduire directement, sexuellement ou non, apparaît comme le moyen le plus évident pour l'organisme de remplir un rôle de multiplicateur et de disséminateur d'allèles ; mais il existe une seconde voie, qui peut apporter un résultat équivalent ou supérieur : aider à la survie de parents qui ne sont pas des descendants directs. Sommairement, si on exprime par une unité génétique (ug) la proportion théorique d'allèles identiques chez deux organismes, il apparaît qu'un individu partage en moyenne une moitié de ses allèles avec tout membre de sa progéniture, ou avec un frère ou une sœur (soit 0,5 ug), et un quart avec un neveu ou une nièce, un petit-fils ou une petite-fille (soit 0,25 ug). Ainsi, l'individu qui assure (en les nourrissant, en les protégeant…) la survie de trois neveux ou nièces assure le passage à la génération suivante de 0,75 ug, soit plus que les 0,5 ug d'un descendant direct (on lira dans le chapitre VII quelques illustrations d'une telle arithmétique).

Dans les sociétés d'abeilles ou de fourmis, le mâle ne possède qu'un jeu de chromosomes au lieu de deux, la contribution chromosomique à l'œuf dont il est issu étant uniquement maternelle. Tous ses spermatozoïdes ont donc un contenu génétique identique. Cette particularité augmente la proportion d'allèles en commun chez les ouvrières, qui naissent d'œufs fécondés et partagent donc la totalité des allèles transmis par leur père plus en moyenne la moitié des allèles maternels. Cette parenté génétique plus grande avec une sœur qu'avec un descendant serait l'explication, en suivant Hamilton, de la primauté du social sur le parental individuel chez les hyménoptères.

Fourmillements hégémoniques : la sociobiologie

La conférence au cours de laquelle Hamilton présenta sa théorie à ses collègues londoniens ne lui valut guère d'éloges, sinon de la part de quelques étudiants – d'autant que Hamilton était un orateur désordonné et dénué de fantaisie. En 1965 cependant, son article dans le *Journal of Theoretical Biology* [80] retint toute l'attention d'un biologiste américain, Edward O. Wilson. Ce dernier dévora la publication d'Hamilton au cours d'un interminable trajet en train sur la côte Est des États-Unis. La première réaction de Wilson fut une certaine jalousie : Hamilton avait fait « la plus importante découverte du XXe siècle sur les insectes sociaux » tout en disposant sur ces animaux d'infiniment moins de connaissance que Wilson ! Ce dernier, en effet, avait fait des sociétés de fourmis sa spécialité. Il était tôt venu à l'étude des insectes pour cette raison qu'il ne voyait que d'un œil, cependant avec « une acuité exceptionnelle lui permettant de discerner des détails considérablement plus fins que les caractères sur la dernière ligne des panneaux utilisés par les ophtalmologues » – son autre œil avait été endommagé par une nageoire de poisson, et Wilson avait accepté sans trop de regret d'être toujours « le dernier à voir un gros rapace sur une branche, mais l'un des plus aptes à voir à l'œil nu d'infimes détails chez une fourmi » [198].

Au début, Wilson fut assurément un éthologiste, avec une vocation comparative. Ainsi, dans l'une de ses premières études consacrées aux fourmis, il a montré comment, dans la famille des dacétinés, les habitudes alimentaires ont évolué, depuis les espèces les plus primitives, qui chassent les insectes en surface, jusqu'aux espèces les plus récentes, qui capturent dans les galeries ces petits insectes archaïques appelés collemboles. Wilson a aussi observé que les fourmis de surface forment des castes très différenciées et pratiquent une division du travail poussée, au contraire des fourmis plus souterraines. De là, Wilson s'est attaché à mettre en relation la pression de l'environnement, l'organisation sociale et la mémoire génétique des espèces. Après avoir lu Hamilton, il ajouta au déterminisme du milieu celui de la parenté génétique, et il se prit à rêver : « Quand les mêmes paramètres et la même théorie seront utilisés pour analyser en même temps les colonies des termites et les troupes de macaques, nous serons parvenus à une science unifiée, la sociobiologie. » Le premier état de cette science unifiée, exposé en 1975 dans le volumineux *Sociobiology* [197], a soulevé un mélange de fascination et de rejet véhément. La polémique, autant scientifique qu'idéologique, a surgi en raison du déterminisme génétique total que suggérait Wilson – le biologiste n'en fit pas mystère : il voyait ce déterminisme à l'œuvre jusque dans la religion et la morale. Sous les feux de détracteurs nombreux, dont Stephen Jay Gould et Richard Lewontin, ses voisins à l'université Harvard, Wilson dut prendre en catastrophe, en 1976, un cours de philosophie politique…

Destinée à expliquer les comportements en termes d'intérêts et de rivalités de gènes, la sociobiologie s'est cependant montrée peu curieuse de leur fonctionnement dans l'organisme. De ce fait, elle a ouvert une avenue à une certaine génétique sans largeur de vues, prompte à relier naïvement les gènes à des catégories très générales de comportement (voir chapitre VI). Le fait est d'autant plus cruel pour Wilson qu'à Harvard il s'était fait un adversaire de James D. Watson, l'un des codécouvreurs de la structure de l'ADN, qui considérait avec mépris la biologie de terrain, certain que la biologie moléculaire la supplanterait d'une manière ou d'une autre. Wilson toutefois n'a pas montré moins de velléités hégémoniques quand il a affirmé que sa sociobiologie, associée à des neurosciences toujours plus performantes et pas moins ambitieuses, remplacerait l'éthologie avant la fin du XXe siècle ! C'était payer de peu Konrad Lorenz, dont une conférence à Harvard en 1953 avait poussé Wilson à entreprendre l'étude des signaux chimiques chez les fourmis, recherches qui lui donnèrent une vision de ces insectes au moins aussi intime que celle que Lorenz avait de ses oies cendrées.

Une éthologie vivifiée ?

En ce début de troisième millénaire, la Conférence éthologique internationale, inaugurée à l'aube des années 1950, se tient encore, tous les deux ans. Aucune revue majeure consacrée à l'éthologie n'a disparu. Et si la série *Perspectives in Ethology* a rencontré quelques difficultés, il faut blâmer davantage les coûts d'édition qu'un manque de perspectives. Dira-t-on que la sociobiologie a dû revoir ses ambitions « présidentielles » pour se contenter d'un portefeuille « ministériel » ? « Quand je lis l'ouvrage de Wilson, j'ai souvent de la peine à garder à l'esprit qu'il a été conçu pour être quelque chose de différent de l'éthologie. Beaucoup de sa matière s'intègre confortablement dans l'éthologie traditionnelle[1]. » Un constat parmi d'autres d'éthologiste perplexe : peu d'années après que Wilson eut affiché ses prétentions, d'aucuns ont pu se demander comment on en était arrivé à ce que l'éthologie soit bousculée et plus ou moins privée de moyens par l'irruption d'une discipline *a priori* sans préoccupation directe pour le comportement en tant qu'action, ne visant qu'à chiffrer des conséquences indirectes de ce que font les organismes.

1. « Je n'a jamais pu comprendre pourquoi la sociobiologie était considérée comme une nouvelle discipline révolutionnaire ni pourquoi les gens

Les raisons sont multiples, et assez floues. Portée par une écologie quantitative, bien équipée, prompte à des mesures de flux énergétiques, démographiques – bref une écologie plus moderne que celle qui accompagnait l'éthologie –, la sociobiologie a très vite incarné une science plus « naturelle » que l'éthologie, curieusement taxée de plus « expérimentale » et trop occupée de causalités physiologiques, insuffisamment d'explications adaptatives. On a vu pourtant Tinbergen inaugurer une approche plus quantitative des fonctions adaptatives. Ce fut tardivement dans sa carrière cependant, et le fait n'est pas anodin : en effet, la sociobiologie a surpris l'éthologie dans une phase de quiescence suite au retrait progressif de ses pères fondateurs. Quiescence plutôt que transition : vers quoi d'ailleurs, tant il est vrai que l'éthologie s'est établie simplement comme voie pour comprendre les comportements en rassemblant, en reliant des faits biologiques dont le détail et le principe font, largement, l'objet d'autres disciplines ? D'où la difficulté sinon l'impossibilité pour elle d'offrir les attraits d'une grande théorie, au contraire de la sociobiologie, qui a ses aises dans la mesure où son objet ne recouvre qu'une part du programme éthologique (en quoi et pour quoi un comportement est-il une adaptation ?).

« Bien des éthologistes en arrivent à croire qu'en l'absence d'une grande théorie ils ont peu à offrir à la science sinon quelques bonnes histoires. » Dira-t-on, plutôt, une bonne manière de relier des histoires ? D'où le parti suivi ici d'en rester au balisage de Niko Tinbergen, en quatre

---

intéressés par la manière dont le comportement est adaptatif ont tendance désormais à s'appeler écologistes comportementaux plutôt qu'éthologistes. La biologie des comportements sociaux (qu'est-ce que "sociobiologie" signifie d'autre ?) et l'étude du rôle du comportement dans la survie et l'adaptation des animaux étaient une part de l'éthologie telle que la concevaient Lorenz et Tinbergen. Avec cette seule différence : les questions sur l'évolution et le rôle adaptatif du comportement, colonne vertébrale de la sociobiologie et de l'écologie comportementale, n'étaient qu'une part de l'éthologie […], non sa raison d'être » (Marian Stamp Dawkins, « The Future of Ethology », *in* [12], p. 47-54.

questions, pour les quatre prochains chapitres, et d'y illustrer successivement les interrogations sur les causes, le développement, la fonction et l'histoire évolutive des comportements. À parcourir l'échantillon de recherches figurant dans ces chapitres, et dans les chapitres IX à XII qui prolongent cet historique à travers quatre problématiques particulières, on jugera comment le programme éthologique a été alimenté, développé, y compris par les sociobiologistes…

DEUXIÈME PARTIE

L'éthologie en quatre questions

5. Quelles causes à un comportement ?

Professeur de physiologie à l'université du Massachusetts à Amherst, John D. Palmer parcourt depuis les années 1960 les plages de Nouvelle-Angleterre. Il y étudie les créatures de la zone intertidale, l'estran, cette bande de rivage exposée aux allées et venues des marées, tour à tour terre et mer. L'animal de prédilection de Palmer est *Uca pugnax*, une parmi la centaine d'espèces de crabes qu'on dit « violonistes ». Chez ces crustacés, les mâles possèdent une pince énorme qu'ils utilisent pour attirer les femelles et intimider les rivaux, par des gesticulations élaborées. En revanche, cet appendice est impropre à collecter de la nourriture, et les mâles n'ont que leur seule autre pince pour fouiller la boue en quête de détritus.

L'intérêt de John Palmer va aux horloges biologiques qui sous-tendent les activités des crabes violonistes [134], activités que le physiologiste a résumées en une « règle des quatre B » : bâfrer, bêcher, batailler et… se reproduire[1]. Pour un crabe violoniste, l'action et le repos dépendent des marées. Toutefois, quand le crabe quitte son trou à marée basse, et qu'il le rejoint avant le retour des flots, ce ne sont pas les mouvements de l'eau ni les sons les accompagnant qui stimulent l'animal, mais un processus interne. Pour preuve, un crabe transporté en laboratoire et maintenu dans des conditions constantes de lumière et de température s'active toujours au rythme qu'il suivait sur son coin de plage : il se met en action à l'heure des deux marées basses quotidiennes, et il reste tapi, immobile, durant les marées hautes. L'animal manifeste donc chaque jour deux pics d'activité, à intervalle de 12,4 heures, ce qui représente l'intervalle moyen entre deux marées hautes. Le crabe violoniste est donc accordé sur le temps lunaire. Si un crabe particulièrement régulier suivait

1. À l'origine, en anglais, la « règle des quatre B » est celle « des quatre F » : *feeding, fighting, fossicking and… mating*.

encore ce rythme lorsque Palmer le relâcha après 58 jours passés en laboratoire, la plupart des sujets cependant marquent peu à peu de petites désynchronisations. Fait intéressant, celles-ci affectent indépendamment les deux pics journaliers d'activité, ce qui laisse supposer que deux horloges internes sont à l'œuvre, et non une seule. Chacune de ces horloges accomplit un cycle sur un plein jour lunaire de 24,8 heures et ne contrôle donc qu'une seule période d'activité, en décalage d'un demi-jour lunaire exactement avec l'autre horloge. Ce double mécanisme encore hypothétique est pressenti chez d'autres crustacés de la zone intertidale, ainsi que chez des mollusques et des poissons.

Par ailleurs, le corps d'*Uca pugnax* affiche dans sa pigmentation, qui est plus sombre le jour, un rythme de 24 heures très précisément ! Les pigments noirs, rouges, jaunes et blancs qui se trouvent dans les cellules de l'hypoderme migrent et se répartissent sous contrôle hormonal, avec pour conséquence les variations de la coloration. Le crabe est donc accordé également au temps solaire par l'intermédiaire d'une autre horloge interne : un crabe captif tenu en conditions constantes continue à « clignoter » sur 24 heures. Un troisième mécanisme, enfin, fonctionnant sur le moyen terme, permet aux femelles fécondées, même privées de stimuli naturels par une captivité en laboratoire, de libérer au temps des grandes marées d'équinoxe les larves qu'elles portent collées à des appendices sur la partie inférieure de leur abdomen. Palmer a pu dire de ses crabes qu'ils constituent un « système plus compliqué que n'importe quelle montre suisse », et nul n'en doutera, ne serait-ce que parce qu'aucun modèle de montre suisse ne se reproduit seul depuis des millions d'années.

Concepts classiques, nouveaux outils

Entre bien d'autres animaux, les crabes *Uca* feraient un menu commode pour rassembler à une même table l'éthologie et toutes les disciplines susceptibles de nous éclairer sur ce qui se passe chez un organisme lorsqu'il produit un comportement. Dans l'esprit de l'éthologie classique, les crabes violonistes offrent avec leur mouvement de pince un bel exemple de coordination héréditaire – mouvement différent d'une espèce à l'autre –, avec ses stimuli-déclencheurs dans les gestes des rivaux ou la présence d'une femelle. D'autre part, les crabes violonistes manifestent des comportements moins spécifiques, comme la quête de nourriture ou la ponte, suivant des cycles qu'on dirait classiquement d'appétence-consommation-satiété, qui surviennent à des intervalles réguliers. Si leur mise en route ne peut être que très indirectement reliée à des causes externes, des stimulations internes rythmiques sont en revanche manifestes. Mais ces rythmes ne sont pas totalement coupés de l'environnement puisque, au laboratoire, ils finissent par se dérégler, et qu'il a bien fallu auparavant qu'ils prennent le tempo des cycles cosmiques.

Mécanismes innés de déclenchement, *coordinations héréditaires*, *hiérarchies de comportements*, *centres de contrôle*, relations de *stimulation* ou d'*inhibition* entre comportements, *motivation* : en introduisant ces concepts, les premiers éthologistes n'avaient d'autre objectif qu'une description *fonctionnelle*, et s'ils supposaient des systèmes anatomiques et physiologiques correspondants, c'était sans les explorer directement. Bien sûr, ces concepts n'en visaient pas moins à rencontrer des propriétés avérées ou attendues d'ensembles organiques, en premier lieu le système nerveux, dont on avait, au temps où l'éthologie a pris son essor, une connaissance déjà conséquente des agencements, de la physiologie et de ses relations avec le système musculaire. En revanche, on commençait seulement à mesurer toute l'importance de la messagerie hormonale, et Tinbergen pouvait ainsi remarquer en 1951 : « Il y a peu de temps encore, les endocrinologistes n'étudiaient que rarement l'influence des hormones sur le comportement. » Et quand bien même l'éthologie s'était vouée initialement à l'étude de coordinations « héréditaires », les ressorts génétiques des comportements étaient alors inaccessibles faute de moyens techniques.

Un demi-siècle plus tard, a-t-on accédé à ce qui fait les comportements et les différences observées entre les espèces, selon la perspective qui a fondé l'éthologie ? À dire vrai, nous sommes bien en peine de mettre en évidence quoi que ce soit de vraiment spécifique dans l'organisation d'un crabe qui le mène à se conduire comme tel, hors son organisation d'ensemble. En étudiant le fonctionnement des réseaux nerveux, des flux d'hormones et autres messagers chimiques, et de ces gènes qu'on détaille de plus en plus aisément, nous sommes confrontés bien davantage à ce qui est commun aux espèces. Ce fut une critique portée de longue date à l'éthologie : les systèmes biologiques responsables du comportement sont moins des réalités localisables que l'effet de processus multiples, diffus. Quand bien même des structures reconnaissables, en particulier nerveuses, peuvent être associées à l'expression d'un comportement, tout processus comportemental, d'une manière ou d'une autre, engage plus d'un centre et forcément plusieurs niveaux organiques – ainsi ces rythmes d'activité que les organismes suivent autant qu'ils les engendrent.

Les rouages du comportement

À l'éthologiste qui aura observé chez des vers à soie que les adultes émergent de leur chrysalide à un moment bien précis du jour, différent selon l'espèce, une étude neurobiologique précisera que si une larve est privée de ganglion cérébral, sa métamorphose se déroulera normalement à ce détail près qu'elle ne respectera pas pour sortir de son cocon l'horaire spécifique (le milieu de la nuit chez telle espèce, l'aube chez une autre...). Cet horaire peut être rétabli toutefois par une simple greffe en retour du ganglion, même au niveau de l'abdomen. Et si une greffe croisée est opérée entre les deux espèces, l'horaire du greffon s'impose à l'organisme receveur [181]. Chez les mammifères également, une structure nerveuse intervient dans le contrôle cyclique du comportement : localisée dans l'hypothalamus, elle a la forme d'un double ensemble de quelques milliers de cellules appelé noyau suprachiasmatique. Cette structure reçoit des informations de la rétine et les relaie *via* de petites protéines (les neuropeptides) vers la glande pinéale. Celle-ci sécrète durant la nuit la mélatonine, une hormone active notamment dans la régulation saisonnière de l'activité sexuelle chez les mammifères. Chez des rats ou des hamsters, des lésions infligées au noyau suprachiasmatique font disparaître toute rythmicité dans la production d'hormones, les déplacements et la nutrition. Là encore, les rythmes peuvent être rétablis avec 40 % de succès par une greffe – on implante du tissu embryonnaire destiné à former le noyau suprachiasmatique.

Un animal soumis à un régime dans lequel il n'y a plus d'alternance de lumière et d'obscurité n'en continue pas moins à manifester un rythme dans ses activités, même si celui-ci se décale peu à peu par rapport aux rythmes cosmiques. Les généticiens ont découvert comment des rythmes s'entretiennent à un niveau profond de l'organisme, par l'enchaînement de l'expression et de la répression de plusieurs gènes. Ces gènes se retrouvent plus ou moins semblables chez la drosophile, la souris et l'homme. Notamment, quatre gènes fonctionnant par paires s'inhibent à tour de rôle par l'intermédiaire des protéines dont ils sont le plan, en un cycle d'environ vingt-quatre heures. La première étape vers une compréhension de ce système a été, au début des années 1970, la découverte chez la drosophile d'un gène baptisé *period*, qui rythme l'animal jusqu'à des détails tels que, chez le mâle, le tempo du « chant » nuptial, produit par la vibration des ailes. De la même manière que l'on a pratiqué des greffes de tissus nerveux, en 1984, deux équipes américaines ont lutté au coude à coude pour être la première à cloner et à multiplier le gène *period*, et à l'injecter à des mouches mutantes privées de tout rythme : les mouches ont effectivement retrouvé une rythmicité normale, y compris dans leur comportement de cour [10] [202]. La transmission d'une espèce de drosophile à une autre a également été vérifiée. Depuis, on a montré qu'une souris mutante arythmique peut retrouver un rythme normal par une intervention semblable.

Cette synergie d'approches autour d'un aspect du comportement animal, qui met en exergue des centres nerveux, le rôle de messagers chimiques synthétisés dans des neurones, l'action d'hormones et les interrelations cycliques de plusieurs gènes, ne doit pas abuser : les rythmes biologiques, processus universel, sont un domaine particulièrement exploré. Notre compréhension des comportements bénéficie encore rarement de pareille largeur de vues. Le fait est qu'un hiatus existe entre d'une part les éthologistes, qui se sont attachés à des conduites de plus en plus complexes, très souvent chez des organismes qui ne le sont pas moins (oiseaux, mammifères…), et d'autre part les physiologistes, qui étudient chez des organismes « simples » des processus délimités (intégration de signaux, commande de mouvements, modes de relation entre les deux…). Il n'en demeure pas moins que les ponts établis entre l'éthologie, la neurobiologie, l'endocrinologie et la génétique ont considérablement étendu notre vision des déterminants immédiats des comportements, à défaut de leur « cause », qui souvent entremêle les stimulations de l'environnement et les dispositions internes du moment chez l'organisme.

L'empire des sens

Jurine et Spallanzani démythifiant les sens diaboliques des chauves-souris en observant ce qu'il advient de ces chiroptères lorsqu'on les prive de l'ouïe, Fabre montrant à grand fracas que les cigales privilégient la vision sur l'ouïe pour détecter le danger, von Frisch démontrant la vision des couleurs chez les poissons puis les abeilles, et chez ces dernières leur sensibilité aux ultraviolets et à la polarisation de la lumière, Tinbergen vérifiant les réactions belliqueuses des épinoches mâles confrontées à la couleur rouge et leur attirance pour les rondeurs argentées, ou le goût des jeunes goélands pour les contrastes de couleurs : l'éthologie a été largement préparée, puis mûrie en explorant les capacités sensorielles de diverses espèces par le biais de leurs réactions ou de leur absence de réaction. On ne peut comprendre, évidemment, les comportements d'un animal sans connaître précisément quelle part de son environnement social, biologique ou physique il perçoit, et comment. Des premières heures de l'éthologie jusqu'aux recherches actuelles, l'importance de cette question n'a pas varié.

Le comportement alimentaire d'une mouche domestique nous échappe largement si l'on ne sait pas qu'elle goûte avec ses pattes ; il en est de même pour l'activité sexuelle de sa cousine drosophile si l'on ignore que les mâles détectent les phéromones femelles à l'aide de récepteurs situés dans leurs pattes antérieures. On interprétera au mieux les chasses du faucon crécerelle si on connaît son aptitude à percevoir le rayonnement ultraviolet, adaptation précieuse pour localiser les chemins qu'empruntent les campagnols, trajets marqués d'urine et de crottes, qui réfléchissent ce rayonnement. Et avec une bonne connaissance des capacités visuelles chez les poissons des récifs, on cesse de voir un – beau ! – paradoxe chez ces animaux qui sont tous soit chasseurs, soit proies potentielles, mais arborent cependant les coloris les plus vifs : discrétion ou camouflage semblent chez eux l'exception ! De fait, si les yeux de ces animaux contiennent quatre types de pigments, qui leur permettent une vision dans un large spectre, leur traitement des nuances est très inférieur à celui qu'on connaît pour les yeux des mammifères – les mammifères, dont les premiers représentants furent des créatures nocturnes, ne possèdent en revanche que deux pigments, trois toutefois chez les primates, et un seul chez les mammifères marins. Ainsi, des colorations qui apparaissent criardes à notre regard de primate n'empêchent nullement qu'un poisson se fonde dans son environnement et échappe au regard d'autres poissons. En jouant d'arrière-plans différents, un poisson peut tantôt se dissimuler, tantôt s'afficher très visiblement à l'attention d'un(e) partenaire. De plus, l'un des pigments présents dans l'œil des poissons est sensible à l'ultraviolet, ce qui permet à ces animaux de jouer à faible distance de marques corporelles qui relèvent de cette partie du spectre – marques qui nous sont en revanche invisibles.

Routes magnétiques

Outre les sens qui nous sont familiers, il faut aux éthologistes en soupçonner d'autres. Ainsi, une sensibilité au champ magnétique terrestre a été mise en évidence chez des oiseaux migrateurs, des batraciens, des poissons et aussi des insectes, à l'instar de l'abeille, ou de la fourmi *Pachycondyla marginata*, qui, dans le sud-est du Brésil, migre par légions dans la direction nord-sud. Et même si nous sommes bien en peine d'imaginer à quoi sert à une bactérie de ne pas perdre le nord, certains de ces organismes simples jouent les boussoles grâce à des cristaux de magnétite, un oxyde de fer, lesquels cristaux s'alignent selon les lignes de champ dans le microvolume de leur cellule. Les bactéries ont sans nul doute joué un rôle – de quelle manière ? – pour que de la magnétite se retrouve aujourd'hui dans le système nerveux central de moult espèces, l'humaine incluse, voire dans des cellules du système nerveux périphérique. Il a même été découvert récemment, chez une truite néo-zélandaise, le premier véritable organe dévolu au sens magnétique : un groupe de cellules à magnétite situé dans le museau du poisson. En conditionnant des truites captives à reconnaître *via* des champs magnétiques un emplacement de nourrissage, il est apparu que ces poissons, s'ils ne détectent pas la direction des lignes de champ, sont sensibles aux différences d'intensité. Dans des conditions naturelles, une telle capacité les aiderait à orienter leurs voyages à grande distance – bien que le champ magnétique terrestre présente une distribution relativement complexe, globalement, son intensité croît des régions équatoriales vers les pôles magnétiques. Ce sens qui semble aiguisé pourrait servir aussi très localement [50] [184].

Déterminer une capacité sensorielle et ses limites affine notre compréhension des conduites d'un animal, mais les enseignements sont d'autant moins aisés à tirer quand plusieurs sens peuvent être invoqués, soit conjointement, soit alternativement, pour le déclenchement ou l'orientation d'un même comportement. Toujours sur le thème des aptitudes à s'orienter chez des migrateurs, on considérera le périple d'automne des fauvettes de nos jardins, qui gagnent Gibraltar puis infléchissent leur route vers le sud-est, en direction de l'Afrique tropicale. Cet itinéraire leur évite les Alpes, la Méditerranée et le Sahara. Sur quelle information les fauvettes décident-elles du cap à maintenir ? On admet généralement que les oiseaux migrateurs situent le nord grâce à une perception du champ magnétique terrestre d'une part, et en se repérant à l'aide des étoiles et de leur rotation apparente d'autre part. Le nord indiqué par les deux sources n'est pas le même, mais des observations sur plusieurs espèces ont conduit à penser qu'en cas d'informations contradictoires la priorité va à la carte céleste. Chez les fauvettes cependant, les informations magnétiques ont la priorité. Il est vrai qu'elles migrent loin de la zone où l'écart entre pôle géographique et pôle magnétique peut perturber l'animal. Le fait a été vérifié en élevant de jeunes fauvettes sous une coupole reproduisant un ciel étoilé à coups de petites lampes, dans un champ magnétique contrôlé. D'autres oisillons en revanche furent privés de toute information magnétique. À l'automne, on a observé quelle direction les jeunes oiseaux adoptaient dans un espace où, l'information magnétique étant neutralisée, il n'y avait que des « étoiles » pour montrer le chemin. Les fauvettes qui avaient appris le ciel dans une « ambiance magnétique » ont pointé le sud-ouest (Gibraltar...), celles qui n'avaient eu que les étoiles pour repères ont filé plein sud [188] [200]. Dans la science spécifique de l'orientation chez les fauvettes, les étoiles n'indiquent qu'une direction globale (le sud), qui est affinée par le recours aux informations magnétiques, lesquelles mènent à l'itinéraire le moins périlleux.

On a pu établir que les pigeons utilisent la position du soleil, les configurations d'étoiles et, par temps couvert, le champ magnétique terrestre. Cette dernière capacité, toutefois, explorée par brouillage à l'aide d'un petit casque contenant un bobinage électrique, a été contestée : certes, les pigeons « brouillés » ont l'envol hésitant quand on les libère loin de chez eux, mais, lâchés près de leur nid, ils ont les mêmes errances quand bien même ils pourraient s'orienter par des repères visuels mémorisés. De fait, le brouillage magnétique perturberait avant tout la réaction physiologique qui soulage l'animal du stress induit par son transport. Une autre controverse eut lieu au début des années 1970. Il fut suggéré que les pigeons constituaient une carte olfactive en mémorisant les odeurs provenant régulièrement des mêmes directions [199]. Des lésions ou une anesthésie des cellules olfactives du pigeon entraînent effectivement des performances réduites lors du retour au gîte. L'hypothèse que cet amoindrissement de l'odorat dérangerait la motivation de l'oiseau à rentrer a été contredite par le fait que, si la distance est courte, l'animal anosmique regagne le pigeonnier. De plus, des pigeons élevés dans des cages dont les ouvertures étaient reliées à des déflecteurs qui faisaient entrer le vent d'ouest par l'ouverture sud ont manifesté un défaut d'orientation équivalent à ce quart de tour artificiel dans les repères olfactifs [96]. Des sceptiques ont objecté que les pigeons avaient pu être désorientés par l'action des déflecteurs sur la lumière. Une contre-expérience a donc été conduite, dans laquelle deux groupes de jeunes pigeons ont été élevés dans des cages sans déflecteurs, l'un des groupes étant régulièrement soumis à une brise fleurant le benzaldéhyde, depuis une direction constante (le nord-ouest). Le jour du lâcher, les deux groupes furent régulièrement exposés au benzaldéhyde lors du transport. Les oiseaux qui n'avaient pas l'expérience de ce composé devaient ne pas en tenir compte et s'orienter par d'autres moyens, tandis que ceux qui l'avaient intégré dans leur hypothétique carte olfactive devaient conclure de cette exposition qu'ils se trouvaient quelque part entre leur pigeonnier et la source de benzaldéhyde, et par conséquent prendre la direction opposée au nord-ouest pour voler vers le sud-est. Ce qu'ils firent… Une expérience analogue a été menée avec deux groupes de pigeons sensibilisés au benzaldéhyde, dont l'un subissait une anesthésie de l'olfaction au moment du lâcher : pareillement, les deux groupes ont divergé nettement dans l'orientation de leur vol de retour, ceux privés de l'olfaction retournant au juste lieu en usant d'autres repères, ceux capables d'olfaction se laissant abuser et faisant fausse route [100].

Ballet sur fond d'ultrasons

Nombre d'animaux ont le vol bien plus local, animé par des stimulations très directes, et changeantes. Des sens performants leur permettent de se guider. Ainsi, dans les ballets nocturnes auxquels se livrent les chauves-souris et les papillons dont elles font leurs proies, les approches, fuites et captures se mêlent en une chorégraphie guère compréhensible si on ignore que les chauves-souris y usent d'ultrasons et que les papillons sont capables de les détecter.

Si le talent des chauves-souris à se diriger sans heurts dans l'obscurité a été remarqué et étudié de longue date, pour finalement établir son lien mystérieux avec l'audition, ce n'est qu'en 1938 que l'Américain Donald Griffin a émis l'idée que les chiroptères utilisaient l'écho de leurs cris, dont les fréquences s'étagent généralement entre 20 kilohertz (juste en deçà des capacités auditives humaines les plus fines pour les sons aigus) et 80 kilohertz, quelquefois jusqu'à 200. Accueillie avec scepticisme, cette hypothèse fut vérifiée par Griffin, qui enferma des spécimens d'une chauve-souris de Nouvelle-Angleterre dans une pièce encombrée de fils tendus entre plafond et plancher. Les chiroptères y évoluaient sans dégâts à la poursuite des moucherons que l'expérimentateur leur servait. Les choses se gâtaient toutefois lorsque Griffin diffusait des ultrasons dans un large spectre. En revanche, des sons entre 1 et 15 kilohertz n'affectaient nullement les chauves-souris. Griffin en a tiré cette conclusion, évidemment, que les ultrasons artificiels masquaient ceux naturellement utilisés par les chauves-souris pour voler sans heurts [72]. Ce système d'écholocation n'est pas seulement utile pour éviter de mauvaises rencontres, il permet aux chiroptères d'être eux-mêmes de mauvaises rencontres en localisant des proies potentielles.

Être proie privilégiée de chauves-souris insectivores ne laisse pas sans réaction, toutefois, comme l'a démontré l'étude ci-après, d'un papillon noctuidé – une étude qu'on dira pénétrante, d'autant qu'elle donne à voir fonctionner l'organisme de l'intérieur, un pas au-delà des organes des sens. Un noctuidé pris en chasse par un chiroptère vire brusquement, ou alors se laisse choir dans la végétation au sol, où il devient indétectable pour son poursuivant. Quiconque observe ces manœuvres peut supposer que l'insecte fait usage des ultrasons émis par la chauve-souris, et qu'il possède donc des organes auditifs adaptés. Le neurophysiologiste Kenneth Roeder a découvert en effet chez le papillon deux membranes tympaniques, qui recouvrent un ensemble de sacs d'air – une de chaque côté du thorax [144]. Chaque membrane est reliée à deux cellules nerveuses, que Roeder a appelées simplement A1 et A2, dont les impulsions sont relayées par d'autres cellules nerveuses (relais dits *interneurones*) vers les ganglions thoraciques, et de là vers le cerveau. Depuis les ganglions thoraciques, d'autres interneurones mènent à des neurones moteurs qui agissent sur les muscles actionnant les ailes. Ce dispositif fonctionne bien comme un ensemble destiné à contrarier le prédateur : Roeder en a fait la démonstration sur un papillon immobilisé et soumis à divers sons. Des microélectrodes branchées sur les neurones A1 et A2 ont montré que chacun avait des spécificités. A1 est sensible à des sons de haute fréquence dans un spectre très large, d'intensité faible et émis par impulsions plutôt qu'en continu. À mesure que l'intensité du son augmente, A1 transmet davantage d'impulsions avec un moindre délai. A2, pour sa part, ne réagit qu'à des ultrasons d'intensité forte. Ces propriétés traduisent une parfaite adaptation à la détection des sons produits par une chauve-souris en chasse – le papillon entend le prédateur à une distance de plus de trente mètres, avant même que celui-ci ait détecté l'insecte ! A1 est aussi capable de préciser si le chiroptère se rapproche. La différence entre les signaux détectés par chacun des deux organes auditifs latéraux permet une localisation précise du prédateur, de même que l'atténuation rythmique du signal en raison du battement des ailes du papillon permet à l'insecte de reconnaître si la chauve-souris se trouve au-dessus ou au-dessous de lui !

Ces informations stimulent une réaction motrice dont l'objectif est simple : ramener à l'identique les deux perceptions. La conséquence en est que le papillon prend alors une orientation qui le mène à fuir la source d'ultrasons. Ce faisant, il diminue également la surface apparente de son corps pour le prédateur. Néanmoins, ces manœuvres sont efficaces pour autant que la chauve-souris ne se trouve pas à moins de trois mètres, auquel cas le papillon n'a guère qu'une seconde pour réagir. S'il en a encore le temps, sa réponse est soit une boucle serrée, soit un vol désynchronisé, imprévisible, soit une chute brutale qui le mènera peut-être dans un massif de végétation où les ultrasons ne permettent pas à la chauve-souris de le localiser.

Même chez des animaux plus complexes, tel un poisson, la réaction de fuite peut tenir à fort peu de neurones, comme l'illustre le poisson-zèbre *Danio rerio*, plus précisément une lignée mutante dont la particularité est de nager vers le danger – en l'occurrence un bâton agité par un expérimentateur. Ce comportement à l'inverse des habitudes de l'espèce tient à des connexions anormales à l'arrière du cerveau, au niveau de cellules géantes appelées « cellules de Mauthner ». Celles-ci contrôlent la réponse de fuite immédiate chez les poissons. Elles sont en étroite connexion avec les cellules voisines, qui déploient autour des géantes des extensions spiralées. Ces extensions font défaut chez les individus qui ne fuient pas. Des individus normaux avec des lésions au même endroit font aussi preuve d'intrépidité [109].

Si une étude directe des neurones par lésions ou stimulation à l'aide de microélectrodes reste la voie prisée, on soulignera que les progrès informatiques permettent à l'occasion des approches qui se passent pratiquement de l'animal. Ainsi, la manière dont le scorpion *Paruroctonus mesaensis* s'oriente vers une proie posée sur le sol a été modélisée en supposant un réseau nerveux connectant simplement entre eux des détecteurs de vibrations qu'on sait situés sur chacune des pattes. Le modèle postule que la décharge nerveuse produite par un détecteur au niveau d'une patte alertée par une vibration dure jusqu'à ce que le détecteur de la patte opposée soit à son tour touché et inhibe la décharge du premier détecteur. Ce processus répété au niveau des quatre paires de pattes produit quatre données (la durée de la décharge nerveuse par chaque détecteur côté proie), lesquelles, une fois intégrées, traduisent la position de la proie et commandent une direction au système locomoteur [172]. Les mouvements calculés *via* ce modèle ont été avalisés par des spécialistes des scorpions comme une description au plus proche des réactions du scorpion en chasse.

La faim et les moyens

Il est un autre espace dont l'exploration par voie sensorielle est vitale pour un organisme : son milieu intérieur. Si la mouche domestique s'apprête à un repas en goûtant « les pattes dans le plat », ce qui met en activité sa trompe, on sait également comment est commandée l'interruption du pompage : tandis que l'insecte se gave de liquide, la tension de son jabot, où le repas est stocké en prévision d'une digestion nocturne, est mesurée en permanence et communiquée par voie nerveuse au cerveau, lequel inhibe finalement le comportement de prise de nourriture. À défaut de cette information en provenance du mécanorécepteur, le cerveau ne peut commander à la mouche d'arrêter son repas, et l'expérimentateur particulièrement cruel peut ainsi amener une mouche à se faire exploser littéralement. On mesurera le défi que représente pour un neurophysiologiste un sujet aussi anodin que le repas d'une mouche au gros volume qui lui a été consacré en 1976 aux Presses universitaires d'Harvard : *The Hungry Fly : a physiological study of the behaviour associated with feeding*, dont les quelque cinq cents pages constituent la somme des recherches du physiologiste Vincent Dethier sur ce thème.

Les déterminants du comportement alimentaire chez des animaux plus complexes font intervenir tantôt des mesures pareillement directes de la quantité de nourriture ingérée (tension sur l'estomac…), tantôt la mesure du taux de certains métabolites dans le sang par des ensembles cellulaires – ainsi a-t-on pu étudier grâce au rat les relations mutuelles d'un « centre de la faim » et d'un « centre de la satiété », l'un inhibant l'autre selon la quantité de glucose en circulation. Mais quand bien même on peut parler de centres, il a été montré que les comportements alimentaires sont suscités ou empêchés par la stimulation de voies nerveuses souvent éloignées desdits centres. Cette observation traduit la multiplicité des facteurs susceptibles d'intervenir pour la seule activité de prise de nourriture, et aussi combien la notion de centre doit être maniée avec prudence. Il n'en demeure pas moins que dans l'enchevêtrement des neurones d'un cerveau, toutes les parts ne sont pas équivalentes, et des structures différenciées interviennent, en plus ou moins grand nombre, pour chaque production comportementale.

Ainsi, de même que l'on a pu, chez des vers à soie, transplanter une juste temporalité en même temps qu'un ganglion, de même on a pu amener, par des greffes de tissu cérébral de caille, des poussins à vocaliser et à hocher la tête à la manière des cailles [6]. Même s'ils sont proches parents, les deux gallinacés ne produisent pas les mêmes sons, et leurs mouvements diffèrent lorsqu'ils vocalisent : le poussin émet un son continu en tenant raide son cou, la caille produit un staccato tout en hochant la tête. Des cellules prélevées dans un site particulier du mésencéphale d'une caille en développement et transplantées chez un embryon de poussin font que, plus tard, le cri du poussin sera un staccato à la manière des cailles. En revanche, le greffon est inapte à commander le hochement de tête spécifique de la caille. Il faut, pour « transplanter » ce comportement, greffer des neurones extraits d'une autre structure cérébrale, qui contrôle notamment la respiration et les battements cardiaques. On ignore cependant de quelle manière les greffons imposent leur programmation, et nous ne sommes donc pas plus près avec cette expérience de reconnaître en quoi un ensemble de neurones induit une conduite spécifique.

Les hormones ont du nerf

Chez les hyènes tachetées, que l'on compte deux sexes semble tenir à peu de neurones. Les hyènes femelles possèdent l'éminence clitoridienne la plus imposante du règne animal – un pseudo-pénis –, résultat d'une virilisation précoce dans l'utérus, où les embryons sont baignés d'un fort taux d'hormones mâles. Néanmoins, ces femelles s'en tiennent sans trouble apparent à leurs attributions naturelles, et les velléités de monte chez les jeunes qui jouent et les adultes sont quasiment toujours le fait de mâles. Au niveau cérébral, comparativement à d'autres mammifères, humains compris, la différence est bien moins marquée entre les sexes dans le volume d'une certaine structure qui comprend une partie de l'hypothalamus, et dont on suppose qu'elle intervient dans le contrôle du comportement copulatoire. Il n'en demeure pas moins que son volume est légèrement plus grand chez la hyène tachetée mâle, sous l'effet d'un supplément de testostérone produit peu après la naissance, ce qui suffit à conserver deux sexes en action chez l'espèce.

Chez les crabes violonistes, l'expérience a été tentée de greffer chez des mâles la petite pince d'une femelle en lieu et place de leur grande pince [190]. Si celle-ci ne leur sert qu'à des fins de communication, la pince femelle est apte en revanche à la quête de nourriture, et elle est à cet effet richement pourvue de chémorécepteurs. Non seulement la patte greffée fonctionne immédiatement chez le mâle comme un outil alimentaire, mais elle entraîne également des modifications au niveau d'une zone cérébrale qui auparavant enregistrait les signaux mécaniques reçus par la grande pince : ladite zone traitera dès lors les stimulations chimiques.

Chez les campagnols de l'espèce *Microtus pennsylvanicus* testés dans leur aptitude à résoudre des problèmes de labyrinthe, les mâles commettent bien moins d'erreurs que leurs compagnes. Dans des circonstances naturelles, au moment de la reproduction, les mâles, polygames, ont à parcourir un territoire considérablement plus grand que les femelles. Ces conduites contrastées se traduisent par une différence de volume au niveau de l'hippocampe, structure impliquée dans l'apprentissage spatial. Par ailleurs, l'aptitude à l'orientation est supérieure chez les mâles de *M. pennsylvanicus* comparativement aux mâles et aux femelles des espèces *M. ochrogaster* et *pinetorum*, chez qui la monogamie est la règle – les déplacements sont dès lors fortement réduits et l'on n'observe chez ces espèces aucune différence entre les sexes sur le plan de l'orientation et de ses corrélats neuroanatomiques [97]. De même, chez les oiseaux qui pondent leurs œufs dans les nids d'autres oiseaux, la femelle ayant la charge de mémoriser la position des nids potentiellement parasitables possède un hippocampe considérablement plus grand que le mâle. Le fait a été constaté chez le vacher à tête brune et chez des coucous tropicaux, avec cette observation complémentaire que cet accroissement ne survient qu'à la saison de la reproduction, quand l'aptitude spatiale a son utilité [35]. L'éthologie comptable ne s'étonnera nullement qu'une structure cérébrale inutilisée se réduise pour ne pas coûter d'énergie durant l'hiver…

Cette croissance d'une structure cérébrale rythmée par les saisons renvoie au système hormonal, évoqué brièvement en même temps que les ressorts des rythmes biologiques. Ce système de messagerie chimique agit comme un grand modulateur d'activités physiologiques et par là du comportement, en relation avec des informations apportées par le système nerveux sur le milieu interne ou externe, ou des informations provenant de l'expression de gènes. Les processus hormonaux sont bien connus, grâce à des manifestations simples et tranchées, comme le rôle de la testostérone dans les conduites sexuelles, qu'illustre parfaitement le sort de cerfs castrés avant la saison du rut : ces mâles perdent toute combativité et toute réaction à des femelles réceptives, mais ils retrouvent l'une et l'autre quand un implant de testostérone leur est administré. Action hormonale simple encore : chez *Pleurobranchea*, une limace de mer carnivore, l'inhibition du comportement alimentaire au moment de la ponte des œufs tient à une hormone agissant directement sur les ganglions buccaux qui contrôlent les muscles de la bouche.

Toutefois, l'étude du rôle des hormones a d'emblée confronté les chercheurs à des enchaînements complexes d'événements. Ainsi à Cambridge, Robert Hinde dans une étude classique de la reproduction chez le canari a-t-il pu mesurer, outre le jeu prépondérant des hormones, son intrication avec les stimulations de l'environnement relayées par les sens [88]. Chaque printemps, l'allongement de la durée d'éclairement active chez ces oiseaux les glandes sexuelles et, par là, la production d'androgènes chez le mâle et d'œstrogènes chez la femelle. Chez le mâle, la montée d'hormones entraîne des comportements de parade, le chant notamment, qui vont accroître la stimulation des flux hormonaux chez la femelle. Son état dispose bientôt celle-ci à rassembler des matériaux pour le nid ; dans le même temps, ses ovules prennent du volume et, sur son poitrail, les plumes tombent, faisant place à une surface nue dite plaque incubatrice. Le contact de cette surface avec le nid est un nouveau stimulus qui, *via* des hormones encore, prépare la femelle à l'accouplement avec autant d'efficacité que la présence du mâle. Après plusieurs accouplements, l'activité sexuelle cesse et plusieurs hormones œuvrent dès lors à préparer la ponte, de concert avec les stimulations reçues *via* la plaque incubatrice, hypersensibilisée, qui commande à la femelle de tapisser de plumes le fond du nid peu avant qu'elle ne commence de pondre. La multiplication d'études similaires à celle de Hinde a permis toutefois de constater bien des aménagements spécifiques quant aux causes et aux effets des fluctuations hormonales. Ainsi chez une espèce de bec-croisé américain, la reproduction est très indirectement liée au régime de lumière : elle est rythmée par la disponibilité de la nourriture de prédilection de l'oiseau, des pignes de pin. Pourtant, un cycle physiologique annuel a pu être mis en évidence en laboratoire, mesuré par le volume testiculaire. Chez cette même espèce, toujours en laboratoire, on a pu constater que des mâles contraints à la solitude dans une cage placée à portée de vue et d'ouïe de congénères retrouvent une physiologie de reproducteur plus lentement que les mâles partageant leur cage avec une partenaire.

Chez le bruant à couronne blanche, la fécondation de plusieurs couvées successives se déroule alors que le taux de testostérone dans le sang n'est pas particulièrement élevé. Un mâle castré jeune n'en continue pas moins à monter une femelle qui le sollicite, pour autant qu'il a été exposé précédemment au bon régime de lumière. Le bruant chanteur, qui reste territorial tout au long de l'année, n'entretient pas davantage un haut niveau de testostérone. D'aucuns considèrent qu'il s'agit là d'une physiologie évoluée, en ce sens qu'un fort taux de testostérone, s'il peut apporter des bénéfices en terme d'efficience sexuelle, a aussi ses coûts, notamment en déprimant le système immunitaire. Chez les serpents-jarretières, les accouplements se tiennent en fin de printemps alors que leur sang ne recèle pratiquement pas de testostérone. Celle-ci n'intervient en quantité qu'à l'automne, lors de la production du sperme qui sera stocké l'hiver durant. Ce même pic hormonal semble toutefois nécessaire pour organiser les accouplements du printemps suivant. Des mâles castrés juste avant la saison de la reproduction s'accouplent néanmoins. En revanche, leur activité sexuelle sera fortement réduite dès le printemps suivant. À l'inverse, les comportements de cour et l'accouplement peuvent être provoqués chez de jeunes mâles âgés d'un an, sexuellement immatures, si on leur injecte de la testostérone avant leur première hibernation [39].

Le poisson-crapaud *Porichthys notatus* existe sous trois formes : l'une est assurément femelle, l'autre, plus grande, est mâle, tout aussi sûrement. Un *Porichthys* mâle est capable d'un son percussif par lequel il appelle les femelles à venir pondre dans un nid qu'il se chargera d'entretenir et de protéger. Quant à la troisième forme de ce poisson, elle est de la taille d'une femelle, et aussi incapable qu'elle de produire le son percussif de la parade nuptiale, tout en présentant toutefois l'essentiel des attributs d'un mâle. Jouant de sa petite taille et de ses grognements efféminés, un demi-mâle abuse les mâles normaux, qui le tolèrent à proximité de leur nid. Qu'une femelle séduite par un grand mâle vienne déposer ses œufs dans son nid et le demi-mâle se précipite pour les féconder juste avant le grand mâle trompé. Derrière ces deux stratégies sexuelles, il n'y a que la différence de deux neuropeptides et de leurs récepteurs : les petits mâles grognent comme des femelles grâce à l'action, dans le circuit nerveux qui commande leurs vocalisations, d'un peptide appelé isotocine, que l'on retrouve chez les femelles. Les mêmes neurones des grands mâles répondent à un neuropeptide légèrement différent appelé arginine-vasotocine. L'isotocine est sur eux sans effet [69].

Comportement et chimie corporelle entretiennent des rapports parfois inattendus : ainsi, quand des réserves lipidiques, par des voies qui restent à élucider, interviennent pour déterminer le choix entre deux routes de migration ! Un oiseau nord-américain, le viréo aux yeux rouges, migre vers le Venezuela soit en longeant les côtes du golfe du Mexique, soit par une seconde voie, plus courte et pauvre en prédateurs, mais qui impose quelque mille kilomètres de vol au-dessus de la mer. Lors d'une expérience, des migrateurs ont été capturés en Alabama et répartis en deux groupes selon que leur réserve de graisse était inférieure ou supérieure à cinq grammes. Les oiseaux furent ensuite placés dans des cages d'orientation, où les tentatives d'envol et leur direction furent enregistrées. Cette expérience a permis de vérifier que les oiseaux avec le plus de réserves visaient le sud et donc une traversée, tandis que les autres engageaient un périple terrestre vers l'ouest [152].

D'autres molécules, autrement plus volumineuses, seront considérées dans le chapitre suivant pour leur rôle dans le comportement : les chaînes de l'ADN et leurs portions dépositaires de l'information héréditaire, les gènes.

La molécule n'est qu'un point de vue

La neurobiologie ou la génétique ont ce prestige indéniable d'une exploration, d'une compréhension de mécanismes fondamentaux avec l'aide d'équipements à la sophistication croissante. Ces disciplines ont aussi pour elles, évidemment, l'espoir de contrôler ces mécanismes. Si l'éthologie profite de leurs découvertes, peut-elle encore aujourd'hui contribuer à des avancées dans ces domaines de pointe ? Assurément, et les observations de John D. Palmer qui ouvraient ce chapitre l'attestent. De même, une horloge biologique avec des fins très précises chez la souris mâle nous aurait certainement échappé si l'on était resté rivé aux niveaux cellulaire ou moléculaire, sans regard global sur l'organisme et ses activités. La souris mâle passe, à l'époque de la reproduction, par un cycle comportemental contrasté.

Immédiatement après l'accouplement, le rongeur marque une forte tendance infanticide, qui disparaît au bout de trois semaines pour faire place à des comportements paternels protecteurs, avant de resurgir après cinquante jours [138]. Ce cycle prend tout son sens en considérant ce qui se passe pour la femelle après l'accouplement : au terme de trois semaines de gestation, elle met bas une portée qui sera sevrée un mois plus tard et se dispersera. Les tendances infanticides chez le mâle n'interfèrent donc pas avec la période au cours de laquelle il risquerait de s'attaquer à sa progéniture, mais elles coïncident en revanche avec les périodes pendant lesquelles il ne pourra éliminer que des souriceaux engendrés par des rivaux. L'hypothèse a été posée d'un mécanisme qui, d'une manière ou d'une autre, comptabiliserait les jours, c'est-à-dire un certain nombre de phases d'alternance jour/nuit. Cette hypothèse a été testée avec deux groupes de souris mâles, l'un soumis à des journées raccourcies ne durant que 22 heures (11 heures de jour/11 heures de nuit), l'autre à des journées allongées à 27 heures (13,5/13,5). Après 20 jours réels, chacun des deux groupes a été confronté à des souriceaux. Bien que le temps réel écoulé ait été le même pour les deux groupes, leurs représentants se sont comportés de manière significativement opposée : dans le groupe soumis à des journées raccourcies (il en était donc à son vingt-deuxième cycle jour/nuit), seule une minorité des mâles s'est attaquée aux jeunes ; à l'inverse, dans le groupe qui avait vécu des journées à rallonge (il n'avait donc traversé que 18 cycles), plus de la moitié des individus se sont montrés agressifs à l'encontre des jeunes.

Deux expériences similaires, l'une avec des moineaux mâles, l'autre avec des pinsons, ont permis de vérifier un modèle plausible pour le dispositif organique par lequel l'oiseau enregistre, en fin d'hiver, l'allongement de la durée quotidienne d'éclairement. Cette information est primordiale pour que s'amorcent dans l'organisme, à l'époque appropriée, des changements physiologiques avec leurs conséquences anatomiques d'une part (comme l'accroissement du volume des testicules, réduits pendant l'hiver à un petit centième de leur taille maximale), et comportementales d'autre part (comme l'intolérance aux autres mâles de l'espèce, l'appropriation d'un territoire farouchement défendu, les parades, l'accouplement, les soins aux jeunes). Le mécanisme imaginé postule un cycle qui recommencerait chaque matin au lever du soleil, et qui débuterait par une période de 13 heures sans aucune sensibilité à la lumière, après quoi cette sensibilité serait réactivée. Ainsi, la lumière ne pourrait avoir d'effet qu'à l'époque de l'année où les jours tendent vers leur plus grande durée. Dans l'expérience réalisée avec des moineaux [56], ceux-ci, tenus en captivité, furent d'abord exposés quelques jours à une alternance de 8 heures de jour et 16 heures d'obscurité, simulant des conditions hivernales. La sensibilité à la lumière se réactivait donc toujours lors de la phase obscure. Ensuite, les oiseaux furent soumis à une alternance de 8 heures de lumière pour 28 heures d'obscurité. Bien que le rapport de la durée du jour à celle de l'obscurité ait été fortement diminué – des conditions d'éclairement qu'on dira d'« hiver extrême » –, la physiologie des oiseaux n'en a pas moins enregistré des indices de « printemps », puisque leurs testicules ont augmenté de volume. En effet, le rythme 8/28, qui excède la durée d'un cycle quotidien, mène à ce que les 8 heures d'éclairement coïncident régulièrement – toutes les 72 heures – avec la période de sensibilité à la lumière posée en hypothèse. Ces quelques expositions ont suffi à amorcer les changements physiologiques menant à la reproduction.

Tinbergen n'aurait pas désavoué ces manipulations sobres et judicieuses, propres à aiguillonner sa curiosité, à « découvrir les influx qui stimulent les muscles [...], d'où viennent ces influx, et ainsi de suite ». Le chapitre suivant aborde d'autres influx avec une dynamique particulière : celle qui, entre le fonctionnement des gènes et les influences de l'environnement, mène chez l'animal au développement de ses conduites spécifiques, et aussi d'une individualité plus ou moins marquée.

6. Comment naît un comportement ?

Au début des années 1950, le physiologiste britannique William Thorpe, motivé par ses premières rencontres avec les éthologistes, entreprit d'étudier le développement, l'*ontogenèse* du chant chez le pinson (*Fringilla coelebs*) : qu'est-ce que le jeune oiseau est à même de produire spontanément, et quels éléments de ses vocalises sont influencés par l'environnement social [33] [175] ?

Plusieurs années de suite, au printemps et en été, Thorpe et ses étudiants capturèrent dans et autour de Cambridge de jeunes pinsons âgés de cinq jours pour les emmener au laboratoire. Là, ce ne fut pas la moindre peine que de les nourrir toutes les demi-heures avec un mélange de biscuits, de graines, d'œufs de fourmis et d'huile de foie de morue. C'est à ce prix que Thorpe put observer que les jeunes pinsons élevés en isolation développaient tous un chant d'une durée équivalente à celle mesurée chez les adultes sauvages – deux secondes et demie – avec le juste nombre de notes. Toutefois, la performance restait loin en deçà du chant contrasté et limpide que produisent les adultes, en deux ou trois phrases bien distinctes ponctuées d'une petite fioriture. À quelles conditions le jeune animal raffinait-il le chant dont il avait, de naissance, quelque part dans ses neurones, le brouillon grossier ? Thorpe éleva quelques individus en isolation en leur donnant à entendre le chant d'espèces diverses, sans résultat notable. En revanche, lorsque le chant proposé fut celui d'autres pinsons, le jeune oiseau produisait l'année suivante un chant accompli. C'est un autre aspect des prédispositions des pinsons : le mécanisme qui met en place et contrôle le chant est étanche à tout autre phrasé que celui de l'espèce, et les oiseleurs avaient constaté de longue date que le pinson n'est pas un imitateur-né, à la différence d'autres oiseaux chanteurs. Thorpe rassembla ensuite de jeunes pinsons, qui mêlèrent leurs exercices : leurs chants s'améliorèrent bien qu'ils n'aient aucun adulte pour modèle, et si ces vocalises restaient perfectibles, elles étaient bien mieux formées que les chants des oisillons élevés en isolation. Thorpe put déterminer que le jeune oiseau n'avait besoin que de quelques jours d'exposition au chant d'un adulte lors d'une *période critique* dont les éthologistes sont coutumiers, s'agissant de développement – ainsi l'imprégnation d'un jeune animal qui le mène à suivre partout ses parents ou un expérimentateur doit-elle survenir dans un laps de temps précis. Chez le pinson, quelques heures en fin d'été ou en automne à écouter un modèle adulte, directement ou par l'intermédiaire d'un enregistrement, suffisent pour qu'au printemps suivant les performances vocales soient conformes au modèle de l'espèce – pour autant que le jeune oiseau ne soit pas entre-temps assourdi expérimentalement, ce qui l'empêche de contrôler en retour l'adéquation de ses productions au modèle mémorisé.

Deux siècles après Barrington, Thorpe n'eut pas les mêmes déboires pour représenter les chants de manière à pouvoir les analyser et les comparer aisément. Aux États-Unis, la Bell Telephone Company venait de mettre au point le sonagraphe, qui permet une représentation graphique de l'ensemble des fréquences composant un son. Si ce dispositif d'analyse devait rapidement devenir l'outil courant de nombreux éthologistes, en Angleterre, initialement, une réticence surgit en très haut lieu. Thorpe, initié au sonagraphe outre-Atlantique, avait été informé que le seul exemplaire livré en Angleterre était détenu par l'Amirauté. Cette dernière sursauta de s'entendre demander par Thorpe l'autorisation d'analyser des chants d'oiseaux avec un appareil qu'elle classait encore top secret…

Une fausse querelle ?

Le travail de Thorpe, parmi d'autres, a contribué à calmer la dispute qui s'était installée entre psychologues américains et éthologistes en 1953, quand Daniel Lehrman, tenant de l'idée que les comportements se développent pour l'essentiel par l'action de l'environnement et par l'apprentissage, avait critiqué vivement les éthologistes européens occupés par des comportements dont ils soulignaient la nature héréditaire. Cette querelle ne mena pas toutefois à une polarisation durable ; de fait, l'assaut de Lehrman eut même pour effet de combler un fossé qui préexistait. Une issue différente eût été surprenante, à plus d'un titre.

D'abord, bien que portant l'une et l'autre sur le comportement, les deux approches n'avaient pas le même objet. Les psychologues américains s'étaient concentrés traditionnellement sur l'apprentissage, en postulant qu'il était une « propriété » commune à toutes les espèces, tandis que les éthologistes s'étaient voués, en darwiniens, à l'étude des comportements qui font de chaque espèce ce qu'elle est, et de chaque individu un représentant de son espèce, quand bien même il aura été élevé sans aucun contact avec ses congénères. Ensuite, avec les années de guerre et les destinées divergentes de ses fondateurs, l'éthologie, amorcée peu après 1930, n'avait eu que fort peu d'années de pratique pour asseoir, nuancer, réévaluer ses prémisses théoriques. Le souvenir de la guerre précisément, et de ses délires autour d'une race supérieure, engageait à balayer toute conception faisant grand cas de l'héréditaire, *a fortiori* si cette conception avait sa source en Europe, et dans l'Europe germanique en particulier. Néanmoins, les psychologues américains ne niaient pas que les gènes soient impliqués dans la genèse des comportements, et les éthologistes savaient que bien des aspects du comportement nécessitent pour leur plein développement des interactions avec l'environnement social, biologique ou physique. Ainsi, Lorenz, dans l'un de ses premiers articles, soulignait-il que chez la pie-grièche (*Lanius collurio*) « tous les comportements de la séquence comportementale d'empalement d'une proie ne sont pas innés », précisant que le mouvement d'empalement apparaît spontanément, mais que l'usage d'une épine est progressivement appris.

Enfin, ce n'était pas le moindre argument pour une conciliation des points de vue que cette opposition – l'inné primant sur l'acquis, ou le contraire – ait perduré depuis les temps les plus anciens : ainsi Hippocrate clamant que « la nature animale n'est pas apprise », Galien se piquant de l'avoir montré avec un chevreau nouveau-né préférant un bol de lait à un bol d'huile, Spalding ouvrant la controverse de la peur « innée » des rapaces chez les poussins, peu avant que Thorndike, avec des poussins encore, n'inaugure une voie inverse où l'animal apprenait tout. Charles-Georges Leroy s'était voulu conciliant : « Ce qui appartient proprement à l'instinct dépend entièrement de l'organisation : ainsi, c'est par instinct que le cerf broute l'herbe [...], mais ce n'est pas à l'instinct, c'est à la faculté de sentir et à ses effets qu'appartiennent les moyens que ces animaux emploient pour satisfaire les besoins de leur appétit naturel. » Si Darwin fait dériver l'instinct de l'apprentissage en postulant que celui-ci, moult fois répété, mène à celui-là, son grand-père, Erasmus Darwin (1731-1802), avait dénoncé avec virulence les explications par l'instinct aveugle, et soutenait que de nombreux comportements considérés comme innés étaient en fait le résultat de l'expérience pendant l'incubation ou la gestation. Quant au pionnier de l'éthologie Charles Otis Whitman, il s'en était tenu à une sage réserve, écrivant : « On peut trouver des mélanges et toutes sortes d'influences mutuelles entre les habitudes et l'instinct, et ceux-ci pourraient être d'un grand intérêt théorique, mais elles ne peuvent être définies exactement et sont de ce fait une base dangereuse pour les théories. » Cette confrontation, interminable, de vues extrêmes tout autant que la survenue régulière de positions conciliantes parlent d'elles-mêmes : aucun des deux bords n'a jamais produit d'arguments définitifs.

Petits macaques et dame de fer

À l'époque où Thorpe montrait comment une expérience sociale développe les prédispositions de jeunes oiseaux, un couple de psychologues américains voyait quelques-unes de ses certitudes bouleversées. À l'université du Wisconsin, Harry et Margaret Harlow, tous deux élevés dans les vues skinneriennes, se trouvèrent confrontés à des difficultés dans leur projet d'étudier l'apprentissage chez de jeunes macaques rhésus. Les expériences avaient été pourtant rigoureusement préparées et, en particulier, les sujets étaient élevés avec cette exigence qu'ils aient tous une même histoire individuelle. Aussi les mères, qui présentaient trop de variété dans leur comportement, avaient-elles été écartées comme une variable indésirable. Les jeunes singes étaient séparés d'elles peu après leur naissance, et ils grandissaient dans des cages individuelles avec une couverture pour tout substitut maternel. Les Harlow ne virent grandir dès lors que des sujets déprimés, amorphes ou qui se balançaient d'avant en arrière de manière stéréotypée, certains même s'automutilant. Toutes créatures, tous objets inconnus suscitaient chez eux la terreur. Adultes, les femelles étaient rétives, et si elles acceptaient de s'accoupler, elles se montraient brutales avec leur progéniture.

La réponse à ce désastre fut une série d'expériences avec des « mères de substitution », des mannequins métalliques pourvus de l'une ou l'autre qualité qu'un jeune macaque était susceptible de rechercher. C'est ainsi que les Harlow purent observer, entre autres préférences, celle-ci : placé entre une fausse mère froidement métallique distribuant du lait et une autre tiède mais ne proposant aucun « allaitement », le jeune singe s'accrochait à la seconde. Autre préférence : durant ses deux premières semaines, le jeune animal était attiré par un mannequin qui lui prodiguait de la chaleur, mais ensuite son goût allait à un autre mannequin qui se balançait. Une autre expérience montra que de jeunes rhésus auxquels avait été accordé chaque jour un quart d'heure de contact et de jeux avec trois jeunes congénères parvenaient à l'âge adulte en manifestant des conduites sociales pratiquement normales. Les Harlow en vinrent à concéder qu'il y avait, chez leurs jeunes primates, des prédispositions à des expériences définies et nécessaires [81] [82] – l'un des ouvrages de Harlow est paru néanmoins avec un titre, *Learning to love* (*Apprendre à aimer*), que Skinner n'eût pas désavoué…

Un autre rapprochement de vue entre éthologistes et béhavioristes, symbolique entre tous, portera plus tard sur le rat, dès lors qu'on montrera que cet animal n'apprend pas n'importe quoi. Chez ce descendant du *Rattus norvegicus* sauvage, les apprentissages ne sont pas indépendants de l'histoire évolutive et des adaptations à un certain mode de vie. Bien que les béhavioristes aient prétendu qu'on pouvait, chez ce rongeur comme chez toute autre espèce, conditionner n'importe quelle association imaginable, il s'est montré particulièrement rebelle à associer par exemple un son et un malaise digestif provoqué, ou un goût et un choc électrique, expériences plutôt rares il est vrai dans des circonstances naturelles. D'autre part, un rat qui, après avoir goûté à une nourriture inconnue de lui, mais parfaitement comestible, est exposé à une dose de rayons X suffisante pour induire des nausées, associera naturellement son malaise à la nourriture ingérée, même si le malaise est provoqué plusieurs heures après son repas [64]. Ce large délai ne cadre pas avec le modèle de l'apprentissage associatif. Tout au plus, nous l'avons vu, ce modèle prenait-il en compte la possibilité d'associations intermédiaires, à court terme, si le renforcement n'intervient pas immédiatement.

Un organisme animal n'est ni une cire vierge ni une mécanique entièrement prédéterminée. Les espèces ne sont pas interchangeables, comme Skinner avait pu le clamer avec son : « Pigeon, rat, singe, lequel est lequel ? C'est sans importance ! » Chaque individu se forme, selon son espèce, avec des prédispositions à recevoir, intégrer de son environnement un nombre plus ou moins important d'éléments dont la signification lui est vitale. Ainsi, son anatomie, une part de son architecture neuronale incluse, prédispose le jeune pinson à chanter, mais il lui faut entendre le chant de congénères pour parvenir au meilleur usage de cette prédisposition – à défaut d'un modèle adéquat, il sera incapable de produire ce chant qu'une femelle de son espèce est préparée à reconnaître, et il ne pourra se reproduire.

À l'école, avec deux ailes

Les travaux de Thorpe sur *Fringilla coelebs* ont ouvert une voie des plus empruntées s'agissant de recherches sur le développement des comportements. Ainsi Peter Marler, un étudiant de Thorpe devenu une figure de proue des recherches sur la communication animale, a-t-il reproduit aux États-Unis les expériences pionnières sur le bruant à couronne blanche (*Zonotrichia leucophrys*). Marler a pour l'essentiel retrouvé les résultats obtenus à Cambridge avec les pinsons, à commencer par l'évidence d'une préformation neuronale, d'un « patron » (« *template* ») qui dicte au petit mâle ce qu'il lui faut intégrer – même quelques notes sont identifiées par un oisillon de deux semaines – et qui lui impose une syntaxe. Marler a également relevé chez *Zonotrichia leucophrys* les périodes critiques au cours desquelles le jeune oiseau, impérativement, doit entendre le chant de congénères adultes pour mûrir le sien ; enfin il a noté l'effet de *dialecte* qui découle de l'apprentissage de variantes individuelles ou locales.

Bien sûr, Peter Marler a répété l'expérience qui consiste à exposer de jeunes bruants à des enregistrements du chant adulte de leur espèce en même temps qu'il soumettait d'autres individus au chant d'une espèce proche, en l'occurrence le bruant chanteur (*Melospiza melodia*). Dans le second cas, le chant qui se forma fut aberrant. Ce résultat était en contradiction avec ce que des ornithologues avaient pu observer sur le terrain : des représentants de *Zonotrichia leucophrys* entonnant un chant parfait de *Melospiza melodia* ! Ce point a été élucidé plus tard par Luis F. Baptista et Lewis Petrinovich : ceux-ci, soupçonnant que le problème tenait au fait que Marler exposait ses jeunes oiseaux seulement à des enregistrements, confrontèrent à leur tour de jeunes bruants au chant de *Melospiza melodia*, mais produit cette fois par des tuteurs de chair et de plume. Un autre groupe reçut l'aubade d'un chanteur d'une autre espèce non apparentée, le bengali rouge (*Amandava amandava*). En même temps que l'exposition aux oiseaux tuteurs, des chants de *Zonotrichia* étaient audibles sans toutefois qu'un mâle de l'espèce ne soit visible. Les jeunes sujets ont appris le chant du tuteur, et ce au-delà de l'âge de cinquante jours donné pour critique [7] [8]. Baptista a par ailleurs contribué à battre en brèche une idée commune qui voulait que, dans des circonstances naturelles, les détails du chant soient empruntés aux pères. Les chants de dix bruants furent enregistrés dans des populations pratiquant des dialectes distincts. L'enregistrement d'une douzaine de mâles nés de cette première génération a révélé que seuls trois usaient du dialecte paternel. Les autres manifestaient dans leur chant les caractéristiques vocales des mâles vivant à proximité du territoire qu'ils s'étaient conquis [9].

Le rôle crucial du tuteur et du contact social a été démontré aussi chez l'étourneau, qui imite vite et bien, et surtout dans un registre infiniment varié. L'une de ces démonstrations toutefois avait un tour particulier : tel étourneau voué à un apprentissage par magnétophone n'apprit que le bruit de la mise en marche, seul moment de présence de l'expérimentateur [193] – joli pied de nez à Descartes que cette « cervelle d'oiseau » distinguant parfaitement une machine d'un être vivant !

Le galah *Cacatua roseicapilla*, et le cacatoès rose (*Cacatua leadbeteri*) partagent en Australie les mêmes aires boisées, et produisent d'abondance des vocalisations parfaitement distinctes d'une espèce à l'autre et avec des finalités précises. Ainsi, c'est avec une vocalisation spécifique que les oisillons sollicitent d'être nourris par leurs parents. Le cri d'alarme des adultes diffère aussi de manière très évidente, de même que les cris de contact assurant la cohésion d'une troupe en quête de nourriture à travers bois. En revanche, le galah et le cacatoès rose ont en commun de déposer leur ponte dans des trous d'arbre. Il arrive que deux couples, un de chaque espèce, jettent leur dévolu sur le même site. Pendant trois à quatre jours, les femelles déposeront des œufs à tour de rôle. Ce n'est qu'avec le début de la couvaison que le conflit se déclare, et les cacatoès roses évincent immanquablement les galahs, plus petits, tout en conservant les œufs de ces derniers. C'est ainsi qu'il arrive au cacatoès rose d'élever une nichée mixte. Les jeunes galahs conservent leur cri spécifique pour solliciter de la nourriture, et n'en reçoivent pas moins pitance de leurs parents adoptifs. Plus tard, s'ils sont associés à une troupe de cacatoès roses, le cri d'alarme qu'ils peuvent être amenés à produire est celui propre aux galahs. En revanche, leurs cris de contact sont l'imitation parfaite de ceux des cacatoès roses [148]...

D'une famille qui parasite les nids, les jeunes oiseaux vachers n'apprennent nulle note de leurs parents adoptifs, et leur chant leur vient sans qu'ils aient besoin d'un tuteur : le chant qui doit intimider les rivaux et stimuler les femelles a même forme, que le jeune ait été élevé en isolation ou au contact d'autres vachers. Curieusement toutefois, le chant d'un jeune mâle qui a grandi isolé est plus efficace à stimuler les femelles ! La raison en est que, s'étant développé hors de toute hiérarchie, l'oiseau n'a pas appris à modérer l'intensité de son chant sous l'effet d'attaques menées par des mâles dominants. Un autre apprentissage modifiant le chant de manière plus conséquente est possible chez les vachers mâles : si l'un d'eux est confronté artificiellement à une femelle n'appartenant pas à la même sous-espèce – dans la réalité, les deux sous-espèces sont séparées géographiquement –, il n'est pas capable *a priori* de produire un chant susceptible de stimuler l'oiselle, dont les congénères mâles ont leurs propres tournures. Toutefois, le mâle étranger parviendra, par un enchaînement d'essais renforcés par les attitudes de la femelle, à composer un nouveau chant qui pourra la satisfaire [192].

De la mémoire à la tradition

Toujours chez les oiseaux parasites, le comportement le plus caractéristique, le dépôt des œufs dans le nid d'autres espèces, implique-t-il un quelconque apprentissage ? Chez les cuculidés – cent vingt espèces sur tous les continents, pas toutes parasites cependant –, chaque femelle force dix à quinze adoptions par saison de ponte. Le coucou d'Europe exploite surtout onze espèces, plus quelques dizaines occasionnellement. Toutefois, l'oiselle va avoir tendance à « privilégier » une espèce-hôte, parmi les passereaux. Elle a pour ce faire une bonne raison : ses œufs copient ceux de l'espèce dont elle va exploiter le dévouement. Tout nid ne sied donc pas, puisque ses œufs portent un motif prédéfini (néanmoins, les oiseaux parasités apprennent, avec le temps, à reconnaître les œufs intrus). Les filles d'une femelle coucou choisiront à leur tour la même espèce que leur mère, mais sur quelle base ? Préférence héréditaire, avancent certains [66]. D'autres chercheurs ont postulé une imprégnation sur les parents adoptifs – un jeune oiseau est capable de se souvenir de sons, par exemple – ou encore l'attachement au coin de terre natal, où, de retour de son hivernage en Afrique, la jeune oiselle pondrait un peu au hasard. Cette dernière explication a été affinée expérimentalement : la jeune femelle se souviendrait de l'habitat de ses premières semaines, dans lequel elle a les meilleures chances de parasiter un nid de l'espèce qui l'a élevée à sa pleine satisfaction. Cette hypothèse a été testée en captivité avec des coucous déposés dans des nids de pinsons avec vue sur un paysage artificiel mémorable : des boules roses sur fond blanc, des rubans bleus sur fond jaune… Il a été vérifié que ces coucous, devenus adultes, marquaient une attirance pour le décor évoquant leur enfance [173].

Chez des espèces d'oiseaux et de mammifères, des comportements élaborés font l'objet d'apprentissages par une voie que de nombreux auteurs assimilent à une transmission culturelle [18] [194], contre l'opinion d'autres qui insistent pour limiter strictement l'application du terme « culture » à l'espèce humaine. L'usage d'outils, tels que la pierre à briser les coquilles chez la loutre de mer, la tige herbacée à pêcher les termites ou la bûche à casser des noix chez le chimpanzé commun, fait l'objet d'un apprentissage social chez les jeunes animaux. La technique est affinée au fil des échecs et des succès dans une succession d'essais. Ces exemples, s'ils intéressent évidemment l'éthologiste, le portent au plus loin d'une vision par prédisposition spécifique, sinon celle vague à inventer ou adopter rapidement un comportement favorable. Un exemple classique concerne les mésanges, oiseaux ingénieux s'il en est, dont un petit nombre, en Angleterre, apprit vers 1921 à percer le capuchon des bouteilles de lait déposées le matin sur le seuil des habitations. Cette pratique se répandit vite et devint un problème de salubrité publique à large échelle. Autre exemple classique : chez une population de macaques japonais nourrie par des chercheurs, une femelle en particulier inventa successivement le lavage des pommes de terre à l'eau salée et le tri par flottaison d'un mélange inopportun de grains de riz et de sable – si ses jeunes congénères l'imitèrent bientôt, ce ne fut pas le cas des individus plus âgés. Enfin, chez les éléphants d'Addo, en Afrique du Sud, on se transmet depuis des générations la crainte des hommes : ces pachydermes sont nocturnes et anormalement agressifs à l'encontre des humains. Cette attitude est expliquée par une tentative d'extermination de cette population en 1919…

Des embryons sous influence

L'environnement influence le comportement bien plus tôt qu'on ne le pense d'ordinaire – on sait ainsi que le sexe est déterminé chez de nombreux reptiles par les conditions de température au cours de l'incubation. Les psychologues américains étaient fondés à évoquer des formes d'apprentissage insoupçonnées chez l'embryon. De même que, chez les hyènes, il a été mis en évidence comment l'environnement utérin, à fort taux de testostérone, agit sur l'anatomie génitale et le volume d'une structure cérébrale associée au comportement de copulation, de même on a pu montrer chez les souris des influences hormonales sur les embryons qui mènent à des différences mesurables dans les comportements futurs. On aurait tort de croire que, dans une portée de souriceaux nouveau-nés, tous ont connu jusqu'alors un environnement identique ! En effet, tout embryon peut croître soit entre deux frères, soit entre deux sœurs, soit entre un frère et une sœur ; et ce positionnement n'est pas sans conséquences, ce qu'ont montré en 1983 Frederick von Saal et son équipe [182]. Pratiquant par césarienne, les chercheurs ont noté précisément quelle position chaque souriceau occupait dans l'utérus. Les mâles furent castrés afin d'assurer que toutes les différences observées plus tard entre les individus pourraient être imputées à l'action des hormones sexuelles au cours de la seule période prénatale. À la puberté, des implants de testostérone ont été administrés aux jeunes mâles, et leur prédisposition à un comportement de défense territoriale a été testée. Les jeunes mâles qui avaient vécu leur développement embryonnaire entre deux frères ont manifesté un taux d'attaque sur des rongeurs étrangers significativement supérieur à celui de leurs frères qui s'étaient développés entre deux sœurs et qui avaient donc été soumis à l'influence d'une forme d'œstrogène. On observe par ailleurs que le cycle ovarien est plus long et moins régulier chez les femelles ayant eu deux frères pour voisins intra-utérins, comparativement à celui des femelles ayant voisiné avec deux sœurs. De plus, ces femelles attirent peu les mâles, leur agressivité est plus forte, ainsi que leur tendance à s'approprier de grands territoires, une caractéristique des mâles.

Voyages et bricolages au programme

Soutenir la primauté de l'acquis ou du génétique dans la mise en place des comportements s'apparente à se demander : « Quel est, dans un applaudissement, le son produit par une main ? » La remarque vaut au terme d'exemples, qu'on pourrait multiplier à l'infini, sur la part que joue l'environnement dans la mise en place des comportements, par les voies passives de la physiologie ou à travers des apprentissages par tâtonnement, voire imitation… Elle vaut aussi quand il s'agit de considérer le rôle évident d'informations génétiques. Tant d'animaux, sans imiter aucun modèle, accomplissent parfaitement leur destinée : créatures innombrables qui s'accouplent sans l'avoir vu faire à nul congénère, ou plus simplement araignée tissant sa toile ou encore guêpe pélopée maçonnant un nid parfait, tout au moins avant qu'un Fabre ne s'en mêle. On se souvient des jeunes hirondelles entravées durablement par Spalding et accomplissant un vol infaillible dès leur remise en liberté – chez des larves de criquets, les cellules nerveuses associées chez l'adulte au comportement de vol produiraient déjà leurs décharges fonctionnelles sans une inhibition commandée par le cerveau... En même temps que le développement physique spécifique, une information interne prépare la coordination de mouvements plus ou moins complexes, la capacité à percevoir certaines stimulations extérieures, et, au-delà, des activités élaborées : jusqu'à quel point et comment ?

L'implication de gènes peut s'afficher avec la simplicité d'une conformité aux lois les plus classiques de la génétique : ainsi, chez des larves de drosophiles présentant deux stratégies d'exploitation du milieu (à savoir que l'une effectuera quatre fois plus de déplacements que l'autre – larves dites *rovers* et *sitters*), des croisements produisent en première génération des larves toutes très nomades, en seconde génération un quart de larves peu mobiles, ce qui suggère l'action – ou le défaut d'action, nous y reviendrons – d'un gène récessif.

Les inséparables (genre *Agapornis*) utilisent pour construire leur nid des lanières découpées dans des feuilles. Chaque espèce a sa technique pour transporter ce matériau. *A. personata* le porte simplement dans son bec tandis qu'*A. roseicollis* entrelace plusieurs lanières dans les plumes de sa queue. Les deux espèces ont fait l'objet, au début des années 1960, d'une expérience d'hybridation [51]. Quoique stériles, les individus nés de ces croisements n'en ont pas moins entamé la construction d'un nid – dans cette expérience, ils avaient à disposition des bandes de papier journal. Si la préparation du matériau ne posait aucun problème à une perruche hybride, le transport en revanche confrontait l'oiseau à une tâche insurmontable : il relevait son croupion, déployait les plumes de sa queue comme *A. roseicollis* et y entrelaçait la lanière, pour finalement la conserver dans son bec comme *A. personata*. Non content de déprendre la bande de papier qu'il venait d'entrelacer soigneusement, l'oiseau ouvrait alors son bec, avec retard, lâchant le matériau plutôt que d'enchaîner avec un transport par le bec ! Des mois d'entraînement furent nécessaires pour que ces sujets hybrides apprennent à conserver dans leur bec une bande de papier contre leur inclination de demi-*roseicollis*, et il fallut deux pleines années pour qu'ils abandonnent l'étape désormais inutile de l'entrelacement dans les plumes de la queue à la mode *personata*, sans que disparaisse un mouvement de tête vers l'arrière trahissant une coordination fermement programmée.

Les fauvettes à tête noire (*Sylvia atricapilla*) migrent différemment selon les populations, et si beaucoup hivernent en Afrique, d'autres passent la mauvaise saison en Angleterre. Ces dernières proviennent de Belgique et d'Allemagne du Nord. Dans des cages spéciales, on a enregistré les premiers élans du trajet de migration vers l'ouest de quelques fauvettes rapatriées de leur séjour d'hiver dans les îles Britanniques jusqu'en Allemagne. Par la suite, on a pu observer chez leur progéniture le même choix. En revanche, les fauvettes qui habitent le sud de l'Allemagne volent à l'automne vers l'Afrique, *via* l'Espagne : cette divergence entre les deux populations s'explique-t-elle par une différence dans les ressources du milieu ? Nullement : les descendants de ces fauvettes plus méridionales élevées dans les mêmes conditions que la population d'Allemagne du Nord prennent immanquablement la direction sud-ouest au moment de la migration. On a donc conclu que cette différence a un fondement héréditaire. La même espèce, en Autriche, migre vers l'Afrique de l'Est par la Turquie et Israël, en suivant donc une direction sud-est. L'hybridation de fauvettes autrichiennes avec des congénères d'Allemagne du Sud a produit de jeunes oiseaux affichant une volonté marquée de voler plus directement vers le sud, direction intermédiaire entre celles privilégiées par leurs parents, ce qui a confirmé l'implication d'un ou de plusieurs facteurs génétiques œuvrant à une mémoire physiologique de la juste orientation [14]. Toutefois, chez le merle européen, qui, s'agissant de migration, présente deux profils (certains individus migrent, d'autres non), la différence ne tient pas à deux génotypes distincts, sans quoi les mêmes individus présenteraient toujours le même comportement, d'année en année. Ce n'est pas le cas : un individu peut se comporter en sédentaire après avoir migré l'automne précédent. Le déterminant est de fait à rechercher dans l'environnement : il s'agit de l'espace disponible pour passer l'hiver, et les jeunes oiseaux migrent jusqu'à ce qu'ils aient l'occasion de s'approprier durablement un territoire en profitant de la mort d'un aîné.

Les différences de comportement selon le sexe sont une autre voie pour prendre la mesure du rôle des gènes. L'étude des mouches drosophiles dites *gynandromorphes* livre à ce sujet des enseignements spectaculaires. Ces animaux ont ceci de particulier que leur organisme recèle en proportions variables des cellules mâles et des cellules femelles, conséquence de divisions cellulaires perturbées au cours du développement. Une cellule femelle contient en double exemplaire le chromosome appelé X, qui porte un tiers environ des gènes de l'insecte. Un exemplaire unique de ce chromosome détermine une sexualité mâle pour la cellule. De telles « chimères » permettent notamment des observations sur la programmation de portions du système nerveux selon le nombre de chromosomes, implicitement selon le sexe : ainsi, une drosophile dont toutes les cellules sont génétiquement mâles à l'exception des neurones formant le ganglion mésothoracique est incapable de produire la vibration des ailes qui fonctionne comme signal de cour.

Chez les pinsons, une différence sexuelle existe entre les sexes dans les prédispositions à l'imprégnation, comme l'a montré une expérience au cours de laquelle on a passé le bec de pinsons albinos au vernis à ongles [183]. Pendant sept semaines, les oisillons ont été élevés par des parents dont l'un avait le bec rouge et l'autre le bec orange. Les jeunes oiseaux ont été ensuite isolés trois semaines, jusqu'à leur maturité sexuelle. Ils ont alors été testés dans un compartiment entre deux cages, l'une contenant un pinson à bec orange, l'autre un pinson à bec rouge. Il est apparu que les jeunes mâles préféraient chanter à proximité d'un pinson dont la couleur du bec reproduisait celle de leur mère, que l'oiseau courtisé soit un mâle ou une femelle. En revanche, les femelles ont été à tout coup attirées par un voisin mâle, indépendamment de la couleur de son bec.

Du juste rôle des gènes

Supposer une influence génétique est une chose, reconnaître quel gène est impliqué, et surtout de quelle manière il intervient (la question n'a pas qu'une portée scientifique), en est une autre. Ainsi, on a découvert qu'un gène – ou un petit groupe de gènes – chez la fourmi *Solenopsis invicta* détermine le nombre de reines que les ouvrières de cette espèce vont entretenir : plusieurs, ou une seule après exécution des autres [146]. Les conséquences sont diverses sur la société, notamment le rythme de sa reproduction, les œufs se développant plus lentement dans les colonies polygynes. Même si cette observation a de quoi surprendre – une structure sociale qui dépend d'une portion de génome ! –, peut-on conclure à un programme génétique réglant précisément le comportement social et ses divers aspects ? Il en va peut-être simplement d'un gène qui détermine un processus physiologique parmi d'autres associés aux conduites sociales, et dont une mutation aurait incidemment suscité une solution viable, quand bien même les fourmis auraient perdu une capacité plutôt que gagné un nouveau comportement. Chez *Caenorhabditis*, un ver nématode qui vit dans les sols, on a observé, selon les lignées, deux attitudes lors de traques aux bactéries. Chez certaines lignées, les vers en chasse s'éloignent les uns des autres et prospectent seuls ; chez d'autres souches au contraire, le moindre amas bactérien suscite un rassemblement de vers. Ces vers qui ne craignent pas la cohue peuvent perdre leur grégarisme par mutation ou délétion d'un seul gène, appelé *npr-1*. Ce gène code simplement pour une protéine réceptrice, probablement d'un messager chimique qui oriente les vers les uns vers les autres dans certaines circonstances [19]. Peut-on parler de « gène de la socialité », comme d'aucuns l'ont fait à l'annonce de cette découverte ?

Une lignée mutante de souris de laboratoire est affectée de façon à réduire sa production de l'enzyme calcium-calmoduline-kinase. Lorsqu'on les compare à d'autres souris chez qui la production de l'enzyme est normale, ces souris se distinguent par une médiocre mémoire spatiale. Le test consiste pour les rongeurs à nager pour trouver une plate-forme où se réfugier. Si la position de la plate-forme est changée aléatoirement, les mutants réussissent mieux, car ils ne perdent pas de temps à chercher au mauvais endroit, ce qui démontre qu'il est bien question d'apprentissage spatial [161]. Le manque d'enzyme semble affecter le développement de chaînes métaboliques qui président à la formation de l'hippocampe. Le gène gouvernant la synthèse de cette protéine mériterait-il pour autant, à lui seul, le nom de « gène de la mémoire spatiale » ?

Chez une souris femelle, l'altération ou l'inhibition d'un gène appelé *fosB* suffisent pour provoquer la suppression de son empressement maternel [24]. Aucun des comportements tels que réchauffer les jeunes, les nourrir, les toiletter, les ramener s'ils s'aventurent hors du nid, n'est observé chez ce type de mère. Tenons-nous là le « gène de la maternité » ? Il s'agit plus justement d'une pièce d'un ensemble auquel ont part les signaux olfactifs, tactiles et acoustiques des jeunes, qui sont captés par la femelle et transmis à l'aire dite préoptique de son hypothalamus : là, dans quelques cellules excitées, le gène *fosB* œuvre, *via* une protéine, à induire d'autres modifications fonctionnelles et structurelles qui libéreront les comportements maternels.

En organisant l'accouplement de souris de lignées différentes, on a relevé que les unions se déroulaient préférentiellement entre des individus qui étaient aussi différents que possible en ce qui concerne leur complexe d'histocompatibilité. Ce complexe est un encodage de l'identité individuelle sous la forme de glycoprotéines fixées sur la membrane cellulaire, dont la synthèse est commandée par des gènes qui existent chacun sous une cinquantaine de formes alléliques, d'où une vaste combinatoire. Ainsi, la souris femelle détecterait à l'odeur le partenaire adéquat [140]. Ces observations ont été à l'occasion présentées avec cette prétention d'avoir identifié les « gènes de la préférence sexuelle » chez les souris. Mais qu'une préférence sexuelle chez ces rongeurs trouve un point de référence génétique ne saurait signifier que quelques gènes isolés méritent ce label, d'autant qu'ils ont une fonction physiologique reconnue au sein du système immunitaire !

De la mouche à l'homme

Les étiquettes qui associent au plus court des éléments génétiques et des catégories comportementales sont désormais une pratique fréquente, non seulement dans le champ de l'information simplifiée – simplificatrice – qui est livrée au grand public, mais également chez des chercheurs professionnels. Des exemples édifiants à ce propos sont ainsi donnés dans l'ouvrage *Time, Love, Memory* (*Le Temps, l'amour, la mémoire*) [189], longue biographie du biologiste Seymour Benzer, pionnier de la génétique du comportement après avoir été celui de l'épopée du transistor. Devenu éleveur de drosophiles, Benzer a eu tôt fait de découvrir dans ses élevages des mutants aux conduites inhabituelles : dépourvues de rythme quotidien, inaptes à la parade sexuelle ou privées de mémoire (oui, les mouches apprennent ! par exemple à distinguer, à l'odeur, un petit couloir où elles risquent un choc électrique d'un couloir sans traquenard ; mais certaines mutantes n'apprennent jamais). Ces quelques mouches à problèmes ont stimulé les élans poétiques du biographe, Jonathan Weiner. Temps, amour, mémoire : à lire Weiner, la génétique aurait ouvert, avec ces mouches aux comportements déficients, « trois portes qui avaient fasciné les poètes et les philosophes depuis les premiers élans de la pensée occidentale ». Simple effet esthétique d'écrivain ? Le fait est que bien des généticiens rencontrés par le biographe ont affiché la même grandiloquence, l'un affirmant sans ciller qu'il avait effectivement découvert le gène de l'Amour !

Lorsqu'un assistant de Benzer identifia un gène indispensable pour rythmer les activités quotidiennes de la drosophile, il fut vite question de « gène du Temps », en précisant que « cette découverte impliquait que le comportement lui-même pouvait maintenant être localisé et cartographié aussi précisément que n'importe quel trait [physique] hérité ». Qu'un gène soit impliqué peut-il signifier qu'il soit seul en cause ? Dans la mécanique d'une montre, un rouage défectueux suffit pour entraîner un dysfonctionnement ; dira-t-on de ce rouage qu'il est celui du temps ? Les organismes sont la somme d'engrenages la plus complexe qui soit, et la moindre protéine mal formée peut y devenir un grain de sable. Peut-on qualifier d'emblée de « gène du Temps » un site sur un chromosome où la machinerie cellulaire trouve le gabarit d'une protéine dont l'absence perturbe la rythmicité du comportement ? De même, on hésitera à promouvoir au rang de gènes « de la mémoire spatiale » ou « de la maternité » tel rouage physiologique chez la souris. Nul mieux que le physicien (devenu généticien) Max Delbrück (1906-1981), un inspirateur de Benzer, n'a sans doute éprouvé cette complexité des organismes, ces jeux entremêlés de parties œuvrant à un tout, par niveaux d'intégration successifs : Delbrück s'est échiné des années durant, en vain, à retracer du gène au comportement les réactions à la lumière d'un champignon. Il en vint à écrire à un ami : « Peut-être devrais-je entraîner des canards à me suivre, ça me semble une vie attrayante. » Allusion bien sûr à l'heureux Konrad Lorenz…

À propos de Lorenz justement, le biographe Jonathan Weiner fait grand cas de son expérience avec Niko Tinbergen au cours de laquelle ils firent survoler de jeunes oies par un leurre en forme d'oie en vol, puis par un autre en forme de rapace : « Les petites oies n'apprennent pas de leur mère à distinguer entre amis et ennemis. Elles le savent du premier moment où elles regardent le ciel. Elles le savent déjà […] dans l'œuf. Comment ? » Et Weiner d'ajouter que les éthologistes, classant les conduites en routines et sous-routines, avaient imaginé des « atomes de comportement », que les généticiens, avec leurs nouvelles techniques, seraient sur le point de découvrir… Non seulement les conclusions de cette expérience n'ont cessé d'être controversées (« instinct » ou apprentissage rapide ?), mais en outre, les éthologistes ont-ils jamais eu la naïveté de croire que des « atomes » de comportement se trouvaient au niveau des gènes ? Ils pensaient davantage circuits nerveux et influences hormonales, et donc structures et processus complexes qui ne pouvaient dépendre que de l'action conjointe et mêlée de plusieurs gènes…

Quand, en 1984, deux équipes ont rivalisé de vitesse pour cloner, multiplier et injecter « un morceau de comportement » – le fameux « gène du Temps » – à des mouches à l'horloge biologique défaillante, si les insectes ont retrouvé leurs rythmes, c'est « parce qu'ils en ont reçu l'instinct par injection », rapporte Weiner. Un instinct, ou juste la capacité à produire à nouveau un rouage (une protéine) jusque-là défectueux et qui affectait un ensemble ? Cette génétique-là semble n'avoir pas le temps – ou l'envie – de s'interroger, déjà happée par d'autres questions : « Les généticiens apprendront-ils un jour à replacer un morceau de comportement d'une espèce chez une autre ? Pourront-ils extraire le comportement d'une race de vache et le transférer chez une autre, […] ou éventuellement prendre un morceau de comportement chez un humain pour l'injecter dans un humain à l'état d'œuf ? Ou dans une souris ? Ou un chimpanzé ? »

Le découvreur du gène dont l'intégrité est nécessaire pour qu'une mouche fasse convenablement sa cour s'est pris à envisager un gène régissant le comportement de cour chez l'homme. Peut-on penser plus court ? En négligeant qu'un comportement élaboré se développe comme l'intégration de processus depuis le niveau microscopique (gènes, réseaux nerveux, flux d'hormones…) jusqu'au niveau macroscopique (environnement, société, culture…), une certaine génétique donne sa caution à des naïvetés périlleuses. Ainsi, peu après le clonage de la brebis Dolly, tel éditorialiste s'interrogeait de bonne foi dans un grand hebdomadaire américain sur la possibilité d'offrir bientôt un Einstein à chaque université, ou encore d'immortaliser les acteurs d'exception ou les grands médecins. L'auteur ne doutait pas une seconde que l'état de « grand médecin » tienne aux seuls gènes, et ne se demandait pas si un clone d'Albert Einstein ou de Marcello Mastroianni choisirait forcément la voie de son modèle, ou encore si ce clone aurait une aptitude quelconque au même degré de virtuosité ! Un autre chroniqueur s'est demandé plus finement ce qui arriverait si le clone d'un génie sombrait jeune dans l'alcoolisme. Trop américain sans doute, il n'a pas envisagé l'inverse : si le clone se soûlait moins que l'original, le forcerait-on à boire ?

Seymour Benzer, au soir de sa carrière, a certes appelé à la prudence – non, tel gène présent n'implique pas fatalement telle conduite, un gène décide rarement seul ! –, mais a-t-il été entendu là où c'était le plus utile ? Qui niera qu'un pan de la biologie moléculaire vit à plein l'ère du commerce, avec des chercheurs en lutte qui doivent faire parler d'eux, abusent des médias (et réciproquement !) ? Les médias préfèrent relayer des réponses-chocs à des questions simplistes – « Quel gène dicte quel comportement ? » – plutôt que des avis moins percutants sur le thème : « Quelle part tel gène prend-il à tel comportement ? »

Le chant comme une symphonie physiologique

Contrastant avec ces prétentions à avoir découvert des gènes guidant à eux seuls l'émergence de comportements, un demi-siècle après Thorpe, le développement du chant de l'oiseau n'est encore compris que superficiellement dans ses rouages génétiques et neurobiologiques. Chez tout oiseau, le mâle possède deux chromosomes sexuels identiques Z, tandis que la femelle possède un chromosome Z associé à un autre appelé W, qui contient bien moins de gènes que le chromosome Z (chez les mammifères, c'est le sexe mâle qui est déterminé par deux chromosomes sexuels différents). L'un des résultats les plus patents de cette différence chromosomique est le développement d'organes sexuels différents, qui vont induire des environnements hormonaux différents. Une étude sur le diamant mandarin (*Poephila guttata*) a montré ainsi chez le mâle comment les cellules des testicules embryonnaires produisent tôt de l'œstrogène, laquelle hormone aura un effet marqué sur certaines cellules nerveuses, où elle commande la synthèse d'enzymes qui muent l'œstrogène en testostérone. Cette seconde hormone force, dans les quarante premiers jours suivant l'éclosion, le développement de tout un réseau neural impliquant différents sites du cerveau ainsi que la moelle épinière, avec des liaisons vers le syrinx, l'organe vocal. Chez le diamant adulte, la testostérone sera encore nécessaire afin que cet organe fonctionne pour la production du chant de cour. À défaut de stimulation hormonale, chez la femelle, les mêmes neurones disparaissent par mort cellulaire sélective. Toutefois, l'implantation de testostérone chez une femelle très tôt après son éclosion, dans la période de plus forte sensibilité à cette hormone, mène au développement d'un système vocal mâle dont la mise en fonction nécessitera ultérieurement une nouvelle injection de testostérone – chez le mâle, celle-ci est naturellement produite par les testicules au moment où la durée quotidienne d'éclairement s'allonge [77]. Une autre stimulation est indispensable : l'exposition préalable au chant d'autres diamants mandarins. Lorsqu'un diamant entend le chant de son espèce, dans les trois quarts d'heure qui suivent, un gène bien précis dans une partie délimitée du cerveau s'active et produit de l'ARN messager – la production est double de celle mesurée après exposition au chant d'une autre espèce. Cette biosynthèse entraîne des modifications structurelles et fonctionnelles des neurones qui contrôlent la perception et la production du chant, processus dont on ignore encore les détails. Nul éthologiste sérieux, constatant les enchaînements multiples d'interactions entre plusieurs gènes, les contextes biochimiques et les stimulations de l'environnement évoqués ci-dessus, ne saurait imaginer un quelconque « gène du chant », seul dépositaire d'un programme menant à des vocalises élaborées…

7. Quelle fonction pour un comportement ?

L'alcyon pie (*Ceryle rudis*) est un martin-pêcheur qui vit en colonies sur les berges des grands lacs d'Afrique de l'Est. Les alcyons mâles d'un an, plus nombreux que les femelles, peinent à se reproduire. Au début des années 1980, l'ornithologue allemand Heinz-Ulrich Reyer a pu observer trois stratégies différentes pour pallier le désœuvrement qui en résulte [141]. Une partie de ces jeunes oiseaux aident leurs parents à élever leurs frères et sœurs de la génération suivante (on les qualifie dès lors d'« aides primaires »). Quêter de la nourriture et défendre le nid contre les serpents et les mangoustes sont des tâches risquées, mais elles portent leurs fruits : un couple aidé par un aîné voit survivre en moyenne 1,8 jeune supplémentaire par nichée. D'autres jeunes mâles, désignés comme des « aides secondaires », assistent chacun – avec moins d'empressement toutefois – un couple qui ne leur est pas directement apparenté, à qui ils permettent de laisser à la postérité 1,3 jeune de plus. Quelques autres petits mâles enfin restent socialement passifs et n'entretiennent qu'eux-mêmes.

Une saison plus tard, Reyer n'a pu que constater combien les aides primaires paient leurs efforts : seuls 54 % d'entre eux réapparaissent sur les sites de reproduction, contre 74 % des aides secondaires et 70 % des mâles restés passifs. Et les survivants ne sont pas au bout de leurs peines : seuls 60 % d'entre eux trouvent une partenaire. C'est certes mieux que les passifs de la saison précédente, dont 33 % seulement parviennent à s'accoupler, mais beaucoup moins bien que les aides secondaires, dont 91 % s'apparient, souvent avec la femelle qu'ils ont aidée l'année précédente. Selon toute apparence, l'*altruisme* des aides secondaires, quoique modéré, paie bien mieux que celui, astreignant, des aides primaires, dont les bons offices réduisent fortement leurs chances de se reproduire l'année suivante.

À la question *en quoi tel comportement sert-il un individu ? quelle est sa fonction ?*, deux réponses peuvent être données : l'une considérera les conséquences immédiates ; l'autre, à la fois plus générale, plus simple et somme toute évidente, postulera que ce comportement doit favoriser à terme la survie de l'animal et/ou ses chances d'engendrer une descendance. Si ce n'est pas le cas, l'individu moins bien adapté que d'autres soit disparaîtra tôt, soit peinera à trouver un(e) partenaire, soit encore sera inefficace à préserver sa progéniture. La stratégie des aides primaires chez les jeunes alcyons semble donc appelée à s'éteindre avec eux sous l'effet de la sélection. Mais ce n'est qu'une apparence, nous y reviendrons.

Peser le pour et le contre

Qu'un comportement donné soit une adaptation fut dans les premiers temps de l'éthologie rien de plus qu'un *a priori*, une évidence qui n'appelait pas de démonstration, avant que Niko Tinbergen n'impose de prouver et de chiffrer les conséquences favorables supposées d'une activité. Ainsi, quand des mouettes prennent la peine d'aller jeter au loin les coquilles de leurs œufs éclos, on peut penser que c'est pour éviter que ces débris, dont la face interne ne porte pas de camouflage, n'attirent l'attention des prédateurs sur le nid et sur les oisillons ou les œufs non éclos qui s'y trouveraient. Tinbergen a vérifié cette hypothèse, on l'a vu, en disposant quelques dizaines d'œufs près de coquilles brisées : au bilan, 42 % des œufs distants de 15 centimètres des débris ont servi de repas à des corneilles, contre 32 % quand les restes de coquilles étaient rejetés à 1 mètre, et 21 % quand la distance était de 2 mètres [177]. Pour compléter sa démonstration qu'on a bien affaire à une adaptation propre à accroître les chances de survie de la progéniture, Tinbergen a dû toutefois considérer d'autres hypothèses, telles que les risques potentiels de blessure ou d'infestation par la vermine liés aux morceaux de coquilles. Il a écarté ces hypothèses avec l'argument que les mouettes tridactyles qui ne sont pas, dans leurs falaises, exposées aux mêmes risques de prédation ne débarrassent pas les restes de leurs œufs éclos.

De fait, il est souvent malaisé de mettre en exergue, parmi les conséquences immédiates d'un comportement, une fin univoque contre certains effets contingents favorables. Aussi l'approche éthologique des fonctions s'est-elle assez rapidement concentrée sur cette fin plus lointaine aux comportements qui est d'augmenter les chances de survie et de succès reproducteur de l'individu. Au fil d'innombrables recherches, les apports favorables (les *bénéfices*) de comportements ou de stratégies comportementales, et leurs à-côtés défavorables (les *coûts*) ont été évalués selon le nombre de proies capturées ou la taille de celles-ci, la masse d'aliments ingérés, les calories gagnées ou perdues, la prise ou la perte de poids, le nombre d'accouplements réussis, la proportion de jeunes élevés ou perdus. Un premier problème est de choisir la bonne unité : par exemple, s'il semble judicieux de peser ou de comparer des stratégies alimentaires en termes de calories, il est approprié dans certaines situations de considérer plus précisément l'apport d'une vitamine, d'un minéral, d'un oligo-élément… Ou encore, on le verra, s'accoupler n'est pas engendrer, et comptabiliser les coïts ne donne pas forcément la mesure du succès reproducteur…

D'autre part, s'il est aisé d'expliquer la prééminence d'une stratégie de quête alimentaire au détriment d'autres stratégies possibles, il est plus délicat de fonder quantitativement des conduites telles que les soins, la prévenance à l'égard d'autres individus… La première éthologie, qui ne se serait pas hasardée à invoquer une forme de lien subjectif comme une explication aux comportements altruistes, n'avait à leur propos guère d'explication, ce qui la menait souvent à penser vaguement « intérêts du groupe » ou parfois « bien de l'espèce ». Or, la sélection naturelle ne connaît que l'individu. Elle ignore l'espèce, et son « bien » encore plus – autrement dit, ce sont des individus qui sont sélectionnés, non des espèces. Quant à l'individu, il n'est pas, biologiquement parlant, animé par d'autres intérêts que les siens. Dans cette perspective, la coopération, l'altruisme voire le sacrifice doivent obéir à un autre impératif que le bien de l'espèce, un impératif plus directement lié à l'individu – mais dont un groupe profitera plus ou moins directement pour se maintenir.

La vie vue du gène

Nous avons déjà évoqué la réponse apportée en 1964 par William D. Hamilton au paradoxe que l'altruisme représente d'un point de vue darwinien [80]. Hamilton, considérant la condition éphémère de l'organisme individuel, a mis l'accent sur la pérennité des gènes se multipliant indéfiniment, et sur une compétition qui les opposerait – de même que leurs allèles – pour une représentation la plus large possible au sein de la « matière vivante ». Bien que cette conception ait des aspects concrètement mécaniques non résolus, et pour tout dire peu envisagés, avec des gènes utilisant les organismes comme des véhicules à seule fin de se multiplier et de se répandre, elle a conduit à une compréhension originale de l'intérêt que peut avoir un individu à aider à la survie de congénères autres que ses descendants directs. Pour un organisme, se reproduire n'est en effet qu'un moyen pour accroître la représentation de ses gènes (« *direct fitness* » ; terme généralement utilisé sous sa forme anglaise, plus rarement traduit par « adaptation directe »). Aider à la survie de parents en dehors de sa progéniture contribue aussi à la représentation de copies de gènes dans la génération suivante (« *indirect fitness* », « adaptation indirecte »). Le total des unités génétiques transmises directement et indirectement donne, techniquement parlant, l'« *inclusive fitness* » (« adaptation inclusive »). Rappelons que la proportion théorique d'allèles en commun avec un frère ou une sœur est de 50 %, l'équivalent de ce qui est partagé génétiquement avec tout membre de sa progéniture (en unités génétiques, ces 50 % deviennent 0,5 ug). Avec un neveu ou une nièce, ou un petit-fils ou une petite-fille, la proportion moyenne d'allèles communs s'établit à 0,25 ug.

Les équations de William Hamilton ont frappé initialement par leur capacité à expliquer les sociétés d'abeilles ou de fourmis, dans lesquelles les ouvrières renoncent à se reproduire et prennent soin de leurs sœurs parce qu'elles partagent avec celles-ci plus de gènes qu'elles n'en partageraient avec des descendants directs. Il faut toutefois souligner des complications dans ce modèle, telles que la parenté inégale entre individus, souvent bien en deçà des 75 % théoriques, et aussi le contre-exemple des termites, tout aussi *eusociaux* bien que chez eux la parenté ne puisse excéder 50 %, les mâles ayant autant de chromosomes que les femelles, soit un double jeu, comme chez la plupart des autres espèces. L'arithmétique d'Hamilton aurait pu rester un outil parmi d'autres pour évaluer, comparer des stratégies comportementales. La sociobiologie d'Edward O. Wilson en a décidé autrement, en la plaçant au cœur d'une ambitieuse synthèse théorique reliant étroitement les structures sociales à la « démographie » des gènes et aux contraintes génétiques sur le comportement, d'où la polémique évoquée au chapitre IV.

Avec les équations d'Hamilton considérées comme outil, revenons à l'exemple des jeunes alcyons. Si le comportement des soins aux frères et sœurs, qui expose l'aide primaire à des risques et le pénalise dans la quête d'une partenaire, n'est pas éliminé par la sélection naturelle, c'est parce qu'il est favorable par ailleurs à des individus qui partagent une proportion élevée d'allèles avec le jeune altruiste. Pourtant, les équations d'Hamilton appliquées aux alcyons dans leur deuxième année semblent confirmer que la stratégie des aides secondaires, qui assistent mollement un couple avec lequel ils n'ont pas de parenté directe, reste la plus efficace pour transmettre ses allèles à la génération suivante : en multipliant pour chaque type d'aide le taux de survie, le taux de succès à trouver une partenaire, le nombre de jeunes élevés (2,5 en moyenne pour les uns et les autres) et la moitié d'une unité génétique que représente chaque oisillon engendré directement, on obtient une moyenne de 0,84 ug transmise par les aides secondaires contre 0,41 seulement pour les aides primaires. Cependant, le bilan est bien différent si l'on prend également en compte la première année, au cours de laquelle un aide primaire aura permis la survie en sus de 1,8 frère/sœur, qui partage avec lui une moitié de ses allèles – le quart si l'un des parents est décédé et a été remplacé. Compte tenu de ce facteur de mortalité chez les parents, et d'après les observations de Reyer, les aides primaires avaient alors ajouté indirectement à leur postérité un appréciable 0,58 ug. L'aide secondaire, épaulant un couple autre que ses parents, n'avait dans le même temps rien laissé de plus de son patrimoine héréditaire. Au final, avec 0,58 + 0,41 = 0,99 ug, les aides primaires font donc mieux sur deux ans que les 0,00 + 0,84 des aides secondaires (et que les 0,00 + 0,29 calculés pour les jeunes passifs…). L'oiseau, évidemment, ne calcule pas, et l'observateur ne fait que constater – à défaut de pouvoir en expliquer le comment – que cette petite arithmétique, sur fond de vocation aveugle des gènes et de leurs allèles à exister en aussi grand nombre que possible, semble coller à des situations rencontrées à l'échelle des organismes entiers… Une influence du milieu sur le choix stratégique des jeunes aides a été clairement démontrée dans une expérience menée aux îles Seychelles, qui a déplacé d'une île vers deux autres cinquante-huit fauvettes, dont les jeunes assistent leurs parents à l'instar des alcyons [103]. Le surplus de territoires libérés sur l'île-source a incité les jeunes à quitter leur famille plutôt qu'à l'aider. Toutefois, selon la richesse alimentaire du territoire, les jeunes se sont montrés plus ou moins enclins à rester : nés en terrain peu propice, ils émigraient – une fois leur subsistance tirée, leur aide n'aurait pu accroître significativement le nombre de frères et sœurs survivants. Et sur les îles nouvellement colonisées, ce sont les meilleurs territoires qui ont accueilli les premiers cas d'assistance.

De la recherche séminale de Tinbergen aux élaborations les plus complexes, théoriques et chiffrées, deux points essentiels ont été conservés, simples principes de bonne science : poser une hypothèse claire, prêtant à une ou plusieurs prédictions sur ce qui devrait être observé, puis choisir le bon outil ainsi que la variable la plus appropriée pour vérifier les prédictions, et donc l'hypothèse ; ou l'invalider, car préciser la fonction d'un comportement et faire la démonstration qu'il sert réellement les intérêts de l'individu n'ont pas toujours la simplicité de l'expérience de Tinbergen sur l'enlèvement des coquilles chez les mouettes ! Souvent, il faut retoucher plusieurs fois un modèle prédictif qui reste éloigné de la réalité, ou changer ses hypothèses. Et aussi contourner les apparences, ou les évidences.

Survivre : s'établir

Les corbeaux qui habitent les forêts de Nouvelle-Angleterre vivent par couples sur des territoires activement défendus. Pourtant, on observe parfois un certain nombre de corbeaux rassemblés autour d'une carcasse de grand ongulé (un élan par exemple) et qui produisent force croassements d'appel [84]. Ces cris sont troublants, car ils vont à l'encontre des intérêts des individus qui ont découvert l'opportunité d'un repas pour plusieurs jours – les découvreurs sont le plus souvent le couple résidant sur le territoire. On pourrait croire que ces réunions sont un partage occasionnel entre des oiseaux apparentés : l'intrusion de jeunes des années précédentes est-elle tolérée par leurs parents en période d'abondance ? Des analyses d'ADN révèlent cependant que ces individus réunis ne proviennent pas tous d'une même famille. Les cris pourraient-ils être alors une stratégie pour attirer un grand prédateur capable d'ouvrir le cadavre ? L'hypothèse a été testée en déposant dans la forêt une carcasse de chèvre : seuls des individus arrivés après que la carcasse fut ouverte ont croassé d'abondance. Nouvelle hypothèse : les appels serviraient-ils à constituer un groupe de manière à réduire le risque d'être surpris par un prédateur ? Non, car les appels continuent même après sa constitution. En fait, sachant que, lorsqu'un corbeau seul est présent, ou un couple, il n'y a aucun appel, l'hypothèse a été posée, et vérifiée, que les corbeaux bruyants sont immanquablement des jeunes sans territoire qui s'ameutent mutuellement pour déborder les défenses territoriales d'un couple installé.

Quelle que soit l'espèce, la défense d'un territoire, si elle apporte des bénéfices, suppose aussi des coûts, à plusieurs égards. Des expériences menées en nature sur le petit lézard américain *Sceloporus jarrovi* l'illustrent fort clairement [118]. Chez ce reptile, les mâles n'adoptent un comportement territorial qu'à l'époque où les femelles sont réceptives, à l'automne. Ce comportement est adapté : si en un temps où les lézards sont peu territoriaux, quelques individus reçoivent un implant de testostérone – et quelques autres un implant neutre à titre de contrôle –, on observe que les lézards hormonalement stimulés se mettent à patrouiller et à batailler, augmentant ainsi leurs dépenses énergétiques sans les compenser, du fait qu'ils chassent moins. Aussi ces mâles poussés à la territorialité survivent-ils en moins grand nombre. Toutefois, avec un apport artificiel en nourriture, leur taux de survie est supérieur. La même expérience menée sur des lagopèdes a conduit à des observations semblables. Chez la bergeronnette grise (*Motacilla alba*), en revanche, les individus conservent des mœurs territoriales hors de la saison de reproduction et défendent des sites de nourrissage. Ce comportement doit recouvrir des bénéfices, mais lesquels ? Le territoire d'hiver d'une bergeronnette comporte quelques centaines de mètres de berges où l'oiseau quête des insectes échoués. Si la rivière se montre avare de proies, l'oiseau abandonne son comportement territorial pour rejoindre des congénères qui prospectent les champs sans querelle de voisinage. Dans un champ, une bergeronnette peut espérer capturer 21 à 29 insectes à la minute alors que, sur la rivière, elle en collecte au plus 20 dans le même laps de temps. Pour dénouer ce paradoxe apparent de la défense active d'un site de rentabilité inférieure à un autre qui est libre d'accès, on argue de la régularité et de la prédictibilité de la ressource, qui n'est pas garantie dans les champs, surfaces que la neige peut recouvrir momentanément. Il faut savoir qu'une bergeronnette doit collecter quelque 7 500 pièces d'aliments dans une journée, et qu'un seul jour de disette peut la tuer ! Un autre fait paraît étrange à première vue chez les individus territoriaux : ceux-ci peuvent tolérer sur leurs berges un congénère dit « satellite », qui prélève sans limites sa part des ressources. L'observation a cependant montré que le satellite n'est toléré que lorsque la nourriture est abondante et les prises aisées : ces jours-là, en effet, d'autres oiseaux essayant de profiter de la manne, le satellite prend part à la défense du territoire, pour le bénéfice de l'occupant principal [42].

Chez les mésanges charbonnières (*Parus major*), des couples territoriaux paient le coût d'une défense active, tandis que d'autres, sans territoire, tentent d'établir discrètement un nid sur une aire déjà occupée. Il s'avère toutefois qu'à nichées égales les couples clandestins mènent *en moyenne* deux fois moins d'oisillons à l'âge adulte, cette proportion s'expliquant par le fait que beaucoup de nichées sont détruites au fil d'interventions des occupants principaux. Pourquoi dès lors ne pas s'établir sur un territoire moins adapté ? Parce que ce choix conduit à des résultats encore plus médiocres ! Lorsque tous les territoires forestiers sont occupés, certaines paires sont contraintes de s'installer dans des haies : une étude a dénombré que 2 nids sur 9 installés dans un environnement de haies avaient vu des jeunes survivre alors que, dans le même temps, des oisillons étaient sortis de 54 nids sur 59 situés en forêt. Libérer des territoires forestiers par capture est une autre manière de démontrer leur attrait : ces territoires sont reconquis en peu de jours, notamment par des couples qui émigrent de haies voisines.

Survivre : se nourrir

Pour un huîtrier chassant les moules, tous les mollusques se valent-ils [121] ? Si *a priori* n'importe quelle moule semble faire l'affaire, on peut supposer que l'animal agira néanmoins de manière à dégager le plus large bénéfice, en terme de calories, entre les efforts qu'il lui faut investir pour ouvrir une coquille et le contenu nutritif de celle-ci, compte tenu que plus une moule est grande et donc nourrissante, plus elle peut demander d'efforts à l'huîtrier qui brisera du bec sa protection. Un modèle simple a ainsi été élaboré, prédisant que l'oiseau devrait rechercher en premier lieu des moules longues de plus de 5 centimètres, censées lui livrer davantage de calories par minute de travail que les moules plus petites. Or les huîtriers ne concentrent nullement leurs efforts sur les moules les plus grandes. L'une des vertus d'un modèle, comme outil du chercheur, est de révéler une perception incomplète d'un problème. De nouveaux éléments sont alors intégrés au modèle, qui mènent à une nouvelle hypothèse. Dans le cas de l'huîtrier, comme certaines des plus grandes moules résistent à tous les efforts de l'oiseau, le rendement réel est moindre que celui prévu par le modèle, certes élaboré d'après les proies effectivement consommées par les oiseaux mais ne prenant pas en compte les échecs. Une fois les moules récalcitrantes comptabilisées, un nouveau modèle a été établi, qui prédisait que les moules faisant juste 5 centimètres devaient être la cible privilégiée des huîtriers. Mais les oiseaux s'attaquent surtout à des moules dont la taille est comprise entre 3 et 4,5 centimètres. Une variable supplémentaire, incontournable, est la couverture de balanes des moules les plus grandes, qui perturbe les efforts des oiseaux. La quête des arcanes d'une adaptation optimale ne doit pas faire oublier complètement les contingences et les fins immédiates !

Encore en allait-il dans ce cas de l'omission d'une variable simple, assez immédiatement décelable. De même serait partielle la vision de quiconque calculerait que les fourmis atta ne récoltent pas de la manière la plus efficace la matière végétale dont elles approvisionnent leurs champignonnières : cette activité n'engage en effet un maximum d'ouvrières qu'aux heures nocturnes. Pendant le jour, seules les ouvrières les plus petites s'y livrent. Toutefois, cette utilisation en apparence médiocre des forces vives s'avère une saine adaptation dès lors qu'on connaît les méfaits d'une petite mouche de la famille des phoridés, unc parasitoïde qui dépose ses œufs sur les ouvrières atta – de chaque œuf, un par fourmi, sort une larve qui se fraie un chemin jusque dans la tête de l'hôte. Or la mouche est soumise à deux limitations : d'une part elle n'est active que le jour, d'autre part il faut à une larve une ouvrière de taille conséquente pour se développer…

Survivre : échapper aux prédateurs

Si se nourrir est un impératif, éviter de servir de repas en est un autre, à l'origine d'innombrables adaptations. On peut supposer raisonnablement que la vie de groupe fait partie de ces adaptations. On a ainsi mesuré chez les étourneaux l'avantage d'une surveillance en commun de l'environnement. Dans deux expériences successives, un individu puis un groupe de dix ont été introduits dans une volière, laquelle, après quelques minutes, était survolée par un faucon artificiel. On a pu dénombrer que les coups d'œil jetés alentour par l'oiseau seul étaient en moyenne deux fois plus nombreux que chez n'importe quel individu faisant partie du groupe, et que le temps passé à surveiller les environs était quatre fois plus important – un étourneau seul consacre de fait la moitié de son temps à guetter autour de lui. Malgré cet investissement sur la sécurité au détriment du temps de nourrissage, au moment où le leurre de prédateur est apparu, l'oiseau solitaire a réagi avec près d'une seconde de retard sur les oiseaux groupés. Les moineaux, pour leur part, quêtent leur pitance autant en groupe qu'en solitaire. Selon la proximité d'un refuge et l'éloignement d'un danger potentiel (l'observateur lui-même, au cours d'une expérience), un individu est plus ou moins disposé à attirer des congénères pour partager la surveillance des environs, mais aussi, par conséquent, son repas.

De même, chez certains poissons, le regroupement des mâles protégeant chacun un nid permet de partager le temps de défense contre les prédateurs et laisse des moments plus larges pour aérer et nettoyer les nids. Même une position périphérique dans une colonie est avantageuse en regard d'un emplacement isolé. Chez la perche-soleil *Lepomis macrochirus*, une mesure simple du bénéfice d'un regroupement est le nombre comparé d'escargots intrus selon la position des nids et la quantité des interventions de chaque mâle pour en éloigner des gêneurs plus gros. Si un mâle isolé doit s'investir à peine plus qu'un mâle périphérique dans la chasse aux prédateurs (en moyenne 10,4 interventions à l'heure contre 8,7, et seulement 1,5 pour les mâles dominants, au centre du groupe), en revanche, le taux d'intrusion par les escargots est significativement différent (en moyenne 29,7 escargots par nid chez les mâles isolés, contre 13,7 chez les mâles de la périphérie et 6,9 chez les mâles centraux) [76].

Chez les espèces sociales, toute approche d'un prédateur déclenche généralement la production de signaux spécialisés qui alertent les congénères. Avec le recentrement des études de comportement sur les intérêts strictement individuels, chaque cas donne matière à débat : en quoi un signal d'alerte sert-il celui qui l'émet ? Les avantages doivent forcément excéder la part de risques – l'émetteur attire l'attention sur lui, quoique certains signaux soient conçus de manière à être mal localisables. Ainsi, lorsqu'un coyote, un blaireau ou une belette menacent une colonie d'écureuils terrestres de Belding (*Spermophilus beldingi*), l'individu détectant le carnassier produit un sifflement saccadé qui va précipiter les autres membres de la colonie dans les terriers. Quel est le profit pour l'animal qui donne l'alarme ? Plusieurs hypothèses sont envisageables. Peut-être rend-il un service qui lui sera retourné en une autre occasion ? La composition changeante des groupes rend ce motif improbable. L'émetteur bénéficie-t-il de la confusion causée par la fuite en tous sens de ses congénères ou du découragement du prédateur repéré ? Les observations le contredisent : le prédateur n'est ni égaré ni découragé, il poursuit sa chasse, et l'écureuil qui donne l'alerte est plus exposé à être capturé que les autres ! Le signal serait-il destiné à alerter la progéniture ou des parents se tenant à proximité ? Dans les deux cas, on peut s'attendre à ce que les femelles assurent plus souvent le rôle de sentinelle que les mâles : d'une part, elles subissent la perte la plus conséquente en terme d'investissement parental si l'un de leurs jeunes est capturé, d'autre part elles seules voisinent avec des congénères apparentés, car elles ne quittent pas le groupe familial, au contraire des mâles. L'observation confirme ces deux suppositions, et par là l'hypothèse que le signal est une adaptation qui accroît les chances de survie des descendants et des proches parents.

Toutefois, on a pu invalider la supposition équivalente que les mâles devraient donner fréquemment l'alerte là où ils ont engendré. L'approche liant les comportements à des proportions de gènes en commun reste un outil, dont les défaillances indiquent que des dimensions ont été négligées, voire que tout aspect du comportement ne trouve pas forcément une explication dans des fins lointaines. Ainsi, la longue familiarité d'un individu avec son environnement social le décharge-t-elle peut-être de trop d'attention portée à ses proches congénères, lui permettant davantage de regards alentour ; dans le cas des écureuils terrestres, cette familiarité est le propre des femelles. Un autre exemple de défense communautaire, chez des organismes plus simples, des pucerons, suggère d'autres déterminants à l'œuvre – et d'autres explications – que la parenté génétique. Les pucerons naissent souvent par parthénogenèse, à partir de cellules sexuelles femelles uniquement. Tous les individus ont la parenté absolue des clones, et certains d'entre eux peuvent fonctionner comme des soldats, prêts à mourir pour empêcher que des larves de diptères pillent la galle communautaire qu'ils occupent sur une feuille. Ce faisant, ils assurent la perpétuation par d'autres de copies des gènes qu'ils portent. Cependant, cette stratégie de protection ne se rencontre que chez une espèce sur cent…

Survivre : s'entraider

Des chenilles de papillons lycénidés laissent à d'autres organismes le soin de leur sécurité : elles s'associent à des fourmis, qu'elles nourrissent d'un liquide sucré. La réalité de ce rôle protecteur des fourmis peut être simplement démontrée en constituant deux groupes de chenilles, dont l'un est privé de ses fourmis par des entraves gluantes placées à la base des plantes. De même, plusieurs espèces d'oiseaux tropicaux nidifient de préférence à proximité de colonies de fourmis, d'abeilles ou de guêpes. Cette habitude tient-elle bien à une protection acquise par ce biais contre des pilleurs de nids ? Dans ce cas, les couples installés à proximité d'hyménoptères devraient laisser une descendance plus nombreuse. L'expérience a été tentée de rapprocher vingt-huit nids de la guêpe *Polybia rejecta* d'autant de nids de *Campylorhynchus rufinucha*, le troglodyte à nuque rousse d'Amérique centrale, qui n'a pas l'habitude particulière de quêter cette protection. La moitié des nids de troglodytes voisinant avec les guêpes ont vu croître une nichée jusqu'à l'envol alors que parmi les nids dépourvus de la proximité d'hyménoptères, un sur dix seulement a produit de jeunes oiseaux – ces nids furent surtout pillés par des singes.

Le lapin capturé par un carnassier recherche-t-il lui aussi son salut chez d'autres espèces ? Sur le point d'être occis, cet animal ordinairement silencieux jette sa dernière énergie dans des cris perçants [90]. Le sens commun voudra y reconnaître à la fois l'expression d'une terreur extrême, de la douleur aussi, et peut-être une tentative d'effrayer le prédateur. L'hypothèse de la peur ne mène toutefois pas à une explication fonctionnelle – une fonction ne s'entend que dans le sens d'une adaptation. Quant à effrayer, les cris étant produits sans discontinuer, il est difficile de leur supposer un effet de surprise. Plusieurs autres hypothèses ne tiennent pas, telle celle-ci : puisqu'ils sont facilement localisables, en raison de leur large spectre de fréquence, ces cris peuvent-ils servir à alerter des congénères ? Ces derniers cependant ne manifestent aucun engagement défensif. Il ne s'agit pas par ailleurs de jeunes individus qui solliciteraient l'aide de leurs parents (un adulte capturé crie autant qu'un jeune). D'aucuns ont suggéré que les cris seraient un moyen d'attirer un autre prédateur avec la possibilité d'une escarmouche profitable à la proie. Une expérience utilisant des enregistrements d'étourneaux qu'on manipulait a livré un résultat qui appuie cette supposition : les cris ont suscité l'approche de rapaces, de renards et de chats. Le cas du vairon a été réévalué dans ce sens. Il est bien connu que ce poisson libère une substance chimique lorsqu'il est blessé par un prédateur. Cette substance, longtemps considérée comme un signal d'alerte à l'intention des congénères, pourrait en fait servir d'abord les intérêts de l'animal blessé, efficace qu'elle est à attirer d'autres prédateurs. Une expérience a été menée en aquarium pour vérifier ce rôle éventuel. Un brochet s'y voyait livrer un vairon ; mais à peine le carnassier avait-il capturé sa proie qu'un second brochet était libéré d'un aquarium adjacent : le repas du premier s'en trouvait considérablement retardé et même, parfois, la proie parvenait à s'échapper…

Le plus sûr pour toute proie potentielle semble cependant de prévenir de telles extrémités. Ainsi, l'on rencontre parmi les papillons tropicaux des espèces au vol rapide, capables d'accélérations supérieures à celles des oiseaux qui les prennent en chasse. D'autres lépidoptères ont en revanche un vol bien plus lent. Faire l'hypothèse qu'un vol plutôt vif est une adaptation contre la prédation conduit à supposer que les papillons lents sont plus souvent capturés. Cette hypothèse a été vérifiée dans une volière où un jacamar avait tout loisir de se servir parmi un échantillon de la faune lépidoptère du Costa Rica. L'oiseau manqua près de 80 % des captures qu'il tenta de papillons rapides, tandis que son succès fut presque total avec les papillons plus lents. Il y a toutefois davantage à puiser ici que cette évidence. Pourquoi existe-t-il alors des papillons lents ? Pour être rapide, un papillon doit investir dans une musculature thoracique conséquente, qui peut représenter jusqu'à 40 % de la masse corporelle totale. Pour une femelle, cet investissement diminue d'autant la masse ovarienne, et donc le taux de fertilité. De plus, une musculature puissante nécessite pour fonctionner une température élevée, ce qui contraint son propriétaire à ne voler que dans les aires ensoleillées, et à certaines heures du jour [117]. Ces coûts non négligeables ont amené les expérimentateurs à faire l'hypothèse que le vol rapide ne se rencontre que chez des espèces comestibles, et le vol lent chez celles qui misent sur des toxines chimiques pour échapper à toute consommation. Hypothèse vérifiée en présentant les mêmes espèces au jacamar directement : les espèces englouties avec le plus d'empressement furent les espèces rapides !

Transmettre ses gènes : choisir

Tous les comportements, toutes les stratégies relatives à la collecte de nourriture et à la défense individuelle ont à terme cet effet que celui qui les pratique parvient au temps où il peut, selon le langage commun, « se reproduire », ou, en termes modernes, au temps où ses gènes sont transmis et répandus. C'est peu dire que le chapitre de la reproduction offre aujourd'hui une richesse, une diversité de stratégies qu'on a durablement mésestimées – bien longtemps même après que Buffon eut écrit : « Nieremberg conte des choses fort étranges au sujet de la propagation [des nandous] ; selon lui, c'est le mâle qui se charge de couver les œufs ; pour cela, il fait en sorte de rassembler vingt ou trente femelles, afin qu'elles pondent dans un même nid ; dès qu'elles ont pondu, il les chasse à coups de bec [...]. À l'égard de ce mâle qui se charge, dit-on, de couver à l'exclusion des femelles, je serais fort porté à douter du fait, comme peu avéré et contraire à l'ordre de la Nature. » L'« ordre de la Nature », cependant, ne se limite pas, et de loin, aux exubérances et aux éclats de mâles combattants, protecteurs d'une ou de quelques femelles passives qu'ils ont subjuguées, et commises aux soins de « leur » descendance. Et quant à un certain « désordre » naturel, celui-ci ne se contente pas de bousculer quelques rôles parmi les plus traditionnels dévolus aux humains, comme chez les nandous ou, de manière plus frappante encore, chez les chevaliers grivelés (*Actitis macularia*), ou chez les jacanidés, dont les femelles, plus grandes que les mâles, investissent les premières les aires de reproduction et luttent pour des territoires : tout mâle qu'elles y attirent assure seul les soins des œufs pendant que la femelle recherche de nouveaux partenaires.

Ainsi, la diversité des comportements sexuels défie toute tentative de classification, et *a fortiori* de loi générale, sinon celle-ci : les intérêts de chacun des deux sexes sont divergents quoique liés étroitement, et cette divergence détermine les comportements et les stratégies observés. Ainsi, les coûts physiologiques de la reproduction et de l'investissement parental ne sont pas également répartis. D'une manière générale – mais il y a des exceptions –, les mâles produisent des spermatozoïdes en abondance, et ils reconstituent rapidement leurs réserves (un roitelet transporte ainsi huit milliards de spermatozoïdes !), tandis que les femelles sont limitées dans le nombre d'ovules qu'elles produisent.

Conséquence fondamentale de cette différence, les représentants du sexe ayant le plus à perdre en galvaudant des cellules reproductrices doivent choisir soigneusement leur(s) partenaire(s), avec les meilleures garanties d'une descendance la plus saine possible et, selon l'espèce, d'une assistance efficace par le conjoint. La validité de ce principe d'un sexe prudent à s'engager peut être illustrée *a contrario* par quelques espèces chez qui c'est le mâle qui se trouve limité dans sa production de gamètes, à l'inverse des exemples qui nous sont familiers. Chez une sauterelle américaine de la famille des katydidés, le spermatophore, structure libre contenant les spermatozoïdes, représente un quart du poids du corps du mâle. Le mâle ne produira qu'un seul spermatophore, alors que les femelles sont capables de plusieurs pontes. On peut dès lors supposer que les mâles doivent se montrer précautionneux, tandis que les femelles se retrouvent en compétition pour être fécondées. C'est effectivement le cas : les femelles se bousculent pour monter les mâles. Mais en agripper un ne suffit pas : les mâles opèrent une sélection selon le poids de la femelle, et ils se dégagent de celles trop légères. Entre une femelle pesant 3,2 grammes et une autre de 3,5 grammes, la différence de fertilité est de 50 % ! Chez un autre katydidé, australien, les deux sexes sont à tour de rôle demandeur selon la disponibilité de la fleur de prédilection de l'espèce, qui en exploite le pollen. La fleur est-elle en quantité limitée, les mâles peinent à produire un spermatophore et les femelles ont à lutter entre elles et à convaincre les mâles. La plante est-elle abondante, les femelles produisent des œufs plus lentement que les mâles ne fabriquent leurs spermatophores, et ce sont ces derniers qui entrent en compétition pour les opportunités de s'accoupler. De même, chez les espèces dont les mâles assurent l'essentiel de l'investissement parental, ceux-ci opèrent un choix parmi les femelles. Chez l'aiguille de mer *Syngnathus typhle*, un poisson, le mâle conserve les œufs dans une poche. Avant leur fécondation, ce sont les femelles qui sont en compétition, et les mâles favorisent les femelles les plus grandes, dont l'ornement ventral (une crête de peau, indice de fertilité) est le plus imposant.

C'est une fonction majeure des ornements et des signaux animaux que de permettre le choix d'un partenaire le meilleur possible. Ses qualités se traduisent par la taille, l'aspect voire la symétrie d'appendices, la vivacité des couleurs, la quantité d'une émission chimique ou encore l'énergie mise à vocaliser ou à combattre – quoique les combats, le plus souvent ritualisés, ne soient qu'un cas particulier de mise en valeur d'un physique avantageux, sinon un effet collatéral du rassemblement de plusieurs prétendants. Darwin avait déjà imaginé ce principe de sélection sexuelle pour expliquer chez les mâles certaines débauches d'énergie, ou bien leurs ornements, qui sont souvent encombrants, handicapants, lorsqu'il s'agit de résister aux prédateurs et aux parasites, ou même de se nourrir (voir la pince des crabes violonistes).

Chez ces oiseaux qu'on appelle veuves, les mâles exhibent leur queue, qui mesure 50 centimètres, lors de parades en vol. Un mâle au succès reproducteur avéré, s'il est privé d'une partie de sa queue, perdra beaucoup de son pouvoir d'attraction. Pis, si l'expérimentateur utilise ces plumes pour allonger la queue d'autres mâles jusque-là ignorés, ces derniers deviennent privilégiés dans les accouplements. Chez les hirondelles, en sus de la longueur de la queue, la symétrie de celle-ci détermine des préférences et des aversions de la part des femelles [124]. Une hypothèse veut que l'asymétrie traduise des accidents ponctuels de développement, sous l'action notamment de parasites, indiquant par là de possibles défauts de résistance liés à l'absence, à la déficience ou à l'inadaptation de certains gènes. Même une asymétrie artificielle peut être prise en compte. L'expérience a été tentée de proposer à des pinsons femelles des mâles avec, aux pattes, des bandes de couleur arrangées symétriquement ou asymétriquement. Les femelles se perchaient plus volontiers à proximité de mâles portant des ornements symétriques.

Bien plus, des productions olfactives (chez les libellules) et acoustiques (chez certains criquets) semblent à même de rendre sensible le degré de symétrie de l'organisme…

Encore faut-il démontrer qu'il y a quelque bénéfice à préférer un partenaire avec certaines caractéristiques. Pour une femelle de rousserolle turdoïde (*Acrocephalus arundinaceus*), le mâle le plus attirant est celui dont le répertoire vocal est le plus varié. Une étude a montré une bonne corrélation entre la variété du répertoire et le nombre des jeunes qui survivront jusqu'à l'âge de la reproduction, sans qu'on puisse préciser davantage les déterminants génétiques ou comportementaux de cette corrélation. Si la roue d'un paon en faveur auprès des femelles est diminuée de quelques « yeux », celui-ci rencontrera bien moins de succès avec ses parades. Cette manipulation expérimentale simple est à mettre en relation avec l'observation faite parmi les paons d'un parc anglais : les mâles tombés sous les crocs des renards avaient une queue significativement plus courte que ceux qui échappaient à la prédation. Ce n'était d'ailleurs que l'ultime avanie pour les paons occis, puisque les registres d'observations montraient qu'ils avaient eu un succès très limité auprès des femelles au cours des années précédentes. D'autres mesures ont révélé que les jeunes engendrés par les mâles les plus rayonnants, avec les ornements les plus grands, croissent mieux et plus vite. L'expérience a été réalisée d'une reproduction contrôlée avec des mâles de taille croissante, pour ce résultat quelque peu surréaliste d'un graphique indiquant une relation linéaire entre la surface des yeux sur les plumes des mâles et la proportion de poussins survivants deux ans plus tard [139] !

Transmettre ses gènes : féconder

Aspect insoupçonné récemment encore des divergences d'intérêts entre les sexes : le sexe « prudent » peut exercer un contrôle au-delà de l'accouplement. Chez de nombreuses espèces appartenant à des groupes zoologiques très divers, un accouplement réussi n'est pas une mesure fiable du succès du mâle dans la transmission de ses gènes ; son sperme pourra connaître des péripéties postcopulatoires qui seront autant d'obstacles : peut-être va-t-il rester inutilisé, ou sera-t-il mis en concurrence, voire évacué par la femelle ou encore finira-t-il pompé par un rival [16] !

Ainsi, la femelle du papillon *Utheteisa ornatrix* s'accouple-t-elle avec plusieurs mâles, accumulant leurs spermatophores pour n'user finalement que du sperme contenu dans les plus grands, qui lui fournissent la plus haute charge en alcaloïdes toxiques destinés à protéger les œufs. Chez les libellules demoiselles, la femelle s'accouple avec plusieurs mâles en quelques heures, visitant un territoire après l'autre, faisant même halte parfois auprès de mâles satellites sans territoire. Chaque mâle, après avoir saisi le thorax de la femelle à l'aide d'appendices situés à l'extrémité de son abdomen, introduit son organe pénien, qui se trouve à l'autre bout de son abdomen près du thorax. Puis il pompe, régulièrement, pour tenter d'extraire de la spermathèque le sperme d'un précédent accouplement. Chez la drosophile, le sperme d'un second mâle est capable d'expulser celui du précédent, et il contient de surcroît un composé qui le rend incapable de fécondation. Bizarrerie d'insectes ? Les requins eux aussi peuvent, semble-t-il, faire précéder une éjaculation d'un flot d'une substance qui affecte le sperme de rivaux. Et chez les oiseaux, l'accenteur mouchet est connu pour provoquer, en picorant le cloaque de la femelle, le rejet de gouttes de sperme qu'elle vient de recevoir d'un autre mâle.

Complication supplémentaire, pour un observateur tout au moins : la prééminence d'un mâle ne dépend pas nécessairement de l'ordre des accouplements. Indépendamment des armes utilisées par les mâles successifs pour imposer leur sperme face aux spermes rivaux, la femelle conserve la possibilité de choisir. Chez le chevalier grivelé, un mâle commis à une couvaison peut engendrer encore dans la mesure où une femelle, malgré de nouvelles copulations, reste capable d'utiliser le sperme de précédents accouplements, stocké plusieurs jours voire plusieurs semaines dans des diverticules de la paroi utérine. Le procédé est loin d'être unique ; par ailleurs, l'on commence tout juste de découvrir une sorte de « course aux armements », avec un sperme accompagné de substances neutralisant chez la femelle une capacité à décider du sperme à utiliser.

D'autres stratégies cependant restent accessibles au regard, comme la surveillance ou le contrôle anticipant une infidélité du partenaire. Chez une espèce de guêpe parasite, les mâles font leur cour après le coït, ce qui réduit les velléités de la femelle à s'accoupler immédiatement avec un second mâle. Chez une autre guêpe, le mâle qui vient de s'accoupler joue de ses antennes de la même manière qu'une femelle réceptive, attirant ainsi à lui des mâles qui pourraient convoiter sa femelle. Chez les oiseaux, des coïts fréquents chez un couple n'auraient qu'un but : éviter l'interférence de rivaux. Une bonne démonstration de cette hypothèse a été produite par voie comparative, avec cette supposition que ces coïts visant à prévenir l'adultère doivent être plus fréquents chez des oiseaux vivant en colonies que chez ceux occupant en paires un territoire [15]. Parmi les hirondelles, chez les espèces coloniales, le mâle couvre en moyenne trois fois plus souvent la femelle que chez les espèces solitaires. En termes d'intérêts respectifs des deux sexes toujours, ceux du mâle sont aisés à comprendre (garantir autant que faire se peut que la descendance qu'il nourrit est bien la sienne), mais qu'en est-il de ceux de la femelle, dont on a observé qu'elle prenait sa part aux sollicitations : s'agit-il pour elle de prévenir des accouplements ailleurs d'un mâle dont les services lui sont nécessaires pour les soins à la nichée ?

Transmettre ses gènes : protéger ?

Le « vaudeville » chez les passereaux est une péripétie assez fréquente, quand bien même la monogamie est pratiquée par 90 % des oiseaux. À mesurer qu'un mâle d'hirondelle des arbres laisse en moyenne 0,8 jeune lorsqu'il s'accouple avec plusieurs femelles et 3 s'il est monogyne, on comprendra qu'il puisse se trouver parmi eux des mâles partisans de la monogamie en dépit des facilités organiques des mâles à disséminer leurs gènes *via* plusieurs partenaires. Le mâle d'hirondelle adoptant la voie de la polygynie laisse ses femelles à la merci de rivaux qui profitent de ses absences, et il prend le risque d'élever une progéniture qui n'est pas la sienne. Mais de toute manière, sa contribution au nourrissage des jeunes étant insuffisante, le nombre de ceux qui survivent est réduit, quel que soit leur père. Une oiselle a donc beaucoup à perdre en s'accouplant avec un mâle unique s'il est déjà accouplé autre part. En revanche, elle peut trouver un avantage à la polyandrie, ou tout au moins à des copulations avec d'autres mâles. Chez le carouge à épaulette (*Agelaius phoeniceus*), la femelle qui s'engage dans des copulations hors couple est autorisée par son second partenaire à quêter de la nourriture sur son territoire – il en chasse par ailleurs les femelles qui refusent tout accouplement. Il s'engage aussi à défendre le territoire de sa conquête contre les prédateurs (ce qu'un leurre a permis de vérifier), tandis que le premier mâle, lui, tend à se désengager de cette tâche. Chez les pouillots, la femelle peut engager un second mâle à contribuer à l'élevage d'une portée, moyennant un nombre de copulations suffisantes (jusqu'à douze par heure). Chez les mésanges également, une femelle déjà appariée peut rechercher des accouplements avec un mâle pour autant que la partenaire de celui-ci ne recherche pas de copulations hors du couple. Le bénéfice de ces copulations n'étant pas directement évident, on a fait l'hypothèse que la femelle cherchait à augmenter ses chances de recevoir des gènes qui complètent au mieux les siens, susceptibles de produire une portée saine et résistante.

À lire ces quelques exemples, et ceux des paragraphes précédents, on comprendra que, pour l'éthologiste, le succès d'un individu dans la transmission directe de son patrimoine héréditaire se mesurera le plus justement au nombre de descendants qui survivent – et encore faut-il recourir à des tests ADN pour s'assurer des filiations. On comprendra aussi que, depuis les parades et le choix du partenaire jusqu'à la venue au monde d'une nouvelle génération et à l'investissement parental subséquent, l'enchaînement des stratégies spécifiques, à expliquer au cas par cas, défie toute généralisation.

Ainsi, chez les mammifères, la monogamie est en proportion inverse de ce qu'on observe chez les oiseaux : moins de 10 %. Tout au plus peut-on invoquer une moindre synchronisation dans les œstrus des femelles, le développement des embryons à l'intérieur du corps de la mère et l'allaitement des jeunes comme autant de motifs à un investissement faible des mammifères mâles dans les soins à la progéniture, sans grande incidence sur leur succès reproducteur. Mais chez des rongeurs et des canidés, les mâles s'investissent au côté de leur femelle, notamment pour prévenir les infanticides. Chez les poissons, l'investissement exclusivement paternel est fréquent. Il aurait évolué parce que les mâles perdent moins de leur capacité de reproduction que les femelles à assumer les soins de la ponte et, dans certains cas, des jeunes. Confinés sur un territoire, les mâles supportent relativement bien quelques privations alimentaires, qui ne les pénalisent guère dans leur production de sperme, alors que les femelles, suite à une perte de poids, perdent beaucoup de leur fécondité (en quantité d'œufs produits). De plus, les mâles ne sont pas empêchés d'accomplir d'autres fertilisations. Et même un comportement paternel à première vue défavorable peut servir leurs intérêts : chez le cyprinidé appelé tête-de-boule, *Pimephales promelas*, les mâles luttent pour les sites, peu nombreux, permettant d'installer un nid. Quand un mâle en chasse un autre déjà installé, il « adopte » la ponte déjà fécondée ; il en prendra soin, la défendant contre les prédateurs et lui appliquant des antifongiques. Cette aberration d'une aide à la dissémination des gènes d'un rival n'est qu'apparente : une partie des œufs est consommée, et la part qui reste, dans le nid soigneusement entretenu, est un signal attractif pour une femelle !

À suivre toutes ces explications faisant d'innombrables conduites des adaptations qui produisent les meilleurs résultats, on s'abuse parfois à croire à un avatar des plans d'un Grand Horloger, et à penser que l'objet de la recherche est de démontrer un état de perfection [71]. Mais la sélection n'œuvre pas à élaborer des conduites parfaites dans l'absolu. Éthologistes et sociobiologistes se défendent de confondre une conduite *optimale* avec une conduite *parfaite* : si l'on qualifie volontiers une stratégie comportementale d'optimale, c'est toujours relativement à d'autres solutions plus coûteuses ou moins prodigues de bénéfices. Ces solutions peuvent soit rester potentielles, en attente de déterminants sociaux, biologiques ou physiques favorables, soit être pratiquées effectivement par un certain nombre d'individus, dans une proportion que les mathématiques sont susceptibles d'estimer, *via* notamment la théorie des jeux, appliquée aux problèmes de biologie sous l'impulsion de John Maynard-Smith [120] – cette théorie évalue les chances pour une tactique de se maintenir en concurrence avec une autre. Mais s'agissant de perfection, l'expérience de Tinbergen déjà rappelait qu'elle n'est pas de ce monde : quand bien même éloigner du nid des débris de coquilles accroît statistiquement les chances de survie de la progéniture, cette stratégie est seulement un peu meilleure qu'une attitude passive, et un peu moins d'œufs sont dénichés. Ce sont ces petits plus et ces petits moins qui font l'objet des études fonctionnelles.

8. Quelle histoire évolutive pour un comportement ?

Personne, depuis 1681 et un certain Benjamin Harry, voyageur anglais, n'a revu de dodo vivant. Découvert au XVIe siècle sur l'île Maurice, dans l'océan Indien, cet oiseau – de fait, plusieurs espèces réparties sur les îles Mascareignes – s'est éteint avant même la fin du XVIIe, victime de l'appétit des marins et des rats. Depuis lors, on s'est souvent gaussé de son physique rebondi sur la seule foi des témoignages et de quelques dessins réalisés sur place ou à bord des navires. Les tentatives pour ramener vivants des dodos jusqu'en Europe ont toutes échoué, quelques-unes peu après l'arrivée des spécimens sur notre continent. Pourtant, une vision plus nuancée du dodo s'impose à la lumière d'études récentes : quelques représentations, moins courantes, suggèrent un dodo plus svelte, différent de l'oiseau de l'imagerie traditionnelle, trapu et très enveloppé, campé sur deux pattes solides. Que penser de ce dodo sans embonpoint ? S'agit-il d'une maladresse d'artiste ? Faut-il conclure à une autre espèce ? Cette apparence plus élancée tenait-elle simplement à l'âge ou au sexe du sujet, ou à une disette saisonnière (l'île Maurice n'a cependant pas de saison rude) ? Pour certains auteurs, de longs séjours à fond de cale, sans exercice et avec des biscuits pour toute nourriture, expliqueraient que la plupart des dodos qu'on a figurés étaient gras…

Les rares reliques osseuses n'ont pas changé l'image du dodo avant 1993, quand un chercheur écossais a assemblé un squelette qu'il a habillé ensuite de carton et de pâte à modeler [101]. Quelques expériences et calculs ont conduit à conclure que le dodo pesait de 12,5 à 16,1 kilos (les estimations précédentes, faites au jugé d'après les gravures, dépassaient les 20 kilos). Mais donnant raison à ceux qui avaient représenté le dodo avec un physique allégé quoique bien charpenté, cette reconstitution n'avait pas pour autant résolu la question des formes pesantes qui avaient frappé tant d'observateurs, lesquels ne pouvaient avoir unanimement tort !

Plus récemment, une enquête ingénieuse a révélé que les témoignages trouvant des rondeurs au dodo procédaient tous d'observations faites entre mars et octobre, élément fort en faveur d'une saison faste pour les dodos [37]. Faste en quoi ? En 1631, un voyageur hollandais avait vu des dodos mangeant des fruits. Par la suite, en fonction des parentés qu'on voulait reconnaître à ces oiseaux, les zoologues les ont imaginés ingurgitant tantôt des charognes, en se référant à leur fort bec crochu, tantôt des mollusques aquatiques (les dodos passaient du temps près des mares, et des dessins montrent des dodos à pattes palmées). D'autres encore, considérant l'animal comme une espèce de gros pigeon, ont supposé qu'il mangeait, outre des fruits, de petites graines et des chenilles – mais le dodo n'est qu'un proche relatif des pigeons. L'enquête s'est orientée vers un autre aliment jusqu'alors insoupçonné, qui soit saisonnier, hautement calorique, enfoui (d'où les fortes pattes de l'oiseau) et coriace (d'où le bec puissant). Cet aliment devait se trouver au bord des mares, et être susceptible de donner un goût huileux à la chair du dodo – les marins, avec écœurement, en ont assez témoigné ! Cet aliment mystérieux serait l'œuf de tortue terrestre. Ces tortues étaient répandues sur les îles de l'océan Indien mais, sauf en de rares lieux, elles ont été exterminées par les marins. Leurs accouplements hivernaux, à la saison des pluies, s'accorderaient avec la manne qui aurait gavé les dodos de mars à octobre. Semblable engraissement annuel a été observé sur l'île de Rodrigues chez des gélinottes friandes d'œufs de ces reptiles. Serait-ce donc un œuf de tortue qu'évoque le seul témoignage sur le nid du dodo : « Ils ne font qu'un œuf […] contre lequel ils mettent une pierre blanche de la grosseur d'un œuf de poule. » Une pierre blanche, vraiment ? Ou un œuf de reptile destiné à nourrir le parent au nid ?

Le dodo aurait donc eu la ligne, sauf pendant l'hiver austral, quand il se muait en gobeur d'œufs de tortue. Ce serait trop accorder à Buffon toutefois que dire qu'il avait effleuré la vérité en écrivant du dodo qu'il semblait « une tortue qui se serait affublée de la dépouille d'un oiseau » ; car il ajoutait : « La nature, en le parant de ces ornements inutiles, semble avoir voulu ajouter la gêne à sa lourdeur naturelle, la maladresse de son déplacement à l'inactivité de sa masse et rendre sa stupidité encore plus écœurante en nous obligeant de constater qu'il s'agit bien d'un oiseau. »

Cette révision sur le physique et les mœurs alimentaires du dodo passera pour une introduction quelque peu inhabituelle au quatrième champ d'étude proposé aux éthologistes par Niko Tinbergen : l'histoire évolutive des comportements, leur *phylogenèse*. Là où l'éthologie avait prôné dès l'abord une approche objective, comparative, d'espèces actuelles, une réflexion sur une espèce unique, éteinte, fait-elle bonne mesure ? De fait, cet exemple aide à mettre en relief les enjeux, et surtout les limites d'un chapitre qui fut la source vive de l'éthologie – les comportements considérés à l'instar des traits physiques comme des conséquences de l'évolution, prêtant à affilier et distinguer les espèces. Ce chapitre fait quelque peu figure de parent pauvre aujourd'hui, en regard de ceux ayant une orientation physiologique, génétique ou socio-écologique. Pourtant, ces chapitres font-ils autre chose que s'inspirer d'une vision historique, en même temps qu'ils y contribuent ? Simplement, les stratégies alimentaires ou reproductives et les structures sociales ont pris la place, largement, des coordinations héréditaires dans l'approche évolutionniste du comportement.

Par ailleurs un intérêt plus direct, sinon une fascination, s'affiche désormais pour les comportements des espèces passées – il suffit de considérer la somme des reconstitutions qui, dans les années récentes, ont été établies sur la vie des reptiles disparus, les dinosaures en particulier. Si Darwin, déjà, proposait de spéculer sur les espèces passées en s'appuyant sur ce que nous observons des espèces actuelles, c'est une pratique courante aujourd'hui que tenter de reconstituer plus directement des comportements sur la base de vestiges et de traces fossiles fouillés avec des équipements performants. Cette vision très fragmentaire implique des difficultés, cependant, et l'exemple du dodo vient à point pour illustrer combien quelques os peuvent tout en même temps fournir de précieuses indications et frustrer passablement le chercheur. Ce dernier doit recourir à d'autres sources d'information, dont l'obtention nécessite de la chance, souvent, ou beaucoup de ruse, même s'agissant d'une espèce disparue depuis trois siècles à peine…

Une danse du fond des âges

La première éthologie s'attachait à comparer la forme de comportements homologues entre espèces apparentées : ainsi Darwin et ses recherches sur les expressions, Whitman et Heinroth distinguant les pigeons des autres familles d'oiseaux par leur manière de boire en pompant, ou encore Lorenz, en 1941, rapprochant ou séparant une vingtaine d'espèces de canards et d'oies à l'aide d'une cinquantaine de traits de comportement communs à toutes ou à beaucoup, ou à l'inverse manifestés chez très peu d'espèces, voire une seule. Lorenz, qui haïssait les graphes, s'est aventuré à cette occasion dans une représentation où vingt lignes verticales plus ou moins rectilignes figuraient les espèces, lignes rassemblées localement en faisceaux plus ou moins larges par une cinquantaine de « ponts » horizontaux étiquetés d'initiales correspondant aux comportements. On se souvient aussi, chez les oiseaux de mer chers à Tinbergen, de cette étude comparant la mouette tridactyle, espèce de falaise, à ses proches parents nichant sur des étendues planes, soulignant leurs divergences au fil d'adaptations comportementales à des milieux de vie différents.

Par l'observation des organismes actuels, les éthologistes cherchaient aussi, autant que faire se peut, au-delà des simples divergences évolutives, à reconstituer des successions, de la forme la plus ancienne d'un comportement vers les plus récentes. Von Frisch, en particulier, a tenté par la voie comparative de découvrir les origines de la danse des abeilles. Il a ainsi pu mettre en évidence le comportement d'*Apis florea*, une petite abeille asiatique qui danse sur la surface supérieure, horizontale, de son nid, qu'elle construit sur une grosse branche. La butineuse qui veut informer ses sœurs de l'emplacement d'une source de nourriture dirige simplement la partie rectiligne de sa danse dans la direction de cette source. Von Frisch voyait là la forme primitive, moins symbolique, de la danse qu'*Apis mellifera*, l'abeille domestique, accomplit sur des rayons verticaux, dans l'obscurité de la ruche. Mais sur le passage à la forme la plus achevée de la danse, une approche comparative n'en apprend pas plus : les trois autres espèces du genre *Apis*, qui vivent dans des cavités, dansent pratiquement comme l'abeille domestique. Toutefois, une espèce tropicale plus jeune, *Apis dorsata*, qui suspend ses rayons à de fortes branches ou à des surplombs rocheux, a pu être contrainte expérimentalement à danser sur un support horizontal, et des analyses génétiques récentes ont confirmé qu'*Apis florea* est bien la plus ancienne des espèces évoquées ici.

Quant à l'origine, plus lointaine, de la danse, von Frisch considérait qu'elle était née d'un mouvement d'intention chez les ancêtres d'*Apis florea* – la brève course de l'abeille éclaireuse décollant pour retourner vers la source de nourriture qu'elle a localisée. Ce mouvement aurait connu un processus de *ritualisation*, selon le terme introduit par Julian Huxley pour désigner « une réorientation adaptative du comportement vers des fonctions expressives » – Huxley avait observé l'utilisation de comportements habituellement liés au nourrissage des jeunes comme signaux dans la parade nuptiale chez le grèbe huppé. La ritualisation doit bien être comprise comme un processus de sélection agissant sur des dispositions héréditaires, et non comme le résultat d'un apprentissage. La spécialisation à des fins de communication est fixée de manière bilatérale, affinant tant la forme du signal pour l'émission que les modalités sensorielles pour la réception. Les éthologistes ont recensé plusieurs types de comportements ne relevant pas initialement de la communication sur lesquels la sélection naturelle peut opérer pour forger un signal spécialisé. Un signal peut dériver : 1) d'un *mouvement d'intention* (tel que le préliminaire à l'envol d'*Apis florea* ou une esquisse de fuite ou d'attaque) ; 2) d'une superposition de comportements issus de deux tendances antagonistes, comme la fuite et l'approche (ainsi le « gros dos » chez le chat) ; 3) d'une activité dite *de déplacement* (l'indécision entre fuir et s'approcher peut libérer une troisième activité, de toilettage par exemple) ; 4) d'un comportement infantile résurgent à l'âge adulte ou d'une conduite parentale (ainsi chez le grèbe, ceux-ci peuvent donner matière à un signal, d'apaisement en général) ; 5) de la ritualisation d'un changement d'état physiologique *via* l'activité du système nerveux autonome (le marquage à l'urine des limites d'un territoire pourrait avoir ainsi dérivé de mictions stimulées par un état d'anxiété).

Chez des abeilles primitives, du genre *Trigona*, une butineuse qui revient au nid chargée de nectar bourdonne dans une fréquence très aiguë tout en se livrant à des mouvements sans ordre apparent. L'observateur humain exercé à décoder les finesses de la danse des abeilles domestiques ne retrouve pas d'informations spatiales dans le rituel des éclaireuses *Trigona* ; et il apparaît qu'il n'y en a pas, en effet. C'est uniquement l'odeur du butin rapporté qui renseigne les autres ouvrières, lesquelles rejoindront le lieu de récolte avec cette seule indication. Chez d'autres *Trigona*, toutefois, le trajet entre le nid et la ressource à exploiter est marqué d'une phéromone à intervalles de quelques mètres, et la butineuse pionnière guide elle-même d'autres ouvrières le long de cette trace. Chez les abeilles du genre *Melipona*, en revanche, l'éclaireuse donne à son retour des informations sur l'éloignement d'un lieu de récolte par la durée des bourdonnements qu'elle produit. Après quoi, par de brefs envols en zigzag, elle se livre à plusieurs faux départs en direction de la source de nourriture, avant de s'envoler vraiment avec à sa suite d'autres ouvrières [108]. Faut-il lire là ce mouvement d'intention à l'origine de la danse, dont von Frisch avait fait l'hypothèse ? Il ressort cependant d'études récentes que les abeilles domestiques construiraient une représentation interne de leur environnement fondée sur des repères évidents. Cette faculté est comparable à celle que Tinbergen avait révélée chez ses guêpes, et elle aurait préexisté à la danse des abeilles. Cette dernière serait donc la transposition dans le comportement d'une « carte » interne plutôt que la ritualisation d'envols esquissés vers une source de nourriture.

Une autre conclusion de von Frisch a été révisée. Le savant autrichien pensait que le son accompagnant la danse était une réminiscence de l'envol (le bref échauffement des muscles alaires) mais sans rôle communicatif précis, sinon qu'il renforçait incidemment l'effet de la danse. Or, les danses des deux espèces tropicales qui construisent leurs rayons en plein air, *Apis florea* et *A. dorsata*, sont silencieuses, à l'exception d'un bourdonnement dont la fonction immédiate est d'interrompre la danse. D'autre part, chez ces espèces, la danseuse adopte une posture particulière, l'abdomen relevé très haut vers l'arrière, qui est inconnue chez les abeilles dont les rayons sont construits dans un endroit obscur. En revanche, ces dernières accompagnent systématiquement leur danse de sons. On doit en conclure que chez les espèces les plus anciennes les danseuses, en pleine lumière, attiraient l'attention par des signaux visuels ; ceux-ci ont été remplacés par des signaux sonores chez les espèces plus récentes, qui dansent dans un lieu obscur. Le son n'est donc pas une relique du comportement d'envol, comme le pensait von Frisch, et cette transcription d'un mode à un autre suggère qu'il a un vrai rôle de signal. De fait, une danse silencieuse dans une ruche obscure est inapte à attirer et à stimuler des butineuses : le bourdonnement renseigne sur la distance par un code précis, en même temps qu'il délivre sur la direction une information perceptible par une assemblée nombreuse dont tous les membres ne peuvent entrer en contact direct avec la danseuse [70].

Historiques à double tranchant

Retracer l'ordre d'événements évolutifs peut être un exercice périlleux, ainsi l'évolution de la ponte d'œufs dans le nid d'autres espèces chez quelques-uns des oiseaux appelés vachers (genre *Molothrus*). Ces parasites exploitent un nombre très variable d'espèces : entre une et deux cents. Y a-t-il eu accroissement progressif du nombre d'espèces parasitées, ou au contraire spécialisation sur quelques-unes ? Un arbre évolutif a été reconstitué pour quatre espèces de *Molothrus* parasites en comparant la séquence des nucléotides d'un même gène (le gène codant pour le cytochrome C). L'ordre supposé d'apparition de ces quatre espèces au cours du temps se déduit du nombre croissant des différences entre séquences génétiques. En confrontant cette succession avec le nombre d'espèces que parasite chacun des quatre vachers, il est apparu que c'est le vacher le plus archaïque qui exploite le moins d'espèces, et que le plus récent profite du plus grand nombre d'hôtes [106]. La conclusion qui a été tirée cependant, à savoir que les vachers auraient perdu peu à peu une spécialisation initiale, n'est pas sans réplique. Les mêmes données peuvent être interprétées à l'inverse : le vacher le plus ancien a eu d'autant plus de temps pour se spécialiser !

L'histoire de certaines migrations pourrait prêter également à une interprétation à double sens, mais on considère généralement que les déplacements saisonniers ont graduellement gagné en distance, depuis des déplacements localisés jusqu'à des trajets beaucoup plus longs. Ainsi, neuf familles de passereaux tropicaux comptent des espèces connues pour se déplacer annuellement de quelques dizaines à quelques centaines de kilomètres. Or, sept de ces familles comptent également des migrateurs au long cours, qui passent une partie de l'année dans les zones tempérées. Toutes sauf une sont des familles d'oiseaux frugivores, contraints à de fréquents déplacements en quête de fruits mûrs, et qui donc bénéficient d'une bonne mémoire spatiale et d'une grande capacité d'orientation.

Il est difficile cependant d'être renseigné beaucoup plus précisément quant aux étapes qui ont mené des espèces de groupes très divers à entreprendre des trajets souvent spectaculaires, dont les bénéfices en revanche sont le plus souvent évidents : nourriture abondante, zone de reproduction protégée… Ainsi, chez les papillons, le monarque (*Danaus plexippus*) migre en myriades à l'automne depuis l'est des États-Unis vers le Mexique, échappant dès lors aux rigueurs de l'hiver et trouvant refuge, en altitude, au cœur de forêts denses qui assurent un microclimat stable, humide et imperméable aux vents glaçants.

Des oreilles qui bombent le torse

Les comportements qui ont évolué conjointement à des structures anatomiques posent moins de difficultés pour reconstituer un historique plausible par voie comparative. *Hecatia exultans*, petit papillon noctuidé de l'ouest de l'Australie, est l'un des rares papillons qui communiquent par l'usage de sons [62]. Il produit un signal ultrasonore intense, à une fréquence de 30 kilohertz environ, grâce à des protubérances de ses ailes antérieures, qu'il frotte l'une contre l'autre. Ce chant permet à un mâle pourvu d'un territoire de se signaler aux femelles. Lorsque d'autres mâles viennent défier le chanteur, il s'ensuit des phases de vol au cours desquels les papillons se heurtent, ainsi que des duels acoustiques, jusqu'à ce que l'un des protagonistes renonce. Le mâle, comme la femelle, possède donc un organe auditif. Celui-ci est situé sur le côté du thorax, près du point d'insertion des ailes postérieures. Il consiste en une fine cuticule couvrant un petit sac empli d'air et associé à des mécanorécepteurs. Les papillons saturnidés, pour leur part, sont dépourvus de sens auditif. Dans cette même partie du corps, ils possèdent un ensemble de cellules sensorielles très comparable à celui observé chez les noctuidés, mais destiné à un tout autre usage : informer l'insecte sur les mouvements des parties de son corps. L'organe auditif des noctuidés apparaît donc comme une reconversion d'une structure préexistante, conservée chez d'autres groupes dans sa fonction primitive. Avant même qu'il ait formé un organe auditif spécialisé, un tel dispositif devait permettre la détection de certaines vibrations. Comme il y a un avantage sélectif certain à une sensibilité toujours plus grande, des individus présentant une cuticule plus fine, une chambre de résonance de volume plus important ont pu être favorisés dans leur détection de prédateurs ou de partenaires. Certains individus ont par ailleurs accru leurs chances de se reproduire grâce à des signaux ultrasonores, remarqués par des femelles pourvues d'un organe auditif.

Chez *Bullacris membracioides*, sauterelle tropicale parmi les plus archaïques, les sons proviennent du frottement de la face intérieure des pattes contre l'abdomen. Il a été montré que, à l'instar d'*Hecatia exultans*, les organes auditifs qui permettent de percevoir ces productions ont dérivé de récepteurs mesurant l'état d'extension de l'abdomen. Cinq paires de ces organes se situent sur les côtés de l'abdomen, et une sixième un peu plus haut, au-dessus des pattes arrière. Chacun est composé de onze neurones, alors que les organes les plus évolués connus chez d'autres orthoptères en comptent jusqu'à deux mille.

Est-ce un processus de co-évolution toujours en cours qu'il faut reconnaître chez les grenouilles túngara (*Physalaemus pustulosus*) de la jungle de Panama [149] [150] ? Le mâle de cette espèce produit des appels gémissants, qu'il fait suivre éventuellement d'une ou de plusieurs notes basses, très brèves, richement harmonisées. Les femelles donnent leur préférence aux mâles qui enchaînent les deux types de sons, et tendent à délaisser les mâles qui ne font que gémir. Expérimentalement, un bruit blanc – toutes fréquences mélangées – ajouté à un gémissement s'avère tout aussi stimulant. Il est intéressant de souligner que, parmi les espèces proches de la grenouille túngara, aucune ne connaît de cri bref chez les mâles. Toutefois, les femelles de l'espèce *Physalaemus coloradorum* marqueront la même préférence pour des appels composés. Cette préférence est donc apparue chez un ancêtre commun avant que, dans une espèce en particulier, elle ne devienne l'amorce d'une sélection sexuelle. Amorce timide : les mâles de *Physalaemus pustulosus* continuent à produire majoritairement les gémissements seuls. Pour quelle raison, sachant que produire l'autre cri augmenterait leurs chances de se reproduire ? L'explication tient aux risques de ne pas laisser de descendance du tout, incarnés par une chauve-souris prédatrice. On a vérifié que celle-ci est attirée par les appels des mâles túngara, et davantage par les appels incluant des notes brèves que par ceux composés des seuls gémissements. Par conséquent, aux heures où les risques de prédation sont les plus grands, le mâle túngara se contente en général de gémir, de même lorsqu'il se trouve dans un petit groupe, où la probabilité d'être proie est plus forte que dans un grand groupe. Une autre explication serait que la compétition pour les femelles est accrue dans un groupe important.

Une situation idéale pour un chercheur, mais plutôt rare, est d'assister à la naissance de deux nouvelles espèces à partir d'une souche unique, sous l'effet d'une divergence de comportement, dans le temps bref d'une étude. Une expérience de reproduction orientée de la mouche du melon *Bactrocera cucurbitae*, accouplant entre eux d'un côté des individus dont la croissance est rapide et l'accouplement précoce, de l'autre des individus à ces deux égards très lents, a conduit en vingt-cinq générations à deux lignées stables, l'une à développement rapide, en six jours, l'autre à développement lent, prenant le double de temps [123]. La différence la plus déterminante toutefois concerne le moment privilégié pour la parade nuptiale : *Bactrocera cucurbitae* se reproduit naturellement au crépuscule, mais la lignée précoce est active dans l'après-midi, et la lignée retardataire trois heures et demie après la tombée de la nuit. Par ces divergences dans le cycle d'activité quotidien, sous l'effet d'allèles d'un même gène, chaque lignée est pratiquement empêchée de se reproduire avec l'autre. De là, on peut imaginer que, dans des circonstances naturelles, la pression sélective n'agirait pas dans le même sens sur un même trait (vision, thermorégulation...) chez chaque lignée, l'une étant devenue plus franchement diurne, l'autre nettement nocturne.

Un archéoptéryx au trot

La recherche qui vise à reconstituer des comportements par le biais de restes fossiles est en revanche indirecte. Les ossements et la dentition sont à même de livrer bien des enseignements, comme aussi les organismes entiers conservés dans l'ambre. On sait ainsi que des criquets produisaient déjà leurs stridulations il y a cinquante-cinq millions d'années, comme l'ont révélé quelque vingt mille fossiles découverts au Danemark dans des sédiments. Des détails des ailes sont suffisamment bien conservés pour montrer l'organe émetteur. De telles découvertes viennent évidemment compléter les études comparatives que l'on peut mener sur les différents états de l'organe auditif chez des orthoptères modernes. Des empreintes, des œufs, des nids, des déjections ou, plus rarement, des restes stomacaux voire des organes fossilisés constituent aussi de précieux indices renseignant sur le comportement. Ainsi début 2000, un fossile du dinosaure *Tescelosaurus* a été découvert avec des vestiges de cœur suffisants pour livrer tous les détails de son anatomie par tomographie, et conforter l'idée que ces reptiles ont pu être homéothermes, avec toutes les implications imaginables quant à leur comportement en général.

Si Lorenz avait consacré sa recherche doctorale à une étude comparative de l'adaptation de la forme de l'aile chez les oiseaux, on se pique aujourd'hui de remonter aux origines mêmes du vol. Cette aptitude, apparue chez plusieurs groupes zoologiques distincts, peut sembler un thème assez aisément abordable, étayé par des fossiles dont il suffirait d'interpréter quelques structures et proportions. Pourtant, la question de savoir comment, par exemple, l'archéoptéryx se lançait dans les airs reste matière à un débat qui ne cesse de rebondir, autant du fait des recherches des paléontologues que des calculs d'ingénieurs. De celui qui, sous réserve de controverses en cours ou de nouvelles découvertes, reste le premier oiseau, apparu il y a cent cinquante millions d'années, on a longtemps considéré qu'il escaladait péniblement les arbres d'où il s'élançait, profitant de l'accélération pour entamer un vol plané lourd, produire quelques battements peut-être, sans autre but qu'aller plus loin. Cette vision procédait de l'observation que le bréchet de l'archéoptéryx, primitif, est dépourvu de la proéminence permettant à une musculature puissante de s'accrocher, et du constat aussi que ses ailes portaient des griffes suggérant qu'il se hissait comme aujourd'hui l'hoazin d'Amérique du Sud. Ses deux griffes alaires ont longtemps fait passer l'hoazin pour un oiseau archaïque, mais il semble bien qu'elles soient le fruit d'une adaptation récente – d'ailleurs, et sans qu'on ait pour autant taxé leur espèce de « fossile vivant », les jeunes foulques d'Europe possèdent de telles griffes, qui les aident à rejoindre le nid. Personne donc n'aurait imaginé un archéoptéryx décollant du sol au petit trot. En outre, pour cause d'os trop lourds, il lui aurait fallu courir à une vitesse de 22 kilomètres à l'heure alors que les fossiles suggèrent au mieux 7 kilomètres à l'heure. En 1991 toutefois, un paléontologue a postulé que si la musculature de l'archéoptéryx était reptilienne, sa puissance devait être double pratiquement de celle dégagée par une musculature d'oiseau moderne, en raison de la plus grande densité en fibres contractiles. De là, un calcul démontrait que l'oiseau primitif pouvait décoller et voler sur une vingtaine de mètres, peut-être plus. Deux ans plus tard, un contradicteur faisait remarquer que l'archéoptéryx avait aux membres postérieurs des griffes fort courbées, comparables à celles des oiseaux qui se perchent, et non les griffes relativement rectilignes des oiseaux coureurs. De plus, sur les fossiles d'archéoptéryx, l'extrémité de la queue n'apparaît pas endommagée, comme chez les modernes oiseaux terrestres qui traînent une queue d'une certaine importance. Faisant fi de ces réserves, plus récemment, un ingénieur en aéronautique et un paléontologue ont relancé l'idée d'un archéoptéryx décollant du sol [25]. Ces chercheurs invoquaient une hypothèse toujours en faveur : les plus proches parents de l'archéoptéryx étaient de petits dinosaures coureurs, et rapides. Cette morphologie se prête mal à l'escalade – on ne peut toutefois exclure strictement l'éventualité d'un comportement de grimpeur : un squelette de chèvre ne laisse pas deviner que celle-ci peut, jusqu'à un certain point, se révéler arboricole ! En admettant que l'archéoptéryx avait une ascendance de coureur, parvenait-il à la vitesse requise pour soulever sa masse du sol ? Par ses seuls membres postérieurs, non, mais certes oui dès lors que l'on tient compte que ses bras emplumés, agités, pouvaient ajouter à la poussée et à la vitesse. Le battement de ses ailes portait l'oiseau, optimisant la poussée des pattes. Grâce à un effet de rétroaction positive – toujours plus vite, toujours moins pesant – l'archéoptéryx, dans sa course d'envol, aurait atteint en 3 secondes la vitesse suffisante de 28 kilomètres à l'heure. Le débat reste donc ouvert.

Si les ptérosaures, reptiles volants dont la taille allait de celle d'un moineau à celle d'un avion de tourisme, ne suscitent aucun doute quant à leur belle aptitude au vol, nous ne sommes pas davantage au fait de leur façon de décoller : trottinaient-ils, se lançaient-ils d'un arbre, d'une falaise ? battaient-ils des ailes, planaient-ils ? Et au sol, se déplaçaient-ils en bipèdes ou en quadrupèdes ? À Crayssac, dans le Lot, en France, une dalle calcaire qui fut un fond de lagune est marquée des traces supposées de ptérosaures ; on la tient pour preuve que le ptérosaure au sol n'était pas bipède mais quadrupède à la manière des chauves-souris. D'aucuns s'accrochent à la vision de ptérosaures plutôt sautillants à la manière des vautours, jugent floues les traces de Crayssac et objectent que toute trace qui peut faire penser à un ptérosaure à quatre pattes pourrait être une promenade de crocodile mal interprétée. À ce contre-argument qu'il n'apparaît pas à Crayssac de marques de queues crocodiliennes, les tenants des ptérosaures bipèdes rétorquent que ces reptiles tenaient leur appendice en l'air, ou alors que celui-ci flottait sur un peu d'eau. Cette querelle – courtoise – illustre bien la difficulté à travailler à partir de quelques empreintes, sur un groupe zoologique qui n'a pas laissé de descendants susceptible de prêter à des comparaisons et à des extrapolations. Cependant, un nombre croissant de paléontologues pensent aujourd'hui que les ptérosaures au sol se déplaçaient effectivement en quadrupèdes…

Traces microscopiques, grands enseignements

Même des traces fossiles infimes peuvent livrer des renseignements qui le sont bien moins. Ainsi, sur le régime alimentaire des australopithèques. On savait ces hominidés végétariens, il apparaît qu'ils étaient aussi d'habiles chasseurs de termites. L'analyse de microtraces laissées sur des outils de fouissement en os découverts à Swartkrans et à Sterkfontein, dans le nord-ouest de l'Afrique du Sud, a contredit des études antérieures qui avaient conclu à des outils pour déterrer les tubercules [4]. La disposition des raies microscopiques qui marquent ces outils serait le résultat du creusement de termitières, dont l'architecture interne et la texture sont régulières. En revanche, creuser le sol en quête de tubercules produit sur la surface osseuse des raies disposées anarchiquement, la terre mêlée de pierres ne présentant aucune régularité. Les chercheurs l'ont vérifié en pratiquant eux-mêmes des fouissements.

Des microanalyses peuvent également nous renseigner sur une caractéristique fondamentale des organismes passés qui nous est largement inconnue : leur coloration. Nous oublions aisément notre ignorance à ce sujet, à force de voir des dinosaures de toutes les couleurs… bien hypothétiques. Le plus vieux pigment animal connu a été longtemps celui livré par un fossile de grenouille remontant à 50 millions d'années. Puis, en 1998, un biophysicien australien a annoncé la découverte de deux autres pigments (l'un argenté, l'autre rouge) dans les restes d'un placoderme, poisson recouvert d'une carapace qui a vécu au dévonien il y a 370 millions d'années. Le même chercheur a pu suggérer ensuite, sur la base d'indices sérieux, que la coloration et le sens de la vision se seraient développés chez les animaux dès l'explosion cambrienne, entre 540 et 510 millions d'années dans le passé, lorsqu'en peu de temps (à l'échelle géologique !) l'évolution a produit une diversité de plans d'organisations jamais égalée depuis. Des fossiles de cette époque ont révélé que des vers marins et un parent des trilobites portaient des soies ornées de stries qui auraient pu produire des effets irisés [135]. Ces stries sont si exactement agencées qu'il est difficile de ne pas penser qu'elles ont évolué pour tenir un rôle : des crevettes actuelles jouent encore de reflets irisés pour communiquer. L'évolution de la vision conjointement à ces dispositifs de signalisation supposés pourrait donc avoir été un moteur de l'explosion cambrienne, entraînant l'apparition de nouveaux comportements tels que chasser à vue, s'enfouir ou jouer d'un camouflage. Mais c'est ici spéculer, bien loin des faits objectifs sur lesquels Niko Tinbergen a voulu construire l'éthologie…

TROISIÈME PARTIE

L'animal, l'animal humain

9. Communications animales

« Je me souviens encore de la nuit où, l'oreille collée à mon casque, j'ai entendu pour la première fois le chant de ces géantes, retentissant sous les voûtes sous-marines de l'océan. Oui, c'était bien un chant que j'entendais, longuement développé et repris. Un chant qui m'a ébloui par la complexité de sa trame sonore. Je suis moi-même musicien et cette rencontre est sans doute l'événement le plus important de ma vie. » Le biologiste – et violoncelliste – Roger Payne ne fut pas le premier à entendre le chant des baleines à bosse, ou mégaptères. Jadis, lorsqu'ils se reposaient sur leurs couchettes, les marins avaient pu entendre à travers la coque de bois des mélopées étranges qui ravivaient les antiques légendes de sirènes charmeuses. Payne ne fut pas non plus le premier à enregistrer les vocalises des baleines à bosse : l'armée américaine, dès l'après-guerre, avait mis en place une surveillance acoustique des océans, et c'est ainsi qu'au début des années 1950 de « longs gémissements » furent captés au large des Bermudes ainsi que dans l'archipel d'Hawaii, sons que William E. Schevill, pionnier des recherches sur la communication des cétacés, associa à la présence de mégaptères. En revanche, Payne fut le premier, en 1971, avec son collègue Scott McVay, à étudier la structure de ces gémissements promus « chants » et à considérer leur rôle dans la communication de l'espèce [136] [137]. Les deux chercheurs ont pu constater que chaque chant est un ensemble de quatre à huit thèmes, formés de phrases, elles-mêmes agencements de sous-unités. Un chant peut durer jusqu'à une vingtaine de minutes et être repris pendant des heures. Payne et McVay observèrent par ailleurs qu'on n'entendait les chants que sur les aires de reproduction, où les mâles se réunissent comme en une arène, ou *lek* – forme de rassemblement que l'on connaît chez des ongulés et des oiseaux. Les chants seraient donc réservés aux mâles, avec les fins supposées d'une part de décourager et d'éloigner des rivaux (ce qui ne dispense pas ces placides animaux de mesurer leur force physique à l'occasion), d'autre part d'attirer, d'impressionner les femelles, et aussi peut-être de synchroniser leurs dispositions à l'accouplement. On a pu observer que les chants sont différents d'une population à l'autre, avec de grandes divergences si les populations n'ont aucun contact. En 1995, la migration de quelques mâles depuis l'océan Indien a entraîné chez les mégaptères mâles hivernant près de la Grande Barrière de corail une totale refonte de leur chant en deux ans [130].

Quelle que soit l'intelligence sinon la sagesse que d'aucuns se plaisent à accorder aux cétacés, en stricte objectivité, le chant des mégaptères ne peut pas être considéré différemment des chants, certes bien plus courts, produits chez les passereaux. Et si ce fut toujours un rêve des hommes que de découvrir un contenu élaboré dans les signaux que les animaux échangent entre eux – ou dans ceux qu'ils nous adressent –, ce n'est pas une quête nostalgique qui a fait de la communication animale l'un des chapitres les plus explorés de l'éthologie [22] : la circulation d'informations entre les individus est une exigence vitale, œuvrant à régler la formation et le fonctionnement de leurs associations, stables ou momentanées (couple, harem, famille, groupe, populations) ou à l'inverse leur dispersion. L'éthologie ne se préoccupe pas d'apprécier si les animaux communiquent plus abstraitement et, pour tout dire, doute qu'ils le fassent. Certes, des cas particuliers doivent être considérés, comme la danse des abeilles, dans toute sa complexité. Mais les signaux animaux portant sur l'environnement, sur des créatures ou des objets extérieurs plutôt que sur les dispositions présentes de l'émetteur, sont très rares dans des conditions naturelles. Sur ce thème, des situations expérimentales livrent bien davantage de matière à réflexion. L'éthologie, malgré sa vocation d'être une histoire naturelle du comportement, ne saurait se désintéresser cependant de possibles aptitudes à une communication plus élaborée, susceptible d'influer sur le comportement. Un courant de l'éthologie cognitive défend ce point de vue dans le sillage de Donald R. Griffin. Ce dernier fut, dans les années 1970, interrogé par un philosophe qui préparait un article intitulé « Qu'est-ce que ça fait d'être une chauve-souris ? » ; il lui répondit platement que, même si un chiroptère pense, nous n'avons nul moyen de le vérifier. Insatisfait de sa propre réponse, Griffin s'est pris à imaginer que la communication pouvait ouvrir une fenêtre sur le mental des animaux, sans toutefois parvenir, malgré trois ouvrages diversement appréciés [73] [74] [75], à susciter une démarche pratique qui permette de dépasser ce (très) vieux débat.

Tous les grands cétacés ne chantent pas, et ceux qui le font ne s'adonnent pas systématiquement à cette occupation. En quelques décennies, les cétologues ont pu recenser entre autres des gémissements, des « coups sourds » et des « glouglous » chez la baleine grise en migration, un son pulsé métallique chez une baleine grise captive, des « éructations » et des gémissements graves et prolongés chez les baleines franches australes, des grognements, grincements, meuglements, jappements, voire des « pétarades de motocyclette » chez le mégaptère en plein repas, de longs gémissements chez la baleine bleue (les émissions sonores les plus puissantes du monde animal). Le rorqual commun, pour sa part, « clique », « tinte », « grogne », « grince », « trompette »...

Caractériser le répertoire des signaux d'une espèce et le répartir en catégories sont deux opérations évidemment primordiales, et fort délicates l'une comme l'autre. Les étiquettes qu'on applique aux signaux, souvent imagées joliment, sont approximatives, et potentiellement trompeuses (ainsi le terme « gémissement »...). Mais avec une description physique plus sobre, il est souvent difficile d'établir si deux signaux semblables mais non identiques relèvent simplement de variations continues de durée, de fréquence ou de rythme à l'intérieur d'une même catégorie, ou s'ils procèdent de deux catégories subtilement distinguées. Et encore faut-il qu'il s'agisse bien de signaux de communication ! Ainsi la baleine bleue produit-elle un chant monotone, si grave que l'oreille humaine ne le perçoit pas, qui combine cinq notes, avec une note émise toutes les 128 secondes exactement, chaque chant durant 25 minutes : on pense cependant qu'il s'agit d'un comportement d'orientation, *via* des échos sur des reliefs sous-marins connus. On entend aussi chez les grands cétacés des cliquetis sourds : s'agit-il de signaux ou d'éléments d'un système d'écholocation ? La question est controversée, d'autant qu'une autre hypothèse est avancée : ces sons permettraient de regrouper le plancton ou les bancs de petits poissons pour les engloutir plus facilement. Si l'une des deux dernières hypothèses était vérifiée, quand bien même ces sons livrent quelque information sur l'individu qui les produit (sa position, son activité en cours…), les définitions les plus strictes les excluront de ce qu'on tient habituellement pour communication – ce qui revient à dire qu'il existe des conceptions plus ouvertes de la communication, animale en particulier, qui seront introduites plus loin.

Des canaux spécialisés

Dans les vues classiques, il n'y a de communication chez l'animal que par l'intermédiaire de signaux affinés par la sélection naturelle vers une forme qui soit évidente pour des destinataires donnés dans un environnement donné. « Nous avons tendance à n'appeler communication qu'un acte caractérisé par un certain degré de spécialisation répondant à la fonction qu'il doit remplir », a pu résumer Peter Marler, un pionnier de l'étude de la communication animale. La spécialisation du signal, qu'il soit son, mouvement, substance chimique…, se marque généralement par une réduction de la variabilité du comportement dans lequel il a son origine, une simplification de la forme et éventuellement une exagération, une certaine répétitivité concourant à le rendre évident et sans ambiguïté. Parallèlement, les capacités de réception de l'espèce ont été accordées par voie de sélection pour une réception optimale. Cette conception prolonge les vues des premiers éthologistes, qui ont expérimenté largement sur les déclencheurs sociaux, régulateurs de la cohésion, de la coopération ou de la compétition entre les individus : « Les déclencheurs sociaux sont […] des propriétés – formes, couleurs, mouvements spéciaux, sons, odeurs, etc. – servant à susciter une réponse chez un autre individu, qui, le plus souvent, appartient à la même espèce. Ce qui, maintenant, est frappant dans les déclencheurs sociaux est qu'ils correspondent exactement au mécanisme inné de déclenchement sur lequel ils agissent », écrivait Tinbergen en 1951.

Comment ainsi imaginer une fin autre que la communication sonore à la spécialisation des voies respiratoires chez les vertébrés et à la ritualisation vraisemblable de comportements respiratoires ? Darwin déjà avait souligné que des changements dans la respiration surviennent lors de fortes émotions, et suggéré que c'était là l'origine des vocalisations. Qu'il s'agisse de sons vocaux ou de stridulations, de percussion, etc., la réussite évolutive du mode acoustique peut s'expliquer par les avantages qu'il présente : en règle générale, les sons voyagent bien dans l'air ou dans l'eau, traversent relativement bien les obstacles et sont utilisables de jour comme de nuit et par tous les temps. Ils conviennent aux interactions à petite distance comme aux échanges lointains – de quelques kilomètres chez les lions ou des singes forestiers à quelques milliers de kilomètres chez les grands cétacés ! Leur transmission est rapide, de même que leur extinction, servant des situations qui évoluent vite. Le coût énergétique d'une émission sonore est généralement faible, comparativement aux parades visuelles. Une autre propriété favorable des productions acoustiques est leur flexibilité : « Un simple ajustement mécanique de l'organe [d'émission] lui permet de varier le volume, la hauteur, la structure harmonique et le séquençage des notes qui, combinées, créent un vaste assortiment de signaux distincts », remarquait ainsi Edward O. Wilson [197].

D'autres modes sensoriels servent, évidemment, à la transmission de signaux : la vision et l'olfaction, le toucher (comme chez ces mâles d'araignées qui s'annoncent sur la toile d'une femelle en frappant des rythmes spécifiques) et même un sens électrique propre à certains poissons. Plusieurs modes peuvent être utilisés simultanément. La danse des abeilles est un exemple complet à cet égard. Il s'y mêle des éléments tactiles, sonores et olfactifs (les échantillons de pollen proposés à l'examen des spectatrices), ainsi que des éléments visuels quand l'espèce établit ses rayons hors d'une cavité.

Historiquement pourtant, on se souviendra que les fondateurs de l'éthologie ont largement accordé leur attention à des signaux visuels. Aucun des premiers exemples toutefois ne rendait compte de toute la richesse et de toute la complexité possible du mode visuel aussi pleinement que le cas des céphalopodes. Évoquant une seiche des Caraïbes, *Sepiotheutis sepioidea*, Martin Moynihan écrit ainsi : « Le répertoire des signaux de cette espèce, presque entièrement visuel, inclut des changements de couleur rapides, souvent intriqués, des mouvements et des postures caractéristiques, le tout pouvant être combiné en simultanéité ou en séquence avec un nombre immense de permutations possibles. Un observateur d'une autre planète prendrait beaucoup de temps à découvrir que la communication des seiches a trait à moins de thèmes – ou aux mêmes thèmes de manière moins subtile – que la communication humaine sur l'île voisine [128]. » Un poulpe commun adulte possède un à deux millions de *chromatophores*, cellules transparentes contenant des pigments : les uns noirs ou rouge-brun, les autres rouges à jaune-orange. Ces cellules sont cernées de fines fibres musculaires. Les muscles de chaque chromatophore reçoivent des influx directement du système nerveux central. Quand les fibres sont relâchées, la tache est réduite à la taille d'une tête d'épingle, mais quand elles se contractent, les parois sont étirées et apparaît alors, jusqu'à soixante fois plus grande, une tache colorée de forme étoilée. Alentour, d'autres cellules plus petites peuvent nuancer : vert et bleu par réfraction, blanc par réflexion. Le passage entre les extrêmes de taille ne prend qu'une fraction de seconde. Dans le règne animal, aucun changement de couleur n'est plus rapide : « Des centaines de combinaisons peuvent apparaître en des centaines de séquences différentes qui se succèdent souvent si rapidement que l'œil humain peut à peine, si même il le peut, les suivre d'une seconde à l'autre. » Et les arrangements ne sont pas forcément symétriques ou étendus à tout le corps : une seiche peut évoluer entre deux congénères et communiquer simultanément deux messages très différents avec chaque moitié de son corps, par exemple adresser un défi à un rival tout en assurant de dispositions amoureuses une partenaire potentielle.

On connaît le rôle fondamental que les messages chimiques, forme la plus archaïque de communication, jouent dans la vie sociale et sexuelle de très nombreux mammifères, reptiles, poissons et invertébrés, depuis le comportement territorial chez les carnivores notamment jusqu'à son équivalent chez les crustacés par exemple : chez le homard mâle, l'urine servirait à communiquer avec les autres mâles et les femelles ; elle est en effet libérée de manière contrôlée lors de rencontres sociales, par des orifices sous les yeux. Les phéromones chez les insectes sont un exemple plus classique : on a pu mesurer la grande portée potentielle de ces signaux chimiques et leur effet à des doses infinitésimales sur des récepteurs ultrasensibles, situés sur les antennes ou les pattes. Et quand bien même les phéromones suggèrent souvent une sorte de détermination absolue – ainsi, le contrôle par voie chimique d'une ruche ou d'une fourmilière par une reine –, l'exemple de *Nauphoeta cinerea*, cafard tanzanien, montre que ces molécules fonctionnent parfois à l'encontre de leurs fins habituelles. Une phéromone émise par les mâles de cette espèce exprime leur rang hiérarchique et permet aux *Nauphoeta* femelles d'en prendre connaissance. Mais curieusement, la préférence des femelles va aux mâles classés au plus bas dans la hiérarchie, et malmenés par des semblables plus vigoureux. Ces derniers tentent bien de s'opposer à ces unions que d'aucuns diront contre nature, mais nombre de femelles parviennent à leurs fins. Elles engendrent cependant moins de fils et davantage de filles. Contre l'interprétation de ce *sex-ratio* comme un « prix » que les femelles paieraient pour éviter le risque d'être blessées par les mâles les plus costauds, certains suggèrent une manipulation active de la reproduction. Le bénéfice en serait un meilleur succès reproductif chez les fils par diminution de la compétition entre mâles [126]. On connaît actuellement une douzaine d'espèces avec ce goût féminin pour les mâles de bas de hiérarchie, chez des papillons, des salamandres, des oiseaux et des poissons. Chez ces derniers, la raison avérée est que les petits mâles, moins combatifs, font des pères plus disponibles.

Ordre et désordres de la zoosémiotique

Thomas A. Sebeok, sémioticien américain, a livré une œuvre abondante qui l'a vu traiter des langues hongroise et finnoise, des langages gestuels des natifs d'Australie ou des Amériques, ou encore fouiller le folklore et les mythes. Mais il a aussi consacré beaucoup d'efforts à systématiser l'étude de la communication animale, avec une approche des plus rigoureuses. Ainsi, à l'aube des années 1980, Sebeok fut l'organisateur à New York du symposium qui priva de tout crédit, tant scientifique que financier, les recherches sur l'aptitude au langage des primates anthropoïdes, recherches que Sebeok jugeait non sans quelques bonnes raisons comme un mélange d'autoaveuglement chez les chercheurs et de dressages simples insoupçonnés chez les animaux. Plus constructivement, Sebeok est à l'origine de deux volumes importants sur les signaux animaux, pour lesquels il a réuni les meilleurs spécialistes du moment [154] [156]. Dès 1963, il s'était personnellement attaché à développer une démarche formalisée pour l'étude des signaux animaux, proposant d'appliquer à ceux-ci des concepts fondamentaux de la sémiotique, « science des signes », en une approche qu'il a baptisée *zoosémiotique* [155]. Sebeok a donc introduit trois étapes classiques d'analyse, la première (dite *syntactique*) consistant en une description physique du signal, la deuxième (dite *sémantique*) visant à établir une relation entre le signal et la réalité qu'il représente – quelle information, qualitativement, le signal véhicule-t-il, indépendamment de l'utilisation qui en est faite ? –, et la troisième (dite *pragmatique*), considérant la relation entre le signal et ses utilisations, autrement dit le rôle joué par un signal au cours des interactions, ou plus largement sa fonction.

Si les analyses portant sur la structure et la fonction des signaux animaux ont été facilement admises – elles sont pratiquées traditionnellement par les éthologistes –, en revanche, l'idée d'appliquer une analyse sémantique aux signaux animaux n'a cessé d'être l'objet de controverses. « La communication animale nous met en face d'un système d'information qui, tout en étant un langage, ne semble pas être fondé sur le signe et le sens », a ainsi objecté la linguiste Julia Kristeva (dans *Le Langage, cet inconnu*). En termes techniques, le signe propre à l'humain est à la fois un *signifiant* (un support physique : sonore, visuel...) et un *signifié* (c'est-à-dire un sens associé par convention à ce support physique). Le signe est lié à un *référent*, celui-ci pouvant être très concret ou au contraire abstrait. Dans le cas du signal animal, le statut de signifié est contesté : les productions animales n'apparaissent pas liées sous des formes définies à des référents précis et constants, ni surtout utilisables hors de situations déterminées. « Le "langage" des animaux est au niveau de notre "langage émotionnel" », résumait Tinbergen. Le signal animal traduirait en premier lieu l'état physiologique de l'animal qui le produit. En ce sens, la communication animale reste en deçà de la communication humaine, dans laquelle a émergé une dimension référentielle, à savoir des signes arbitraires purement conventionnels qui peuvent être substitués, même hors contexte, à des objets ou à des actions qu'ils représentent. L'anthropologue Gregory Bateson (1904-1980) résumait cet état de fait en distinguant dans les interactions humaines d'une part une communication non verbale qui fixe la « nature » des relations et, d'autre part, un « contenu » d'information verbalisée ou exprimée *via* tout autre langage symbolique résultant d'une convention. Ainsi, les pleurs variés d'un nouveau-né n'exprimant que la « nature » de la relation de l'enfant à une personne, à un objet, à une situation (un état de dépendance, de besoin), il faut d'autres sources d'information que les seuls pleurs pour donner à ceux-ci un plein sens. La mère apprend à reconnaître des besoins de son enfant en fonction de ses gestes, de ses habitudes, de l'heure, de ses crises de larmes passées, sans toutefois pouvoir interpréter sûrement et à tout coup.

Marque de leur ancrage dans le présent, les signaux animaux ne sont pas interchangeables, alors que pour nous il serait « aisé », par changement de convention, d'appeler désormais « baleine » un figuier et *vice versa*... Certes, chez le merle européen, une expérience ingénieuse a démontré que les cris d'alerte, tout en étant liés à une réaction émotionnelle, n'en procèdent pas moins d'un apprentissage. « Convention » serait abusif, cependant : en confrontant simultanément un merle adulte à un rapace empaillé et un jeune merle à un oiseau inoffensif sans que le jeune puisse voir ce que voyait l'adulte et inversement, on a amené le jeune oiseau à associer les cris d'alerte de son aîné à ce que lui-même voyait, et donc à s'alarmer à la vue d'une espèce inoffensive [40]. Outre l'improbabilité d'une telle confusion dans des circonstances naturelles, les signaux sont d'autant moins interchangeables qu'ils traduisent dans leur structure diverses contraintes. Celles-ci sont dictées par l'environnement physique et biologique (bruit de fond...), par certains aspects de l'organisation sociale (proximité, éloignement...) ou encore par la fonction du signal – ainsi le cri d'alarme de certains oiseaux, grâce à un temps d'émission bref et une fréquence élevée, pure et non modulée, réalise-t-il un compromis entre l'évidence du signal pour les congénères et la difficulté pour un prédateur de localiser l'émetteur. Les contraintes de l'environnement sont sensibles d'emblée par le choix du mode sensoriel de signalisation. Ainsi, chez des oiseaux ou des primates, les espèces de forêt, où les contacts visuels sont difficiles, privilégient nettement une communication acoustique et tendent par ailleurs à user de signaux très distincts, à faible variabilité – un tel répertoire est dit *discret*, au sens mathématique de *discontinu*. À l'inverse, des espèces apparentées qui occupent des territoires en milieu ouvert présentent une communication tournée davantage vers une combinaison de signaux acoustiques et visuels plus souples, pouvant varier plus largement du fait d'informations contextuelles disponibles – ce répertoire est dit *en gradation*, avec des variations *continues* entre les différents états des signaux, voire entre certains signaux.

Langages universels

Il existe par ailleurs un rapport souvent étroit entre la forme d'un signal animal et les circonstances physiologiques de sa production, par les effets de l'excitation, de la tension musculaire…, contrairement à ce qu'il en est de nos mots et de nos phrases – mais pas de nos intonations ou de nos gestes ! En 1960, Nicholas E. Collias, spécialiste des oiseaux, puis en 1977 Eugene S. Morton, dans une étude comparative des répertoires vocaux de nombreux oiseaux et mammifères [127], ont relevé que les vocalisations produites lors d'interactions amicales ou de dépendance présentent des fréquences moyennes ou élevées, tandis que les vocalisations qui accompagnent des comportements tels que la menace sont de fréquences relativement plus basses. L'un et l'autre ont réactualisé tout naturellement le principe d'antithèse qu'avait énoncé Darwin, sur le contraste, chez une même espèce, entre des signaux qui expriment des dispositions opposées. Darwin doutait cependant de l'application du principe d'antithèse aux signaux vocaux, en se fondant sur l'appréciation qu'il avait de l'aboiement : le naturaliste songeait davantage aux parades visuelles, ainsi chez le chat l'opposition entre la posture du « gros dos » avec les poils fortement hérissés et la posture du chat relaxé. Ce même principe peut se retrouver dans des jeux de couleurs chez les céphalopodes : « Quand la relaxation ou la contraction des muscles sont générales, l'animal est, respectivement, tout sombre voire noir, ou tout clair voire, dans certains cas, transparent », décrit Martin Moynihan. Cependant, leurs chromatophores, bien que contrôlés individuellement, peuvent s'étendre et se contracter par groupes selon des instructions différentes, en formant des motifs plus complexes que ne l'exigerait une simple opposition de forme : zébrures et veinures longitudinales, flammes, barres et marbrures transverses, taches avec ou sans liseré, dentelures… Des combinaisons de bandes et de barres peuvent simuler un mur de briques. Plus figurativement, de faux yeux apparaîtront, comme chez le petit *Octopus hummelincki*, qui s'en dessine de gros de part et d'autre de ses vrais yeux – un signal efficace contre les prédateurs, connu par ailleurs chez des chenilles, papillons, grenouilles… Un poulpe commun alerté cerne ses yeux de noir tandis que son corps pâlit et que ses tentacules, toutes ventouses vers l'extérieur, foncent. *Haplochlaena*, petite pieuvre d'Australie, prévient d'une attaque imminente en arborant des anneaux bleus.

Des messages plus subtils

Gregory Bateson, engagé en 1963 dans un projet d'évaluation des aptitudes linguistiques des dauphins, avait préféré les poulpes aux cétacés par souci de simplification, pour la plus grande fureur de son directeur de recherches, en l'occurrence le controversé John C. Lilly (1915-2001). Mais Bateson n'était parvenu à tirer que peu d'enseignements de ses observations. On doit cependant au chercheur, étudiant les loutres dans le cadre d'un projet de recherche en psychiatrie, d'avoir mis en lumière un type particulier de signalisation portant sur un comportement en cours, pour le décharger de sa fonction première : ainsi une parade de menace ou d'attaque frappée d'exagération indique-t-elle qu'il s'agit d'un jeu, ce qu'on peut observer notamment chez les mammifères. Bateson a introduit à cette occasion le concept de *métacommunication*, en d'autres termes « communication sur la communication » [11]. Toutefois, parmi les rares exemples confinant à une réelle sémantique animale, outre les abstractions déjà évoquées de la danse des abeilles, les cris d'alerte dans les troupes du singe vervet *Cercopithecus aethiops* sont un exemple classique, décrit en 1967, et objet depuis lors de nombreuses études [159] [170]. Ces primates utilisent des vocalisations différenciées selon le type de prédateur détecté (aérien, arboricole ou terrestre), induisant des comportements de fuite appropriés chez les congénères qui les perçoivent – « Une discrimination qui va au-delà d'un état physiologique unique qu'on appellerait "peur"… », a fait remarquer Peter Marler. Chez les écureuils terrestres, prédateurs aériens et terrestres stimulent pareillement des vocalisations différentes. En revanche, les recherches sur la communication chez les petits cétacés, menées depuis plusieurs décennies, n'ont à ce jour pas révélé dans les « clicks » et les sifflements de ces mammifères davantage d'information que dans les signaux de cohésion d'autres espèces hautement sociables. Dans leur environnement, les sifflements des dauphins ne serviraient que la reconnaissance individuelle. Les jeunes dauphins souffleurs, *Tursiops truncatus*, produisent initialement des sifflements variables, dont la forme se fige durant la première année pour devenir ce qu'on nomme une *signature*, un trait individuel. Les jeunes mâles ont une signature semblable à celle de leur mère, au contraire des jeunes femelles. Celles-ci tendent à rester associées au groupe familial, alors que les mâles quittent leur troupe natale. Il n'y aurait donc pour les jeunes mâles aucune incitation à développer un sifflement distinct, d'autant plus que ce faible degré de variation de leur signature à partir du modèle maternel sert peut-être une reconnaissance fraternelle lorsque se constituent des groupes qui vont lutter pour les femelles. Les travaux de psychologues sur l'utilisation par les dauphins de codes mis au point et enseignés par des humains ont en revanche livré quelques résultats plus spectaculaires, de même que les recherches conduites avec l'otarie de Californie (*Zalophus californianus*), le perroquet gris (*Psittacus erithacus*) ou le chimpanzé bonobo (*Pan paniscus*) [145]. Ces recherches sont toujours l'objet de débats pour trancher s'il s'y manifeste des effets subtils d'apprentissage conditionné ou des aptitudes réelles à l'utilisation d'une communication symbolique. Obtenus en captivité, ces résultats ont cependant un statut marginal au sein de la recherche éthologique, aucun usage naturel de facultés et de comportements prélinguistiques n'ayant été avéré pour ces espèces.

Que certains signaux soient porteurs d'une information sur l'identité d'un individu (*via* une *signature*) ou sur son affiliation à un groupe ou à un lieu (*via* un *dialecte*) est un phénomène courant. Les signatures individuelles permettent notamment aux parents d'espèces coloniales de retrouver leur progéniture. Dans des colonies de chauves-souris du

Mexique et du sud-ouest des États-Unis qui comptent des millions d'individus, les jeunes sont rassemblés en « crèches » comptant jusqu'à quatre mille individus au mètre carré ! Des tests sanguins ont montré que les femelles retrouvent leurs jeunes dans 80 % des cas au moins. Les jeunes sont localisés par voie acoustique puis reconnus à l'odeur. Une telle capacité est le résultat d'adaptations spécifiques. Ainsi, on a comparé expérimentalement l'aptitude à la discrimination acoustique chez l'hirondelle de falaise et l'hirondelle de cheminée. La première se révèle bien meilleure et bien plus rapide dans ses apprentissages. Cette hirondelle est coloniale, et les cris de ses jeunes présentent une plus grande variation d'un individu à l'autre que ceux des jeunes hirondelles de cheminée, espèce bien moins sociable. Les dialectes servent pareillement de facteur de cohésion ou de distinction vis-à-vis d'autres groupes. Des traits appris par les jeunes individus permettent de différencier de façon immédiate et fiable proches et étrangers. Néanmoins, on a vu chez des oiseaux que le dialecte, plutôt que transmis par le père, est appris des mâles voisins par le jeune oiseau sur son premier territoire ; son rôle serait de réduire les dépenses énergétiques liées à la défense territoriale : un individu ne s'active pas s'il entend à proximité un congénère qu'il reconnaît et dont il sait qu'il possède déjà un territoire. Des dialectes ont été reconnus chez nombre d'oiseaux, du moineau au perroquet, dans les troupes d'orques et les populations de mégaptères, chez certains singes, et la danse des abeilles même connaît des versions dialectales.

Quand bien même un signal est porteur d'informations qu'un observateur exercé reconnaîtra hors contexte (identité, dispositions amicales ou hostiles…), la signification de ce signal se confond le plus souvent avec son utilisation et son utilisateur. Ainsi, les signatures individuelles n'existent pas hors de l'individu, ne servent pas à un individu pour en désigner un autre, même si on a suggéré chez les dauphins de possibles imitations de signatures. Pour cette raison, nombre d'auteurs font coïncider commodément sens et fonction d'un signal, allant ainsi à l'encontre des efforts de Thomas Sebeok. Cette vue simplifiée suscite toutefois ce problème qu'un même signal est souvent relié à des circonstances distinctes relevant de la vie sexuelle, familiale et sociale. Chez les chats, par exemple, le souffle qui suit typiquement le coït chez la femelle blessée par les épines péniales du mâle est similaire à celui utilisé par un chat subordonné tentant d'éloigner un congénère dominant dans une situation de conflit, ou à celui émis par une mère voulant repousser un jeune chat sevré qui s'obstine à vouloir téter. On doit à Peter Marler d'avoir introduit l'idée qu'un signal, quelle que soit la situation, sert fondamentalement une même fonction, très générale : régler la distance entre les individus, les rapprocher ou les éloigner les uns des autres selon que les nécessités du moment sont à l'association, à la coopération ou au contraire à la compétition [119].

Comment démontrer de manière simple que, chez un oiseau par exemple, les chants des mâles ont bien cet effet (et cette fin) d'attirer les femelles tout en tenant les rivaux à distance ? Il a été vérifié que, chez les espèces monogames, le mâle chantait beaucoup jusqu'à l'accouplement et bien moins ensuite, alors que chez une espèce polygyne, comme le roitelet, le mâle continue à chanter, pour d'autres conquêtes. Par ailleurs, les femelles approcheront plus volontiers de nichoirs dans lesquels des chants enregistrés sont audibles que de nichoirs silencieux. Quant au rôle répulsif du chant à l'encontre d'autres mâles, il peut se démontrer en retirant un mâle de son territoire. Au cours d'une telle manipulation avec le moineau à gorge blanche *Zonotrichia albicollis*, il est apparu que le nombre d'intrusions de la part des mâles du voisinage était cinq fois moindre si l'on diffusait des enregistrements. Les stridulations d'insectes sont pareillement de puissants attracteurs des femelles, même avec un timbre reproduit peu fidèlement, comme a pu le constater en 1914 le biologiste J. Regen. Pour démontrer que le son seul suffit à convaincre une femelle grillon d'approcher un mâle et qu'il n'est pas besoin de signal chimique, Regen avait imaginé de faire communiquer ces insectes par… téléphone. Les partenaires se sont compris, le rythme étant l'élément le plus déterminant (et le moins perturbé par les télécommunications de l'époque !). Regen a aussi montré que les tympans des sauterelles sont bien des détecteurs pour les sons aériens et non pour les vibrations du sol. Pour sa démonstration, il a placé des sauterelles mâles dans des cages suspendues à des ballons. Les deux insectes, qui ne pouvaient se voir, se sont néanmoins livrés à un duel vocal qui prouvait qu'ils étaient à même d'entendre les sons portés par l'air.

Tout est communication

Toute expérience visant à montrer le rôle de signaux ne mène pas d'emblée à des résultats aussi tranchés que ceux qu'on vient de mentionner. Ainsi, au début des années 1970, le biologiste américain Colin Beer a-t-il éprouvé des difficultés à vérifier chez le goéland argenté que les oisillons reconnaissent bien les cris de leurs parents et aussi qu'ils répondent de manière appropriée aux cris d'alarme de ceux-ci. Les jeunes goélands passant pas mal de temps seuls dans l'herbe, Beer avait imaginé qu'il réaliserait sans problèmes ses expériences en laboratoire, dans des enclos, avec des jeunes capturés pour quelques heures. Par l'intermédiaire d'un magnétophone rejouant un montage de sons enregistrés dans une colonie, Beer se substitua aux parents et aux autres goélands pour faire réagir les poussins. Il dut déchanter : les poussins ne réagissaient ni aux vocalisations de leurs parents ni aux cris d'alarme, bien que ces sons aient été soigneusement choisis pour leur qualité. Il fallut un peu de temps à Beer pour comprendre que le problème tenait précisément à la trop bonne qualité de son montage sonore. Lorsqu'en désespoir de cause l'expérimentateur passa l'enregistrement original de la colonie, donc sans aucun montage, les oisillons réagirent immédiatement. L'expérience en condition contrôlée avait conduit à deux erreurs. D'abord, les cris parentaux que Beer avait choisis (cris produits au nid dans les interactions alimentaires) n'étaient pas ceux qui donnent lieu à la reconnaissance par le jeune. Celui-ci se fonde sur de longs cris que l'adulte émet en approchant du nid. Beer a pu relever chez les goélands adultes que les brefs cris qui ouvrent leur « long cri » varient tellement dans leur nombre (jusqu'à plus d'une dizaine) et leur durée (de un à deux dixièmes de seconde) d'un individu à l'autre que même une oreille humaine perçoit cette signature, qui permet à un poussin d'éviter de se livrer à tout oiseau autre que ses parents. Colin Beer a pu montrer en outre que les jeunes goélands apprennent à distinguer les cris qui leur sont personnellement adressés de ceux destinés à d'autres adultes. Quant aux cris d'alarme, Beer a compris, en utilisant la bande non montée, qu'ils ne prennent de sens que lorsqu'ils sont repris par plusieurs oiseaux. Le cri d'un seul individu ciblé par un microphone directionnel, répété par un magnétophone et répercuté seulement par les murs d'un laboratoire, ne constitue pas pour un oisillon une alerte sérieuse.

La vision a donc ses limites, de signaux qui déclencheraient à tout coup, mécaniquement, une réponse prédéterminée chez un récepteur motivé – ce qui ne revient pas à contester, évidemment, la validité des expériences classiques sur les déclencheurs sociaux, à l'aide de leurres. Les concepts fondateurs de l'éthologie et les premières expériences donnaient des signaux une image plutôt déterministe ; elle est aujourd'hui bien davantage « probabiliste » : un signal peut engendrer des réponses différentes, dont certaines toutefois sont plus probables que d'autres. Conséquence des recherches sur la communication chez les vertébrés supérieurs, l'idée s'est peu à peu imposée de « dimensions cachées », d'informations extérieures à un signal modulant son effet. E. O. Wilson a pu souligner ainsi : « C'est une méprise commune, même de la part de zoologistes, selon laquelle la communication animale consiste surtout en signaux simples qui agissent sur le principe des stimuli et des réponses. Une simplicité pareillement digitale peut être invoquée sans doute pour les micro-organismes et beaucoup parmi les invertébrés les plus simples. Mais lorsque des animaux possèdent un cerveau contenant dix mille neurones ou plus, leur comportement social tend à être beaucoup plus détourné et subtil. »

Un axiome, devenu classique s'agissant de communication humaine – « On ne peut pas ne pas communiquer » [187] –, s'appuie explicitement sur une équivalence, une « synonymie » entre communication et comportement, que celui-ci soit spécialisé ou non : une parole, un geste, un simple mouvement…, un silence, l'immobilité même sont informatifs. Comme l'individu ne peut éviter d'être et de se comporter, il produit en permanence des informations qui pourront être perçues et utilisées par un ou plusieurs organismes de son environnement. Ainsi, chez les balbuzards, un oiseau qui rentre avec dans ses serres un poisson provoque parmi ses congénères des envols vers le point d'où il revient – des ornithologues ont vérifié que, si aucun chasseur n'est rentré avec une proie, les directions des envols sont bien plus variables. Même lorsqu'il tente de minimiser sa présence ou ses actions, l'organisme génère par là même une information – voir le canidé soumis qui s'immobilise sur le dos à la manière d'un chiot. Si cet axiome n'a pas été posé aussi directement dans le domaine de la communication animale, il est implicite dans les conceptions de quelques chercheurs, dont William John Smith, qui écrivait en 1977 : « Tout ce qui peut être perçu ou rappelé est informatif en principe [162]. » À côté de signaux spécialisés propres à son espèce, son sexe ou sa classe d'âge, un organisme engendre des informations par sa seule morphologie : sa taille, sa corpulence, l'état de son pelage, de ses plumes ou de ses écailles, etc. Il en produit également par les processus réguliers de son métabolisme (responsables de la chaleur du corps, de son odeur, etc.) ou par toute activité en cours (sommeil, nutrition, locomotion, attention dirigée…). De manière plus déterminante souvent, l'animal livre une information par un changement brusque dans son métabolisme (lorsque la température, la couleur de sa peau, son odeur changent) ou par des modifications dans son activité (l'organisme entreprend de se déplacer, ou au contraire s'immobilise, cesse de manger…). Cette communication, qu'on peut qualifier de passive en ce sens qu'elle n'implique pas de structure et/ou de comportements spécialisés pour informer, n'en livre pas moins des éléments qu'un animal récepteur peut mettre à profit pour décider d'une réaction. Tous les éléments pris en compte par une femelle pour le choix d'un partenaire ne tiennent pas nécessairement à un signal spécialisé (ainsi l'effet de symétrie et autres signes physiques de bonne santé et de faible charge parasitaire...). Cet autre exemple : lors d'une expérience de diffusion de sons de mégaptères au large d'Hawaii, ce sont les cliquetis sourds accompagnant le repas d'une femelle enregistrée durant l'été en Alaska qui se sont révélés les plus efficaces pour susciter une réaction chez les mâles, bien davantage que d'autres sons relevant du contact social ou de la compétition entre mâles. Le lieu également est souvent déterminant pour l'issue d'une interaction – l'occupant principal d'un territoire en est rarement chassé lors d'un duel –, et des événements du passé, récent ou lointain, ont leurs prolongements dans le présent, d'autant plus que les capacités d'apprentissage de l'espèce considérée sont grandes. Territoires et hiérarchies sont ainsi l'évidence présente d'interactions passées : un signal n'aura pas la même valeur ni les mêmes conséquences selon qu'il est produit en deçà ou au-delà des limites du territoire du récepteur, ou selon qu'il émane d'un congénère dominant, subordonné ou de même statut.

La manipulation comme art de la survie

L'entreprise de longue haleine de W. J. Smith a été le point d'aboutissement d'un courant, dans l'étude de la communication animale, fondé sur l'idée que celle-ci est un partage, un échange d'information. S'en étonnera-t-on ? le recentrement de l'éthologie sur l'idée que tout comportement sert les seuls intérêts de l'individu a mené à cette conception que « si de l'information est partagée, il est probable qu'il s'agit de fausse information » et que la communication, naturellement, tend à être manipulatrice. Ce sont les zoologistes d'Oxford Richard Dawkins, chantre du gène égoïste, et John Krebs qui ont, au milieu des années 1970, forgé cette conception de signaux animaux « manipulateurs », « trompeurs », « déshonnêtes », qui a désespéré durablement Smith [44].

Certes, les exemples sont légion dans la communication entre espèces de signaux destinés à abuser un récepteur. Ainsi la guêpe transalpine *Polistes atrimandibularis* ne construisant pas de logis, parasite le nid d'autres espèces de guêpes, chez lesquelles elle se nourrit – *Polistes* n'a pas toutefois le parasitisme dévorant de certaines guêpes qui pondent leurs œufs dans un autre insecte qui finira mangé vif de l'intérieur. Comme tous les insectes sociaux, la guêpe parasitée sécrète au niveau de sa cuticule des hydrocarbures variés qui composent pour l'individu une carte d'identité spécifique en même temps qu'ils informent sur la fonction au sein de la collectivité. Les congénères se reconnaissent à l'odeur, de même qu'ils savent s'ils ont affaire à une nourrice, à une guerrière, à un individu reproducteur. Pour abuser la guêpe qu'elle envahit, *P. atrimandibularis* remplace des hydrocarbures de sa cuticule par ceux qui sont propres à l'espèce-hôte. La guêpe transalpine peut ainsi librement installer sa ponte. Les œufs de sa victime vont éclore les premiers. Dès cet instant, l'intruse modifie ses empreintes chimiques et se fait passer pour reine, ordonnant que les jeunes ouvrières soignent sa ponte, puis les larves qui en naissent. Assidûment soignés, les parasites quitteront leur nid d'adoption pour se reproduire avec des congénères sortis d'autres nids et perpétuer ce cycle [5]. Avec un talent comparable, des arthropodes divers (grillons, coléoptères, collemboles, cafards, punaises, chenilles, acariens, mille-pattes…) squattent les fourmilières en adoptant l'odeur de la colonie. Des coléoptères staphylins sont mêmes capables d'abuser les fourmis rousses en été, et les fourmis rouges avant l'hiver.

Chez les jeunes coucous, on pourrait croire que le large bec vivement coloré suffit à tromper les parents adoptifs, en fonctionnant comme un *superstimulus*, une exagération du signal qui déclenche chez le parent un réflexe de nourrissage. Mais de fait, les cris de l'oisillon parasite sont déterminants : si un petit merle est placé dans un nid de fauvettes, il dépérira par sous-alimentation malgré un bec béant très stimulant. En revanche, avec la diffusion d'un enregistrement des cris d'un jeune coucou, les parents adoptifs s'activeront – un jeune coucou piaille véritablement comme un quatuor de petites fauvettes [43] !

Une pie-grièche d'Amérique du Sud, le tanagre, se déplace à travers la jungle en compagnie de plusieurs autres espèces d'oiseaux. Ceux-ci se font régulièrement « pigeonner ». Le tanagre chasse en général… perché, attendant que passent à proximité des insectes dérangés par les chasses des autres volatiles. Cette stratégie n'est pas sans contrepartie : de son perchoir, la pie-grièche est mieux à même de détecter un rapace et, s'il s'en présente un, elle alerte ses compagnons de chasse, qui peuvent se mettre à couvert. Toutefois, le tanagre use de son cri d'alarme aussi lorsqu'il se trouve en compétition avec un autre oiseau pour un même insecte [129] ! Qu'une telle stratégie puisse fonctionner durablement sans qu'une contre-stratégie soit apparue s'expliquerait par le faible coût d'être abusé quelquefois en regard du bénéfice élevé d'être en d'autres occasions alerté d'un péril à bon escient.

Chez les coléoptères de la famille des lampyridés, la femelle, privée d'ailes, attire les mâles à l'aide de signaux lumineux, résultat de réactions chimiques sous la membrane translucide de l'abdomen. Il est bien connu que le signal « honnête » propre à une espèce est parfois imité par des femelles d'autres espèces, qui abusent ainsi des mâles qu'elles capturent et dévorent. La bioluminescence chez les lampyridés sert toutefois une seconde signalisation, « honnête » cette fois et moins connue : certains individus à l'état de larve, donc immatures sexuellement, pratiquent également l'appel lumineux. On a émis l'hypothèse que le signal serait destiné aux prédateurs, rappelant à ceux qui l'auraient expérimentée l'amertume des composés associés à la production de lumière – une stratégie semblable à celle de certains papillons indigestes qui affichent des colorations vives. Il a été vérifié que des rongeurs affamés ne sont guère tentés par les larves de lampyridés. De surcroît, lors d'expériences de conditionnement classique, les rongeurs apprennent très vite à associer un goût désagréable avec un signal lumineux. Chez les papillons qui usent de couleurs d'avertissement, précisément, certains le font honnêtement (ils sont réellement incomestibles) et d'autres trompeusement (ils ne sont pas toxiques). Le monarque, papillon migrateur, pratique les deux stratégies. La sève laiteuse des plantes qu'il a croquées alors qu'il était à l'état de chenille rend l'adulte toxique (voire fatal pour nous !). Toutefois, le stockage des poisons végétaux coûtant à l'organisme, certaines femelles pondent sur des plantes qui ne sont pas toxiques. Leur descendance, très comestible, n'en bénéficiera pas moins de la protection des couleurs qui découragent les oiseaux.

La théorie des jeux, qui pèse les bénéfices à terme d'une tactique en fonction de celle qui est adoptée par des concurrents, a été largement utilisée pour évaluer la viabilité de stratégies divergentes, et déterminer si un équilibre peut s'installer dans une population dont une partie des individus livre une information fiable et l'autre de fausses informations. À partir d'une certaine proportion de « tricheurs », les modèles prédisent que la tricherie devient une stratégie plus risquée, plus coûteuse que l'honnêteté…

Quand l'honnêteté paie

Tant cet outil mathématique que l'observation conduisent à admettre que l'affirmation déjà évoquée (« si de l'information [entre animaux] est partagée, il est probable qu'il s'agit de fausse information ») était exagérée – provocatrice, ou à la mode du temps ? Par exemple, si les signaux du jeune coucou sont manipulateurs, la coloration du bec chez une jeune hirondelle de cheminée renseigne de manière fiable les parents sur l'état de santé de l'oisillon – les parents favorisent leurs jeunes les plus sains au moment de distribuer la nourriture, mais ils les négligent dès lors qu'un expérimentateur aura forcé le système immunitaire des oisillons à s'activer par injection d'un agent étranger, ce qui fait pâlir leur bec [151].

On a souvent affirmé que l'animal qui lançait des cris d'alarme visait à sauver sa propre vie. Certes, chez les écureuils terrestres de Belding, on observe que, lorsqu'un rapace menace la colonie, l'animal qui donne l'alerte n'est pratiquement jamais capturé, à l'inverse de ce qui se passe lorsque le prédateur est terrestre. Le risque est pour lui dix fois moindre que pour ses congénères. Dès lors, pourquoi prend-il la peine de donner l'alerte puisque l'information qu'il détient semble l'avantager ? S'il renonçait à donner l'alerte pour se mettre à couvert rapidement, il deviendrait par sa course une proie des plus évidentes. En signalant le prédateur, il engendre une confusion de mouvements qui lui profite. Quant à ses congénères, leur intérêt est de réagir, le péril n'étant pas plus grand à tenter de rejoindre un terrier dans la cohue qu'à rester exposé. On a vu cependant que les femelles qui alertent leurs congénères en présence d'un prédateur terrestre accroissent leurs risques d'être capturées. Ces femelles ne « manipulent » donc pas leur entourage à leur profit. Dans l'optique sociobiologiste, elles favorisent des copies de leurs gènes [160].

Chez les crapauds, un mâle accroché à une femelle peut toujours être défié par un rival. Toutefois, ce dernier saura jauger au coassement de protestation la taille de celui qu'il provoque. On peut le vérifier en bâillonnant avec de la bande adhésive des crapauds accouplés, et en répondant à leur place (à l'aide d'un enregistrement) au défi d'un second mâle [41]. Un petit crapaud secondé par un cri grave risque moins d'être attaqué par un crapaud plus costaud..., jusqu'à ce que ce dernier fasse intervenir d'autres éléments, notamment tactiles, qui le renseignent sur la taille réelle de son adversaire !

Lors d'une expérience dans laquelle des cerfs étaient amenés à dialoguer avec des congénères enregistrés sur bande magnétique [36], ces animaux ont manifesté des réponses conformes aux principes régissant leurs hiérarchies. Un cerf qui possède un harem brame plus souvent qu'un autre qui n'en est pas pourvu, et le cerf accompagné prendra soin de se placer entre ses biches et le haut-parleur qui annonce un défi. Entre cerfs, on ne s'interrompt pas : chacun brame à son tour, toutes les dix secondes. La fréquence des échanges augmente au fur et à mesure que la distance entre les deux antagonistes diminue. Des sons puissants sont signe de belle santé et, d'une manière générale, l'issue d'un duel peut être anticipée par l'observateur rien qu'en comparant le nombre des brames avant le combat : un prétendant dépassé dans l'épreuve du brame se détourne sans combattre généralement. Sinon, il tente le cor à cor. Un cerf dominant ne répond pas à un cerf trop jeune, et ce dernier vocalise peu dès lors qu'il a pu réunir quelques femelles…

Signal honnête encore chez les gazelles de Thomson, quand elles ont détecté la présence d'un prédateur : leur fuite est alors ponctuée de bonds, comportement dont on pourrait croire qu'il les ralentit périlleusement. On a émis l'hypothèse qu'il s'agit d'un signal destiné à informer le prédateur qu'il a été repéré par un animal en pleine vigueur. Mais on ne peut écarter d'autres possibilités. Les sauts servent peut-être à vérifier si d'autres carnassiers ne sont pas embusqués plus loin. Si c'était le cas, on observerait que les gazelles ne sautent pas quand l'herbe est rase. Or, là aussi, elles bondissent. S'agit-il d'un signal destiné à alerter les congénères, ou à troubler le chasseur dès lors que plusieurs individus bondissent, ou encore à coordonner la fuite et rendre ainsi plus difficile l'action du prédateur, dérouté par le nombre ? Ces trois hypothèses sont contredites par le fait que les gazelles solitaires bondissent également, et quant à coordonner une fuite à plusieurs en attirant d'autres gazelles du voisinage, l'idée ne résiste pas à cette observation que la partie la plus voyante du signal, l'arrière-train blanc, n'est jamais dirigé vers les congénères, mais toujours vers le prédateur. Comme les seules prises observées au cours de cette étude sont survenues pour des gazelles qui n'avaient pas bondi – les guépards sont de fait très enclins à interrompre une chasse aux premiers bonds d'une gazelle –, l'hypothèse initiale d'un signal honnête, adressé au prédateur, reste donc la plus plausible [29] [30]…

Les signaux animaux sont devenus objets d'étude sous la forme un peu mécanique des déclencheurs sociaux. Ils ont été promus ensembles de signes par une sémiotique en phase d'extension rapide, avant que l'essor des sciences de l'information ne mette au goût du jour – brièvement – leur quantification en bits. Puis les signaux, dans leur forme et leurs effets, ont été mesurés en terme de probabilité, sur l'idée que l'information généralement disponible à tout animal est multiple, et donc propre à susciter plus d'un choix. Plus récemment, l'idée de désinformation servant des bénéfices individuels a fait son chemin. Même, des approches inspirées de théories du management ont été proposées [133]... Aucune de ces approches ne s'est révélée erronée : il est des signaux déterministes, impératifs comme les déclencheurs sociaux, il en est aux effets plus incertains, modulés par des informations additionnelles. Et s'il y a beaucoup de tromperie et de bluff parmi les messages qu'échangent les organismes, bien des signaux sont simplement informatifs, pour des bénéfices partagés. Le chapitre de la communication animale pourrait à lui seul résumer l'évolution de l'éthologie – et de la manière dont nos sociétés ont pensé la communication en général. Plus simplement, il peut servir à rappeler qu'il est toujours bon de multiplier les points de vue.

10. Du singe aux singes : la primatologie

L'ordre des primates, qui compte environ deux cents espèces, est d'une diversité souvent méconnue. Diversité des tailles, d'abord : l'un des plus petits, le ouistiti mignon (*Cebuella pygmaea*), d'une taille moyenne de 10 à 12 centimètres et d'un poids moyen de 140 à 160 grammes, se nourrit d'insectes et de la gomme des arbres ; les plus gros, les gorilles, pèsent plus de 150 kilos pour un mâle adulte, 90 kilos pour une femelle. Diversité des modes de vie, aussi : nocturnes, les tarsiers vivent, solitaires ou monogames, dans les forêts tropicales d'Asie du Sud-Est (Bornéo, Philippines, Sulawesi), où leur niche écologique serait celle qu'occupent les petites chouettes dans nos forêts. Ils en ont d'ailleurs l'allure, avec leur tête pivotante, leurs yeux immenses, leurs ongles longs et acérés et leur poids plume qui leur permet de se déplacer sans bruit dans les arbres. Leur régime alimentaire, unique dans l'ordre des primates, est exclusivement composé de nourritures animales – 90 % d'insectes, 10 % de vertébrés (oiseaux, chauves-souris et serpents). Les babouins hamadryas (*Papio hamadryas*), qui se nourissent de tubercules, de racines et de jeunes pousses dans les régions arides d'Arabie et d'Éthiopie, vivent en bandes qui se dispersent le matin venu pour chercher de la nourriture. Diversité dans l'organisation sociale enfin : les primates comptent des espèces solitaires (l'orang-outan par exemple), des couples monogames défendant un territoire (les gibbons), des groupes formés de sous-unités familiales monogames (le saki à nez blanc, *Chiropotes albinasus*, le seul cas connu chez les primates, hormis *Homo sapiens*), des groupes polyandres chez les tamarins, des groupes familiaux chez les marmousets, des groupes uni-mâles (un mâle accompagné de plusieurs femelles chez les babouins hamadryas, gorilles, langurs…) ou multi-mâles (plusieurs mâles et femelles, chez les singes hurleurs, beaucoup de cercopithèques, les chimpanzés…). La seule organisation sociale qu'on ne trouve pas chez les primates, mais qui est très répandue dans le reste du règne animal, est celle d'un mâle défendant seul un territoire, dans lequel il attirerait une ou plusieurs femelles – les mâles solitaires visitent les territoires des femelles. De plus, fait qui a troublé les premiers primatologues, les groupes sont stables toute l'année et ne semblent pas varier en fonction de la reproduction. D'où la qualification de « sociétés » que l'on accorde plus volontiers aux groupes de primates qu'à n'importe quel groupe parmi les autres mammifères et vertébrés.

Le singe, cet inconnu

Une grande confusion a longtemps régné dans la classification des primates. Dans sa *Nomenclature des singes*, de 1766, Buffon distingue quelques dizaines d'espèces de singes et trois ou quatre espèces « plus voisines de l'espèce de l'homme » – le gibbon, le pithèque qui est sans doute un macaque, le pongo ou orang-outan et le jocko (chimpanzé), que Buffon hésite à distinguer du pongo. Quant au gorille, dont l'existence est restée longtemps légendaire, il ne fut identifié formellement qu'en 1847 par le missionnaire T. S. Savage. En 1863, l'aventurier et chasseur franco-américain du Chaillu fit du gorille des descriptions qui contribuèrent largement à la réputation de férocité de cet animal : « C'est une apparition que je n'oublierai jamais. Il paraissait avoir près de six pieds ; son corps était immense, sa poitrine monstrueuse, ses bras d'une incroyable énergie musculaire. Ses grands yeux gris et enfoncés brillaient d'un éclat sauvage, et sa face avait une expression diabolique. […] il se battait la poitrine avec ses poings démesurés, qui la faisaient résonner comme un immense tambour. […] En même temps il poussait rugissement sur rugissement. » Il faudra près d'un siècle pour que le biologiste américain George B. Schaller publie un premier article (1960) puis une monographie complète (1963) sur le gorille des montagnes, corrigeant ainsi l'image fausse que l'Occident s'était faite de lui [55] [153].

Longtemps les singes, et en particulier les pongidés (singes sans queue : gorilles, chimpanzés, orangs-outans, gibbons) ont conservé un statut ambigu : ces animaux étaient-ils des hommes sauvages ou des êtres intermédiaires entre l'homme et l'animal ? À ces questions, Buffon répondait sans ambages : « Ainsi ce singe, que les philosophes, avec le vulgaire, ont regardé comme un être difficile à définir, dont la nature était au moins équivoque et moyenne entre celle de l'homme et celle des animaux, n'est, dans la vérité, qu'un pur animal, portant à l'extérieur un masque de figure humaine, mais dénué à l'intérieur de la pensée et de tout ce qui fait l'homme. »

Mais en dépit des efforts de Buffon (et de bien d'autres après lui) pour assigner au singe un statut clair, les ressemblances entre l'homme et les autres primates n'ont jamais cessé de troubler l'esprit occidental, et de l'indisposer. C'est ainsi qu'un certain Fitzsimons tua un jour un orang-outan femelle qui tenait son petit dans ses bras. La mère reçut la décharge dans le dos et tomba de l'arbre comme une masse, sans cesser de protéger son petit. Puis, raconta le chasseur, « le tenant étroitement serré à sa poitrine, elle nous regarda avec un monde de tristesse dans les yeux, et mourut dans un soupir et un frisson. Nous oubliâmes sur l'instant qu'elle n'était qu'un singe car ses expressions et ses gestes étaient si humains, que nous sentîmes que nous avions commis un crime. Mon ami se détourna en jurant et s'en alla rapidement, se promettant que ce serait la dernière fois qu'il tirerait un singe. “Ce n'est plus du sport, c'est un meurtre pur et simple”, dit-il, et j'étais entièrement de son avis ».

Après Darwin, il est devenu difficile de soutenir comme Buffon que le singe n'est semblable à l'homme que par son apparence extérieure. L'hypothèse de la continuité mentale suppose notamment qu'entre le singe et l'homme les différences ne doivent pas être de nature mais de degré. Aussi à la fin du XIXe siècle, le thème dominant dans les représentations collectives est-il celui du singe qu'une éducation adéquate élève à la condition humaine. En 1906, un psychologue, Lightner Witmer, de l'université de Pennsylvanie, à Philadelphie, se rend à Chicago pour voir le célèbre Peter dans son numéro de patins à roulettes. Peter est un chimpanzé qui, comme le dit une publicité, « est né singe et s'est fait homme ». Witmer teste l'intelligence de Peter et entreprend de lui apprendre quelques mots. Il écrit ainsi à un ami : « Il n'y a aucune raison de penser qu'un animal qui peut apprendre à rouler à bicyclette ne puisse être éduqué à articuler quelques-uns des mots de notre langage. »

Witmer n'était pas le premier à tenter d'enseigner le langage à un chimpanzé. Avant lui, le linguiste Richard Lynch Garner (1848-1920) s'était intéressé au langage des singes et il fut probablement le premier savant à vouloir observer des singes sur le terrain. Garner était fasciné par la question du langage des primates. Il commença par parcourir les zoos avec un imposant matériel, enregistrant des vocalisations simiennes avant de les faire réentendre aux animaux pour observer leurs réaction et ainsi tenter de déchiffrer la signification de leurs cris. Puis Garner partit pour l'Afrique « vivre parmi les singes anthropoïdes » afin de les étudier « dans la liberté de leur jungle native ».

Débarquant au Gabon en 1892, Garner a pour projet de s'installer dans une forêt fréquentée par les chimpanzés et les gorilles, et d'y construire une cage de métal où il séjournera, protégé des bêtes sauvages. Il reste cent douze jours dans sa cage, fait quelques observations intéressantes, mais le bilan de sa tentative reste décevant. Il tourne alors son attention vers Moses, jeune chimpanzé acheté à un marchand, qu'il entreprend d'éduquer « de la manière dont les bons chimpanzés doivent être élevés ». Il lui apprend la propreté et les bonnes manières à table. Il tente d'apprendre à Moses à parler, mais n'obtient que des résultats médiocres, comme après lui Witmer et d'autres. Rentré aux États-Unis sans observation pénétrante sur les gorilles et les chimpanzés, Garner en viendra à raconter des histoires toujours plus invraisemblables pour conserver une célébrité qui ne fait que décroître à mesure que la communauté scientifique lui retire tout crédit. Garner est mort anonymement en 1920, dans un hôtel du Tennessee. Il n'en avait pas moins esquissé une primatologie moderne, comme devaient l'incarner pour le grand public Jane Goodall ou Dian Fossey. Ce n'est pourtant pas cette voie « ethnographique » que va suivre la première primatologie. Au début du XXe siècle en effet, elle s'attachera, avec les travaux des psychologues Robert Means Yerkes (1876-1956) et Wolfgang Köhler (1887-1967) notamment, à étudier les capacités mentales d'animaux captifs.

Zuckerman, le singe et le sexe

Ce n'est qu'à partir des années 1930 que l'on commence à observer systématiquement le comportement de primates dans leur groupe social. Solly Zuckerman (1904-1993) fut l'un des premiers à insister sur la nécessité de l'étude objective, au quotidien, du comportement des singes. Né en Afrique du Sud, Zuckerman s'intéresse aux babouins chacmas qui habitent les savanes. Au moment où le gouvernement finance des campagnes d'extermination des babouins, considérés comme une nuisance, Zuckerman pense au contraire que ces primates de savane peuvent être des objets d'étude pertinents pour une meilleure compréhension des origines de la société humaine. Il parcourt les plaines à cheval et suit pendant neuf jours les mouvements d'une troupe dont il établit la composition, les habitudes alimentaires et les déplacements journaliers.

Zuckerman s'interroge sur le « ciment » qui tient ensemble les membres d'un groupe. Ayant terminé ses études de médecine en Angleterre, il rejoint en 1928 le zoo de Londres en tant que pathologiste. Trois ans plus tôt, le zoo a inauguré une « colline aux singes » peuplée d'une centaine de babouins hamadryas, dont quatre-vingt-quatorze mâles ! Dans ce groupe à la composition si éloignée de l'organisation sociale naturelle des hamadryas (un mâle accompagné de plusieurs femelles), les animaux se battent et meurent en nombre, ce qui permet à Zuckerman de faire des études anatomiques sur le système reproducteur. Il découvre que le gonflement périodique de l'arrière-train des femelles est corrélé avec le cycle reproducteur, et que le gonflement atteint sa taille maximale au moment de l'ovulation. Probablement Zuckerman est-il frappé par ce qui lui apparaît comme une excitation sexuelle permanente : les singes ne cessent de se monter les uns les autres à la moindre occasion. « Les primates, mâle comme femelle, sont toujours à quelque degré d'excitation sexuelle, et [...] n'importe quel membre d'un groupe social, jeune ou vieux, pourra déterminer les excitations sexuelles d'un autre », écrit-il [203]. Observant que les avances « sexuelles » permettent à un individu d'inhiber l'agressivité d'un autre ou de recruter un allié – un comportement qu'il assimile à de la prostitution –, Zuckerman conclut que les groupes de primates sont fondés sur la « réceptivité sexuelle permanente » des femelles et qu'« il n'y a pas lieu de croire que l'attraction sexuelle qui tient ensemble les individus soit jamais tout à fait absente ». Quant à l'épouillage, que John B. Watson considérait en 1908 comme « la forme fondamentale, essentielle, des relations sociales chez le singe rhésus » et qu'il appelait le « traitement social de la peau », Zuckerman y voit une attraction pour ce qu'il appelle « l'excitant poil », qu'il considère comme un cas particulier de l'excitation sexuelle.

Zuckerman est persuadé d'avoir découvert dans l'« attraction sexuelle » le facteur qui explique toutes les sociétés de primates : « Malgré que le gorille puisse être cinquante fois plus lourd que le singe, [...] il n'y a pas de différences sensibles dans les manifestations apparentes de leur vie sociale [203]. »

Carpenter et les singes en formules

L'hypothèse de Zuckerman se révélera vite insuffisante pour expliquer l'organisation sociale des primates. Dès 1942, Clarence Ray Carpenter (1905-1975) affirme : « Conclure que la sexualité est la seule base durable de ces sociétés serait simplifier exagérément des faits complexes. » Il souligne que dans la nature il se passe de longues périodes pendant lesquelles aucun comportement sexuel n'est observé, et que pourtant ni la taille ni l'organisation du groupe ne sont modifiées. Après lui, Stuart Altmann en 1960 et Irven De Vore l'année suivante réfuteront également l'hypothèse de Zuckerman. Mais en 1962, alors qu'il préside un symposium de la London Zoological Society où Jane Goodall et Kenneth R. L. Hall présentent des observations de terrain toutes fraîches qui contredisent ses conclusions, Zuckerman soutient encore que tous ses résultats ont été confirmés (ce qui est faux), et qu'il n'a entendu lors de ce symposium que « quelques faits présumés qui ne sont rien de mieux que des anecdotes de seconde main ». Un scientifique qui rejette des données seulement parce qu'elles ne s'accordent pas avec sa théorie a peu d'excuses. S'il en fallait une à Zuckerman, disons qu'il pouvait difficilement imaginer en 1932 que beaucoup de comportements apparemment sexuels (comme la monte et la présentation) sont des signaux ritualisés dont la fonction n'est nullement reproductive, mais sociale – trente ans plus tard toutefois, il s'agissait d'un fait avéré.

L'autre figure marquante de la primatologie d'avant-guerre, Clarence Ray Carpenter, était un psychologue comparatiste de l'université Columbia à New York. Carpenter gagne le Panama le 17 décembre 1931, grâce à une bourse que lui a obtenue Robert M. Yerkes. Il veut étudier les singes hurleurs de Barro Colorado, une petite île (en fait un remblai issu de la construction du canal de Panama) couverte par la forêt. Débutant ses observations le jour de Noël 1931, il procède à un recensement complet de la population au cours de plusieurs séjours en 1932 et 1933. Il compte le nombre de groupes, en établit la composition et note les déplacements et le régime alimentaire des animaux. Sa monographie sur les singes hurleurs paraît en 1934 [31].

Si Zuckerman se demandait pourquoi les primates vivent dans des groupes dont l'organisation sociale reste stable, Carpenter se demande quant à lui pourquoi ils adoptent certaines structures sociales (multi-mâles, uni-mâles...) plutôt que d'autres. Dans sa monographie sur les hurleurs, Carpenter introduit deux indices capables à ses yeux de rendre compte de l'organisation sociale typique d'une espèce. Le premier, appelé *central grouping tendency* (*ten-*

dance à la grégarité), se calcule à partir des proportions relatives d'individus des différentes catégories sociales composant un groupe ; le second, appelé *socionomic sex ratio*, est le rapport entre le nombre de mâles et de femelles adultes dans un groupe. Ce dernier rapport exprime « un équilibre entre la somme des besoins ou capacités sexuelles des femelles dans un groupe et les capacités sexuelles des mâles disponibles pour satisfaire ces besoins ». Si les motivations sexuelles des mâles et des femelles s'équilibrent, le groupe est stable. Sinon, Carpenter prévoit que des recrutements et des départs surviennent jusqu'à ce qu'un nouvel équilibre soit atteint.

Carpenter, à cette époque (1934), n'est pas très loin des hypothèses de Zuckerman. Il récolte d'ailleurs des spécimens pour répondre à la question des relations entre l'état physiologique et la structure sociale. Mais il a des difficultés à expliquer les groupes formés uniquement de mâles qu'il observe chez les singes-araignées de la même forêt : impossible de les justifier à partir de l'hypothèse de l'attraction hétérosexuelle.

En 1937, Carpenter prend part à l'Asiatic Primate Expedition et procède à une étude approfondie des gibbons, primates alors très méconnus, dans leur environnement naturel. Observateur expérimenté, Carpenter parvient à suivre vingt et un groupes de gibbons, collecte des centaines de pages de notes, qu'il complète de films et d'enregistrements sonores – qui à l'époque nécessitent un équipement très lourd. Il découvre que ces primates sont très différents des hurleurs et des babouins. Non seulement ils chantent, apparemment pour délimiter leur territoire, mais ils vivent aussi en groupes familiaux monogames comprenant entre deux et six individus. Carpenter ne peut établir de dominance claire entre mâle et femelle adulte à l'intérieur d'un groupe, mais chaque individu est clairement dominant à l'égard de tout intrus sur son territoire. L'année suivante, Carpenter libère environ quatre cent cinquante macaques rhésus (*Macaca mulatta*) sur Cayo Santiago, une île de quinze hectares au large des côtes de Porto Rico. Il laisse les animaux évoluer librement et former des groupes sociaux « naturels ». La configuration des lieux permet d'observer précisément les détails de la vie sociale ; Carpenter commence par étudier la dominance, qu'il suspecte d'être le « principal agent de cohésion » des sociétés de primates. Il la définit d'une manière qui permet des mesures quantitatives : un individu est dit dominant sur un autre lorsqu'il a la priorité dans l'accès à la nourriture et aux partenaires pour la reproduction, et lorsqu'il lui est supérieur en agressivité et dans le contrôle du groupe. Appliquant ce principe aux sept mâles de l'un des groupes de rhésus, Carpenter découvre qu'ils sont organisés selon un ordre de dominance linéaire. Ces mesures quantitatives lui permettent également d'établir un gradient de dominance : le mâle alpha est cinq fois plus dominant que le deuxième, six fois plus que le troisième, et près de cinquante fois plus que le dernier.

Il découvre aussi que ces gradients de dominance diffèrent d'une espèce à l'autre. Ainsi sont-ils faibles chez les hurleurs, qui partagent des femelles et des ressources alimentaires, et beaucoup plus élevés chez les langurs – que Carpenter a brièvement observés lorsqu'il était en Inde pour acquérir ses rhésus –, qui forment des groupes uni-mâles, un mâle associé à plusieurs femelles, les autres mâles étant relégués en périphérie du groupe. Ces différences de gradients indiquent clairement, pour Carpenter, que le comportement de dominance affecte l'organisation sociale d'une espèce et débouche sur une hiérarchie de mâles qui constitue l'axe autour duquel s'organise la vie sociale du groupe. En ce sens, conclut Carpenter, les sociétés de primates sont patriarcales [32]. Et il ajoute que, les mâles dominants ayant un accès privilégié aux femelles, il se peut que cette reproduction sélective contribue à la persistance, ou même à l'accroissement, des qualités de dominance dans une lignée ou une espèce de primates. En cela, il est le premier à faire une hypothèse sur la valeur sélective de la dominance chez les primates.

La primatologie des années 1930-1950, représentée par Zuckerman et Carpenter, est une primatologie de la mécanique sociale, où la métaphore physiologique est dominante. Le groupe est compris comme la résultante de processus individuels (l'attraction sexuelle, l'agression entre mâles et les hiérarchies de dominance qui s'ensuivent) dont la nature est d'abord physiologique. Carpenter a toujours pensé que l'agression humaine et l'agression animale étaient homologues sur le plan des mécanismes neuronaux et endocriniens – en 1971, sur l'île de Hall aux Bermudes, il conduira des expériences sur l'« agression humaine », au cours desquelles c'est le cerveau de gibbons qu'il stimulera à distance par des électrodes…

La primatologie occupe le terrain

Après la guerre, une nouvelle primatologie va se construire à partir d'études de terrain de longue haleine. Les pionniers en sont des chercheurs japonais, dans le sillage de Kinji Imanishi. Au début des années 1950, ils entament l'étude à long terme de groupes de macaques japonais (*Macaca fuscata*) identifiés et reconnus individuellement – une pratique qui ne s'établira dans la primatologie occidentale qu'une dizaine d'années plus tard. En 1952, ils commencent à approvisionner en nourriture quelques troupes. Dix ans plus tard ce ne sont pas moins de vingt groupes qui sont nourris et étudiés. En 1961, la primatologie japonaise s'intéresse aux langurs (*Presbytis entellus*) en collaboration avec des chercheurs indiens, et fonde en 1965 un site de recherche sur les chimpanzés à Mahale, à moins de 100 kilomètres de Gombe, où s'est établie quelques années plus tôt Jane Goodall. En 1972, ce sont encore des primatologues japonais qui, sous l'égide du National Primate Research Institute de l'université de Kyoto, lancent l'étude du chimpanzé bonobo (*Pan paniscus*) au Zaïre. Si les chercheurs japonais sont d'emblée au courant des travaux occidentaux, ils devront attendre 1962 pour une première invitation à présenter les leurs aux États-Unis.

En Occident, ce n'est qu'à la fin des années 1950 que la primatologie de terrain prend son essor, vigoureusement. Kenneth R. L. Hall se lance en 1958 dans l'étude des babouins en Afrique du Sud. La même année l'anthropologue Phyllis Jay-Dolhinow, étudiante de l'anthropologue américain Sherwood Washburn, entame un séjour de dix-huit mois en Inde, où elle s'intéresse aux langurs. Après avoir recensé une population, elle concentre son attention sur les relations sociales dans quatre groupes observés quotidiennement durant douze mois. George Schaller procédera de même avec le gorille de montagne (*Gorilla gorilla beringei*) dans le parc Albert au Congo. Jane Goodall arrive en Tanzanie en 1960 et établit sur les bords du lac Tanganyika le Gombe Research Center, qui deviendra le plus important site de recherche international sur les chimpanzés. Dans les années suivantes, le zoologue Stuart Altmann et sa femme Jeanne, mathématicienne, se lanceront dans l'observation des babouins du parc Amboseli au Kenya, le Zurichois Hans Kummer dans l'étude des babouins hamadryas d'Erer-Gota en Éthiopie, et Alison Jolly s'intéressera aux lémuriens de Madagascar (déjà approchés par les Français Jean-Jacques et Arlette Petter à la fin des années 1950). On ne s'étonnera pas qu'entre 1962 et 1965 l'écologie et les comportements des primates aient suscité plus d'heures d'observation que durant les six décennies précédentes. À cette effervescence sur le terrain, il faut ajouter, dans le même laps de temps, une profusion de rencontres internationales qui ont conduit à la création de l'International Primatological Society (1964). L'année précédente avait été consacrée « Primate Year », pas moins, par l'université de Stanford, soutenue par la fondation Wenner-Gren, avec l'objectif d'une synthèse des premières recherches en milieu naturel [45].

En plus du fait qu'on y privilégie le « terrain » (une notion un peu floue qui évoque pour les Occidentaux un lieu exotique, lointain et « inviolé »), deux traits principaux distinguent la primatologie qui se développe à partir de la fin des années 1950 : elle est pratiquée par davantage d'anthropologues que de biologistes, et elle procède d'un nouveau paradigme, l'habituation des animaux étudiés à l'observateur – Konrad Lorenz n'aurait vu là rien de nouveau, lui qui pratiquait couramment la familiarité avec les animaux qu'il observait.

Des primates en confiance

Convertis à l'habituation, les chercheurs occidentaux découvrent ce que les primatologues japonais savaient déjà : il est possible de banaliser pour un groupe de singes la présence de l'observateur, de suivre les animaux de près dans tous leurs déplacements, d'apprendre à reconnaître chaque individu et de pénétrer ainsi dans l'intimité sociale du groupe. Non seulement cette mutation accroît formidablement la quantité et la qualité des données, mais elle modifie aussi le statut des singes observés : « Un observateur réalise rapidement qu'il n'est pas en train d'étudier des gorilles seulement en tant que groupe ou en tant que classe d'âge et de genre spécifique, mais aussi en tant qu'individus dans ce groupe ou cette classe », écrit ainsi George Schaller en 1963.

Lorsque Schaller arrive en Ouganda en 1959, un hôtelier de Kisoro emmène depuis deux ans déjà, sans armes, des amis et des touristes observer les gorilles. « La découverte que ces grands singes peuvent être approchés et tranquillement étudiés dans leurs forêts natales, sans crainte d'être attaqué, doit beaucoup à cet hôtelier », a reconnu l'aventureux Schaller, qui par la suite se lança dans l'étude des tigres, seul et à pied. Selon les espèces, selon les groupes étudiés, l'habituation est lente ou rapide. Il a fallu à Jane Goodall dix-huit mois avant de pouvoir approcher un chimpanzé à moins de cent mètres, et certaines troupes – en savane surtout – n'ont jamais pu être habituées. Pour leur part, Irven De Vore au Kenya ou Phyllis Jay-Dolhinow en Inde n'ont eu besoin que de deux ou trois mois pour reconnaître individuellement les babouins de Nairobi et les langurs d'Orcha et de Kaukori. Parce que l'habituation peut être lente, mais aussi parce qu'elle produit des données impossibles à obtenir par d'autre voies, la nécessité d'études à long terme s'est rapidement imposée.

Louis Leakey, figure autoritaire de l'anthropologie de l'après-guerre, avait estimé que Jane Goodall devrait séjourner dix ans auprès d'une communauté de chimpanzés avant de pouvoir apporter des données utiles à sa discipline. Il était persuadé que l'étude de nos plus proches parents (chimpanzés, gorilles et orangs-outans) nous donnerait des indications permettant de reconstruire le mode de vie des hominidés dont il découvrait les restes fossiles. Il était également convaincu que seules de jeunes femmes sans expérience seraient susceptibles d'étudier les primates d'une manière non biaisée par les certitudes scientifiques de l'époque. Leakey a envoyé successivement sur le terrain plusieurs jeunes personnes, dont les plus patientes et déterminées ont frayé leur voie jusqu'à être connues du grand public : Jane Goodall, venue aux chimpanzés en 1960, Dian Fossey aux gorilles des monts Virunga en 1967 et Biruté Galdikas aux orangs-outans de Bornéo en 1971.

Ni Fossey, ni Goodall, ni Galdikas n'étaient les premières à habituer un groupe de primates à la présence humaine. Mais elles se sont attachées à la description de la vie intime d'individus, posant sur les primates un regard alors neuf dans la primatologie occidentale. La popularité de ces trois chercheuses mène souvent à s'interroger sur le rôle des femmes en primatologie, et sur la réputation qu'a cette discipline d'être particulièrement féminisée. De fait, il n'y a pas plus de femmes en primatologie qu'il n'y en a dans les disciplines parentes que sont la psychologie, l'anthropologie et l'éthologie [57]. Toutefois, les primatologues eux-mêmes semblent parfois penser que les femmes ont une capacité d'empathie qui leur procure un avantage sur leurs collègues masculins, en particulier pour le travail d'habituation. Ainsi, lorsque la biologiste Barbara Smuts réussit enfin, à force de travail et à l'aide de « trucs » mnémotechniques, à reconnaître individuellement toutes les femelles d'un groupe de macaques rhésus, un primatologue âgé et respecté déprécia sa performance en affirmant que ce n'était là que talent naturel dû à son sexe ! L'empathie est assurément nécessaire pour pénétrer le système de communication d'une espèce étrangère jusqu'à pouvoir « sentir », par exemple, la « retenue » dont font preuve les mâles hamadryas dans leurs affrontements, comme l'a rapporté Hans Kummer. Il faut aussi s'impliquer personnellement et émotionnellement dans le travail d'habituation, et le primatologue développe, qu'il le veuille ou non, une relation fondée sur la familiarité et la confiance réciproque qui ne peut que l'affecter. À l'instar de ces ethnologues qui se sont « acculturés » au contact prolongé d'une communauté étrangère, nombreux sont les primatologues (hommes et femmes) qui ont été, à un degré ou à un autre, « transformés », parfois à leur insu, par le terrain.

Deux anthropologues chez les babouins

L'autre trait marquant de la primatologie entre 1960 et 1975, la prépondérance de l'anthropologie au sein de la discipline, se mesure clairement à quelques chiffres. Ainsi, dès 1965 et jusqu'en 1980, les trois quarts du budget de la prestigieuse fondation Wenner-Gren pour l'anthropologie sont allés à la recherche sur les primates et les hominidés disparus. Les quelques zoologues (Altmann, Jolly, Marler et Schaller) qui participent aux conférences organisées au début des années 1960 sont largement marginalisés par les anthropologues.

Durant toutes ces années, Sherwood Washburn est une autorité très écoutée au sein de la Wenner-Gren. Il est convaincu de l'intérêt que représente l'étude des primates pour examiner des hypothèses sur l'hominisation. Washburn défend ainsi l'idée que ce ne sont ni la bipédie ni l'outil, mais la chasse et la coopération qu'elle suppose qui constituent le complexe adaptatif crucial à l'origine de l'hominisation. Pour tester cette hypothèse, le babouin de savane lui semble le modèle le plus approprié. En effet, ce primate habite l'environnement, pense-t-on, des premiers hominidés. On suppose alors que les babouins ont dû faire face, au cours de leur évolution, à des pressions de sélection comparables à celles qu'ont dû affronter les premiers hommes. Washburn envoie donc Irven De Vore, son étudiant préféré, étudier les babouins au Kenya en 1959, pour tester l'hypothèse de l'homme né de la chasse. Le compte-rendu de ce premier travail de terrain, nettement influencé par Washburn, contient plusieurs des hypothèses qui vont structurer la primatologie de terrain au cours des années suivantes [185]. Le groupe social y est conçu comme l'adaptation déterminante pour la survie dans la savane ; De Vore observe la disparition rapide, probablement sous la dent d'un prédateur, des babouins blessés, vieux ou malades qui ne peuvent suivre les déplacements quotidiens du groupe en quête de nourriture. La nuit, c'est dans les arbres que les babouins trouvent la sécurité, et il n'est pas exagéré, écrit De Vore, de considérer que les arbres limitent la dispersion des babouins autant que la nourriture et l'eau. Les babouins sont « terrifiés par le noir » ; le primatologue ajoute que la peur du noir, la peur de tomber et la crainte des serpents « semblent être des aspects fondamentaux de l'héritage simien ».

Si, pour un babouin, la vie en groupe est l'« unique vie possible », les liens sociaux ont incontestablement une valeur adaptative. De Vore suggère que ce qui maintient la troupe de babouins ensemble n'est pas la sexualité (elle semble plutôt perturber que renforcer les liens sociaux), mais une « motivation sociale », sélectionnée au cours de l'évolution, qui favorise l'apprentissage de la sociabilité. Les descriptions de De Vore ne sont pas sans évoquer l'« environnement d'adaptétude évolutionniste » de l'homme, suivant le néologisme qui servira au psychanalyste John Bowlby, par ailleurs féru d'éthologie, à désigner le milieu dans lequel l'homme a évolué (voir chapitre XII).

À l'instar de Carpenter, De Vore conçoit le rang et les relations des mâles comme le pivot du groupe social dans une société patriarcale : « Les babouins mâles n'ont pas besoin de forcer les autres membres du groupe à rester avec eux. Au contraire, leur présence à elle seule assure que les autres resteront. » En d'autres termes, la hiérarchie chez les mâles adultes est la *variable indépendante* autour de laquelle des *variables dépendantes* comme le rang des femelles sont supposées s'organiser. S'interrogeant quelques années plus tard sur les variations de la taille et de la composition des groupes de babouins selon les habitats, Hall et De Vore concluent que celles-ci sont « toujours basées sur le même type de relations de dominance » [79]. On imagine dès lors l'incrédulité qui a accueilli les travaux de Shirley C. Strum, laquelle affirma en 1978, dans une réunion internationale consacrée aux seuls babouins, qu'elle n'avait pas réussi à identifier de hiérarchie de dominance dans la population de babouins qu'elle étudiait au Kenya [171] !

Si Strum ne fut pas écoutée, la conception traditionnelle était pourtant erronée : c'est moins la hiérarchie des mâles qui se trouve au cœur des sociétés de babouins et de macaques que celle des femelles ! Chez ces espèces en effet, à l'exception des hamadryas et dans une certaine mesure du gélada *(Theropithecus gelada)*, les troupes sont organisées autour de matrilignages de femelles, hiérarchiquement organisés. Les mâles, qui migrent à l'adolescence et parfois plusieurs fois au cours de leur vie, mènent une existence relativement périphérique par rapport à ce noyau central, qui se perpétue de génération en génération – du moins quand les conditions écologiques sont favorables. Dès 1957, les primatologues japonais avaient correctement observé ce fait, et ils décrivaient les sociétés de macaques japonais comme matriarcales [1]. Si les primatologues occidentaux ne l'avaient pas vu, c'est en partie parce qu'ils s'étaient très peu intéressés aux femelles, mais aussi probablement parce qu'ils étaient influencés à leur insu par des conceptions machistes de la société. Leakey n'avait donc pas tort d'insister pour envoyer de jeunes femmes sans certitudes académiques étudier la vie des grands anthropoïdes.

Une « ethnographie » des chimpanzés

En vingt-quatre mois (dont dix-huit d'habituation !), Jane Goodall recueille des informations sur la plupart des aspects de la vie des chimpanzés [67]. Observatrice infatigable, elle passe en moyenne douze heures par jour sur le terrain. Cette ténacité lui permet de découvrir que les chimpanzés utilisent des outils rudimentaires pour se procurer certains ali-

1. En 1957, Imanishi soulignait que, pour qu'un mâle soit accepté dans le groupe central d'une communauté, il devait d'abord se faire accepter des femelles dominantes. Ce lent processus d'« apprivoisement » des femelles dominantes par un mâle immigrant a été décrit en détail par Shirley Strum dans *Voyage chez les babouins* (Paris, Éditions du Seuil). Strum fut aussi

ments (termites et fourmis) et qu'ils les « fabriquent » ou du moins les préparent avec soin – observation qui a dû ravir Leighton Wilkie, un ami de Leakey : cet industriel américain, spécialisé dans les machines-outils, avait contribué financièrement au projet de Jane Goodall, curieux de savoir si les chimpanzés connaissaient l'usage d'outils. On avait déjà observé des chimpanzés captifs capables de se servir de différents instruments (les travaux de Köhler l'avaient montré dès 1917), mais ce talent restait à découvrir en milieu naturel. À plusieurs reprises, Goodall observe des mâles adultes « pêchant » des fourmis ou des termites à l'aide d'une tige ou d'une fine branche introduite soigneusement dans le nid. Les végétaux sont coupés à bonne longueur et parfois transportés sur plus de trois cents mètres pour leur utilisation, ce qui suggère une forme d'intentionnalité. Goodall découvre aussi à cette époque que les chimpanzés, que l'on croyait exclusivement végétariens, chassent – collectivement, semble-t-il – et consomment de petits mammifères. Quant à décrire une structure sociale, la primatologue éprouve des difficultés car les chimpanzés, au contraire des macaques ou des babouins, se déplacent seuls ou forment de petits groupes dont la composition paraît constamment varier (seule association permanente : une mère et sa progéniture) – une structure sociale dite « fusion-fission ».

Les chercheurs et étudiants qui se succéderont à Gombe vont affiner et modifier progressivement le premier tableau brossé par Goodall, en s'attachant à observer systématiquement la chasse, l'usage d'outils, la communication, les interactions sociales, le comportement sexuel, les relations mère-enfants, le développement des petits et les relations entre mâles [68]. Il faudra plus de dix ans d'observations pour qu'on apprenne que les chimpanzés décrits par Goodall comme des créatures pacifiques tuent parfois des congénères de communautés voisines. Entre 1974 et 1977,

---

l'une des premières à habituer un groupe de babouins à la présence de l'observateur. Comme Malinowski, l'anthropologue « descendu de sa véranda », Strum « descendit du bus » – avant elle, les chercheurs ne l'avaient pas quitté – pour se mêler aux babouins.

les mâles de Kasakela ont ainsi attaqué et laissé pour morts tous les mâles de la petite communauté de Kahama. Après la fermeture du centre de recherches de Gombe en 1975, suite à l'enlèvement de chercheurs par un groupe de rebelles tanzaniens, les investigations ont été néanmoins poursuivies par des chercheurs tanzaniens, et l'on possède aujourd'hui, fait unique en primatologie de terrain, des données précises et ininterrompues sur les quatre générations de chimpanzés qui se sont succédées dans la communauté de Kasakela.

Mathématiques et sociobiologie

Dans les années 1960, le travail de terrain des primatologues progresse vite, « déraisonnablement plus vite que le travail théorique », comme le déplore Stuart Altmann en 1967. Les données affluent, avec cette difficulté de les sélectionner et de savoir ce qu'il faut en retirer. Par ailleurs, le travail de terrain souffre d'un certain flou quant aux méthodes de collecte des données : l'observation *ad libitum* (on enregistre tous les événements tels qu'ils se présentent à l'observateur) est la technique la plus utilisée, et chaque chercheur l'accommode à sa manière.

Cette faiblesse méthodologique ne devient sensible qu'en 1974, lorsque Jeanne Altmann publie un long article dans lequel elle analyse les forces et les faiblesses de sept techniques d'échantillonnage, utilisées ou utilisables par les chercheurs de terrain pour sélectionner des données pertinentes en fonction des questions qu'ils se posent – rappelons que Jeanne Altmann est mathématicienne [1]. Elle définit les limites de l'échantillonnage *ad libitum* et rejette l'encodage binaire des données (occurrence *vs* non-occurrence d'un comportement), jusque-là régulièrement utilisé : aucun usage statistique ne peut en être fait. La technique du «*focal animal sampling*», qui permet de savoir par exemple ce qu'un groupe d'animaux fait plus qu'un autre, s'avère en revanche intéressante. Cet article, rapidement devenu l'un des plus cités en primatologie (et en éthologie en général), a évidemment relativisé les conclusions des recherches précédentes. Mais il a aussi apporté à la primatologie de terrain des clarifications méthodologiques qui ont servi de base aux recherches ultérieures.

Un changement important s'amorce aussi dans les cadres théoriques au milieu des années 1970. Jusqu'alors le principal fondement théorique proprement éthologique provenait de l'écologie comportementale, approche fonctionnelle du comportement en tant qu'adaptation, initiée à Oxford par Tinbergen. L'hypothèse principale voyait les systèmes sociaux comme la conséquence de l'action de facteurs environnementaux sur la dispersion des individus dans un habitat, et l'organisation sociale était considérée comme typique de l'espèce, au même titre que le comportement ou la morphologie. L'avènement de la sociobiologie, à partir de 1975, va entraîner à la fois un changement de perspective (l'intérêt se déplace du groupe vers l'individu) et un principe (celui du gène « égoïste ») qui permet de faire des prédictions et donc de générer des hypothèses quantitatives testables. Parallèlement, la manière de concevoir les systèmes sociaux se modifie. Ceux-ci sont alors considérés comme des systèmes en équilibre dynamique résultant de stratégies individuelles visant à maximiser le succès reproducteur. « Un groupe social est essentiellement une coalition d'individus qui trouvent avantageux de coopérer dans la résolution d'un type donné de problème », écrit le primatologue britannique Robin I. M. Dunbar [52]. Chez les géladas qu'observe Dunbar, les troupes multi-mâles fonctionnent comme réservoir génétique en vue de la reproduction mais sont par ailleurs subdivisées en bandes lorsqu'il s'agit de fourrager à la recherche de nourriture. Les unités reproductives sont composées d'un mâle et de plusieurs femelles adultes, lesquelles se subdivisent en coalitions selon le matrilignage, pour gérer le stress de la vie en groupe. Chacune de ces unités assume une fonction biologique distincte, et n'a de stabilité temporelle et spatiale que si les problèmes qu'elle sert à résoudre persistent. Ce qui « tient » les individus ensemble est alors l'intérêt qu'ils ont à coopérer. Ainsi le groupe n'est-il plus conçu selon le modèle d'une structure invariante et typique de l'espèce, mais comme le résultat toujours provisoire des stratégies adoptées par les individus pour répondre à des contraintes écologiques et démographiques. Le chercheur peut dès lors expliquer des observations qui étaient apparues jusque-là contradictoires (variations de la structure sociale au sein d'une même espèce par exemple). Mais en même temps il lui faut admettre qu'on ne trouvera aucune loi simple expliquant la forme de tous les systèmes sociaux.

Cette primatologie dotée de méthodes plus quantitatives et d'un cadre théorique centré sur les stratégies individuelles de survie et de reproduction va éclipser peu à peu la primatologie qui s'intéressait à la dimension privée des comportements, à laquelle Goodall avait prêté tant d'attention.

Une sociobiologie sans Wilson

Si l'irruption d'une pensée sociobiologique dans la primatologie survient dès 1975, sous l'impulsion notamment de Richard Wrangham et de Barbara Smuts, elle est pourtant indépendante de l'œuvre d'Edward Wilson, et les primatologues usent plus volontiers du terme « socio-écologie » que de celui de « sociobiologie ». En étudiant la biologie à Oxford, Wrangham a grandi dans la tradition de l'écologie comportementale. S'il était initialement davantage intéressé par les oiseaux, il rejoint finalement Gombe et Jane Goodall. Il prépare une thèse sur les relations entre frères chimpanzés, quand bien même son intérêt va à la relation entre la disponibilité en nourriture et la répartition des femelles dans l'habitat – un thème qu'il ne peut envisager pour son doctorat, faute de données préliminaires suffisantes. Il profitera néanmoins de sa soutenance de thèse en 1975 pour suggérer que « la structure sociale chez les chimpanzés dépend des stratégies alimentaires des femelles ». Il fait l'hypothèse que les chimpanzés femelles sont distribuées dans l'habitat par la nourriture, et les mâles par les femelles. Quelques années plus tard, il va jusqu'à remettre en question le concept de communauté bisexuelle unanimement utilisé jusque-là pour désigner la structure sociale des chimpanzés. L'idée que le groupe social est le résultat de stratégies individuelles destinées à maximaliser le succès reproducteur fait donc son chemin. Mais tout reste à faire : pour tester de telles hypothèses, il est nécessaire de retourner sur le terrain et de recueillir de nouvelles données. Quant à Barbara Smuts, elle sera la première à appliquer au comportement des primates (des femelles rhésus observées sur l'île de la Cueva à Porto Rico) une approche de type sociobiologique, après avoir été influencée par Robert Trivers, théoricien de l'altruisme [180], au temps où elle était étudiante en biologie. En 1983, Smuts sera chargée de coordonner la seconde Primate Year, vingt ans après la première. Elle s'associera à Richard Wrangham, mais aussi à Thomas Struhsaker – le premier à avoir observé que les singes vervets ont des cris différents selon le prédateur qui les menace – et à ceux qui poursuivront son œuvre, Dorothy Cheney et Robert Seyfarth. Cette deuxième Primate Year débouche sur la publication, en 1987, de *Primate Societies*, ouvrage copieux dont la teneur est une socio-écologie ayant intégré, à des degrés divers, la sociobiologie. Fort de quarante contributions et de données portant sur près d'une centaine d'espèces de primates, ce livre a pour effet de fixer de nouveaux standards pour la recherche de terrain en primatologie [163].

Dans leur introduction les éditeurs notent cependant que, même si les théories de Trivers, de Hamilton et de Maynard-Smith ont apporté un cadre conceptuel permettant de comprendre le comportement social d'un point de vue évolutif, la primatologie s'est rarement trouvée en pointe dans ce nouveau courant. Les raisons sont en partie techniques : difficulté à identifier les individus et les paternités, durée de la vie reproductive (jusqu'à vingt-cinq ans chez un chimpanzé femelle) qui rend difficile l'évaluation du succès reproducteur, et difficultés à réaliser des expériences, celles-ci pouvant bouleverser les relations sociales au point de rendre toute conclusion impossible. Mais les difficultés proviennent aussi de la nature des sociétés de primates, dont on peut se demander s'il est possible de les expliquer dans les mêmes termes que les systèmes sociaux des autres animaux.

À cette dernière question, les auteurs de *Primate Societies* répondent par un « oui » réservé. Les primatologues rencontrent en effet, par rapport aux éthologistes se consacrant à d'autres espèces, des niveaux de complexité supplémentaires, qui rendent peu appropriés les modèles habituels de la socio-écologie. Ainsi, comparativement aux autres mammifères, les primates ont des manières extrêmement variées de s'exprimer socialement : contacts, embrassades, accolades, montes, claquements de lèvres, vocalisations, salutations et toilettage social sont autant de manières d'exprimer des affinités et de développer des relations sociales subtilement différenciées. Par ailleurs, l'organisation sociale de beaucoup de primates est compliquée par la formation de sous-groupes, d'alliances temporaires ou d'associations à long terme qui transcendent les classes d'âge et les sexes. Par conséquent, plusieurs stratégies de survie et de reproduction sont disponibles dans un groupe à tout moment, et chaque animal peut recourir, au cours de sa vie, à différentes possibilités. Il est alors difficile d'établir la valeur fonctionnelle en terme de succès reproducteur de telle ou telle stratégie. Par exemple, lorsqu'un babouin mâle toilette et maintient une étroite proximité avec une femelle gestante ou allaitante et qu'il protège son petit au cours des premiers mois de sa vie, les conséquences adaptatives du comportement semblent difficiles à établir. Elles deviennent plus claires lorsqu'on tient compte du fait que ces comportements servent à maintenir une relation qui a elle-même des conséquences adaptatives : le babouin mâle développe une relation étroite et durable (une « amitié hétérosexuelle ») qui, lorsque la femelle sera redevenue féconde, fera de lui le favori parmi les prétendants.

Hans Kummer, expérimentateur de terrain

Pendant longtemps, à la suite de Carpenter, les primatologues ont « mesuré » les relations sociales par la proximité physique entre les partenaires (sociométrie), ce qui les empêchait de percevoir des relations sociales individualisées ne se traduisant pas nécessairement par la proximité. Les *a priori* issus du béhaviorisme ont également constitué un obstacle à la perception de ces relations « abstraites », qui ne se voient que lorsque l'observateur s'autorise un certain degré d'empathie. Dans une série d'expériences menées en 1967 au Delta Primate Research Center (situé près de La Nouvelle-Orléans) et dont le but était de montrer comment des géladas et des hamadryas construisent leurs unités sociales, le primatologue suisse Hans Kummer et ses collègues ont rassemblé dans un même enclos un groupe de mâles et de femelles qui ne se connaissaient pas. Les individus ne se fréquentent que le matin – l'après-midi, épuisés par les efforts consentis pour développer leurs relations, ils font la sieste. Il faut aux animaux environ une semaine pour s'organiser en unités composées d'un mâle et de une ou plusieurs femelles. « Jamais je n'en ai appris autant sur la structure sociale en si peu de temps », a écrit Kummer à propos de ces expériences, précisant : « Les notes prises par les assistants au dictaphone ressemblaient à des commentaires de match de football hystériques [105]. » Les babouins « travaillent » uniquement sur une base triangulaire : deux individus essayent de faire progresser leur relation tandis qu'un troisième tente de les en empêcher. Et même si ces rapports triangulaires changent sans arrêt, les dyades n'en avancent pas moins, selon les étapes habituelles : combat, présentation de l'arrière-train, monte, toilettage social. Aucun babouin ne se trompe, quand bien même il en serait toujours au stade du combat avec un partenaire et déjà au toilettage avec un autre. Selon Kummer, les babouins perçoivent probablement ces étapes comme des symboles de différents types de relations. Une femelle par exemple peut tolérer la monte entre son mâle et une femelle secondaire mais intervenir vigoureusement dès qu'il y a toilettage social, qui relève d'un degré plus avancé de relation. Au moment où le groupe est enfin organisé, une disposition spatiale rigide apparaît, dans laquelle la proximité traduit l'état des relations. Mais cette disposition disparaît dès que les relations sont clairement établies ; la proximité n'est donc pas un indice fiable de l'état des relations dans un groupe constitué, contrairement à ce que pensait Carpenter.

Robert Hinde a développé l'idée que les systèmes sociaux ne procèdent de rien de plus que l'organisation et la qualité des relations entre les individus, et que c'est l'observateur, non l'animal, qui perçoit les groupes par l'abstraction d'une image générale du réseau des relations. Les animaux eux-mêmes n'ont d'autre préoccupation que leurs relations directes [89]. En observant les alliances, conflits, coalitions et autres recrutement d'alliés qui animent la vie sociale des primates, on ne peut que s'interroger sur les compétences cognitives et émotionnelles qui sont nécessaires aux individus pour générer et maintenir une telle diversité de relations.

La vie en groupe entraîne des désavantages (coûts) plus ou moins élevés : nécessité de coordonner les déplacements, compétition alimentaire, harcèlement, agression et stress liés soit à la compétition, soit aux relations de dominance, en sont autant de conséquences directes. On supposera donc, en bonne logique évolutionniste, qu'elle apporte des avantages qui excèdent les coûts. Quatre hypothèses ont été avancées pour expliquer les groupes de primates : la protection contre les prédateurs, la défense en commun des ressources, l'efficacité dans l'exploitation de celles-ci et les soins collectifs à la progéniture. La troisième hypothèse est peu étayée par les données ; la quatrième semble limitée à certaines espèces, comme les callitrichidés (ouistitis et tamarins), qui vivent en petits groupes familiaux et pratiquent l'élevage communautaire des jeunes, qui sont souvent des jumeaux. Les deux premières explications sont donc les plus probables, mais aucune ne suffit à rendre compte de tous les groupes. Les gorilles par exemple vivent en groupes (uni-mâles) bien qu'aucun prédateur ne les menace et que les ressources alimentaires soient abondantes.

Dans une perspective purement socio-écologique, la taille du groupe est limitée par l'abondance et la distribution des ressources alimentaires. Plus le groupe est grand, plus les individus devront se déplacer pour trouver de la nourriture en quantité suffisante pour tous. On a ainsi calculé que si les tamarins devaient former des groupes comparables à ceux des singes-écureuils (entre trente et quarante individus), il leur faudrait passer 110 % de leur temps à voyager ! Dans les groupes qu'ils forment en réalité (environ six individus), ils passent 22 % de leur temps à se déplacer pour visiter les huit à dix arbres qui leur sont nécessaires. Une contrainte similaire conduit les troupes de babouins à se répartir en petites unités lorsqu'ils fourragent à la recherche de nourriture.

Mais il existe aussi des facteurs proprement sociaux (tel le temps de toilettage social nécessaire pour construire une relation stable) qui, en sus des facteurs écologiques, limitent la taille d'un groupe. Pour expliquer la composition des groupes formés par les primates, Wrangham, on l'a vu, a postulé que les femelles se distribuent dans l'habitat en fonction des ressources, et les mâles en fonction des femelles. Lorsque les femelles s'associent entre elles (préférentiellement avec des femelles apparentées), le succès reproducteur du mâle va dépendre de sa capacité à monopoliser le groupe. Pour les géladas, Dunbar a pu calculer qu'un mâle empêche difficilement l'intrusion d'un rival lorsque son harem compte plus de huit femelles. En effet, au-delà de ce nombre, il n'aura tout simplement plus assez de temps pour toiletter correctement chacune de ses compagnes ; le groupe perdra en cohésion et courra davantage le risque d'être désuni par un rival. Selon Dunbar, un maximum de huit à dix femelles constituerait la solution de continuité des groupes uni-mâles vers une organisation multi-mâles. Il suggère que la différence entre les espèces qui s'organisent en groupes uni-mâles et celles qui forment des troupes multi-mâles tiendrait non à une « structure sociale » prédéterminée, mais à la taille des unités formées par les femelles, selon les contingences de l'environnement notamment. Par ailleurs, des problèmes se poseront au mâle principal si plus de six de ses femelles sont en œstrus en même temps : il lui devient alors impossible d'empêcher un rival de s'introduire dans le groupe et de se reproduire avec certaines d'entre elles. C'est pourquoi les espèces à reproduction saisonnière, où la synchronisation des œstrus répond à des pressions écologiques, sont peu susceptibles de former des groupes uni-mâles.

Pourquoi être monogame ?

Quand les femelles vivent de façon solitaire, deux systèmes de reproduction sont possibles pour les mâles : l'association permanente avec une femelle (c'est-à-dire la monogamie) ou la défense, à plusieurs mâles ou non, d'un territoire où vivent plusieurs femelles. La monogamie est relativement plus répandue chez les primates que chez les autres mammifères (10 % des espèces simiennes environ la pratiquent, contre 2 à 3 % chez les autres mammifères), et la socio-écologie prévoit qu'on l'observera dans deux situations. D'une part, si les femelles sont très disséminées, le mâle ne pourra éviter qu'elles soient fécondées par d'autres mâles ; dès lors la stratégie de s'associer avec une seule femelle lui garantira des paternités moindres mais certaines (le modèle cependant s'applique assez mal au cas des gibbons, qui sont monogames alors que le mâle pourrait, théoriquement, défendre un territoire recouvrant celui de plusieurs femelles). D'autre part, la monogamie offre des avantages quand la femelle a besoin de l'aide du mâle pour les soins à la progéniture (voir chapitre VII). Ce modèle s'applique bien aux primates de petite taille (ouistitis et tamarins), où l'aide du mâle permet que le couple élève jusqu'à quatre petits par an, au lieu de deux quand la femelle assure seule les soins.

Le second système de reproduction que les mâles peuvent adopter lorsque les femelles vivent solitairement est la défense, par un seul individu ou par plusieurs, d'un territoire sur lequel vivent des femelles. Ce modèle a été proposé par Wrangham pour les chimpanzés : les mâles s'associent en coalitions pour défendre une zone exploitée par un certain nombre de femelles. Ils entrent alors en compétition au moment où une femelle de leur groupe est réceptive.

Primates préparant leur avenir

Dans les groupes multi-mâles, la lutte pour la dominance et le développement de relations à long terme avec des femelles sont les deux stratégies principales qui permettent à un mâle d'assurer son succès reproducteur. Un mâle peut pratiquer successivement ces deux stratégies au cours de sa vie, selon son âge, sa force au combat et son réseau d'alliés, tous facteurs concourant à déterminer l'assurance de l'animal. Mais un quatrième facteur, longtemps négligé par les primatologues, peut affecter considérablement le succès reproducteur d'un mâle : le choix du partenaire par les femelles (voir chapitre VII). En effet les femelles donnent généralement leur préférence à certains mâles, préférence qui peut s'avérer décisive, un mâle, tout agressif qu'il soit, ayant rarement les moyens de forcer une femelle à la copulation.

Chez les espèces qui forment des groupes uni-mâles (des « harems »), deux stratégies permettent au mâle d'accéder à la reproduction. La première est d'affronter en combat singulier le mâle principal. Cette stratégie est risquée, entraîne parfois des blessures graves, et aucun animal ne s'y engagera avant d'avoir évalué la force de son adversaire. Les bénéfices cependant sont élevés en terme de succès reproducteur puisque le mâle vainqueur monopolise plusieurs femelles. Le choix des femelles n'est toutefois pas absent de ce processus car celles-ci refusent parfois de s'associer avec le nouveau mâle. La seconde stratégie, moins risquée, livre moins de gains : c'est la stratégie du *suiveur*. La « carrière de suiveur », dans les termes de Hans Kummer, commence au moment où, encore adolescent, le mâle ne représente pas un rival dangereux pour le possesseur d'un harem. Le suiveur peut donc s'attacher de manière permanente à un groupe dont il suit les déplacements tout en restant relativement périphérique. Il fait allégeance au mâle dominant tout en essayant de développer des relations avec une ou deux femelles. Chez les géladas, le suiveur finit généralement par quitter le groupe avec un petit nombre de compagnes pour fonder un nouveau groupe.

Les babouins hamadryas observés par Kummer connaissent également la stratégie du suiveur. Toutefois, chez cette espèce le suiveur est empêché de s'enfuir avec quelques femelles par ce que Kummer a appelé l'*inhibition du rival*. Mis en évidence expérimentalement, ce « respect du mariage » (selon le terme de Kummer encore) repose sur l'évidence d'une association entre un mâle et une femelle. Dans les expériences de Kummer, il suffisait qu'un rival puisse observer un couple interagir durant quelques instants pour qu'il respecte leur union. Il évitait ensuite toute interaction avec la femelle et manifestait un grand malaise si elle s'approchait. L'inhibition du rival constitue donc un obstacle de taille sur la route de l'appariement pour un suiveur. Les babouins hamadryas ont contourné cet obstacle par… l'enlèvement d'enfants ! De petites femelles, qui n'intéressent pas le mâle principal, sont incitées par le suiveur à quitter leur mère et à former avec lui une « unité initiale ». Les suiveurs consacrent beaucoup d'énergie et d'ingéniosité à convaincre les petites femelles de rester avec eux : ils les toilettent souvent, jouent avec elles, les invitent à le suivre, mais ne peuvent les empêcher de rejoindre leur mère si elles le veulent. Car tout cri, toute bagarre entraînerait immédiatement l'intervention de la mère et, par conséquent, celle du mâle dominant [105].

Une troisième stratégie reproductrice, observée dans certains groupes uni-mâles, a suscité une longue polémique : l'infanticide pratiqué par un mâle ayant pris récemment possession d'un groupe de femelles. Observé d'abord chez les langurs, puis chez d'autres espèces, notamment le colobe rouge (*Colobius badius*), il fut considéré comme une aberration liée à des conditions de surpopulation, avant qu'une interprétation en terme de stratégie reproductive ne soit proposée par la sociobiologiste américaine Sarah Hrdy. L'infanticide sert les intérêts reproducteurs du nouvel arrivant en annulant la contribution génétique de son prédécesseur et en induisant un œstrus prématuré chez les femelles ayant perdu leur petit – l'œstrus survient parfois jusqu'à un an plus tôt. Si la polémique n'est pas close, plusieurs faits sont en faveur de l'hypothèse de Hrdy. Ainsi on observe en premier lieu que l'infanticide n'est pas lié à la densité de population ; d'autre part, les populations où surviennent des infanticides comptent 85 % de troupes uni-mâles contre 10 % seulement dans les populations où aucun infanticide n'est relevé. Or la compétition entre les mâles pour répandre leurs gènes doit être d'autant plus forte que davantage de mâles sont exclus de la reproduction, ce qui est bien le cas des groupes uni-mâles. L'infanticide serait une manifestation extrême de cette compétition. Il survient toujours après qu'un nouveau mâle a pris possession du groupe, et les mâles ne tuent que les enfants nés juste avant ou juste après leur arrivée. Ces deux faits parlent encore en faveur de l'interprétation sociobiologique. De même que cette contre-adaptation observée chez les femelles des espèces à groupes uni-mâles qui ne connaissent pas cette stratégie (géladas et patas) : ces femelles reprennent une activité sexuelle lorsqu'il y a changement de leader, même si elles sont gestantes ou allaitantes – un phénomène connu sous le nom de « œstrus factice ».

L'agression a deux sexes

Dès les toutes premières études de terrain, on a prétendu que les primates mâles sont plus agressifs que leurs femelles, une affirmation que l'on n'a pourtant que peu tenté d'étayer quantitativement. Les données disponibles suggèrent en fait que mâles et femelles ne diffèrent pas quant au nombre de leurs interactions agonistiques. On observe en revanche d'importantes différences dans la forme, en particulier dans l'usage des signaux ritualisés. Chez les babouins, macaques, vervets et autres chimpanzés, les mâles utilisent toujours des menaces ritualisées (parades d'intimidation notamment) avant de s'engager dans un combat ; les femelles ne recourent pratiquement jamais à de tels signaux. Une explication possible à cette différence sexuelle est que les mâles tentent de résoudre leurs conflits par des signaux ritualisés en raison des risques plus élevés liés à un combat : en effet les mâles sont plus puissants et ils possèdent des canines redoutables, capables d'infliger de graves blessures. Les enjeux d'un affrontement sont également très différents pour chacun des sexes : alors que pour une femelle un seul combat gagné ou perdu a généralement peu d'influence sur son succès reproducteur, pour un mâle en revanche la possibilité de laisser une descendance peut dépendre de l'issue d'un affrontement unique, qui sera alors très violent. Toutefois, il arrive aussi aux femelles d'être en compétition pour un partenaire, surtout chez les callitrichidés (ouistitis...), où le mâle contribue largement aux soins parentaux. En nature, la femelle dominante chasse activement les autres ; en zoo, la simple présence d'une femelle dominante dans une cage adjacente suffit à inhiber temporairement la reproduction chez une femelle subordonnée. Dans les espèces qui forment des groupes multi-mâles, la compétition entre femelles peut également affecter le succès reproducteur puisque les femelles situées au bas de la hiérarchie, harcelées par les dominantes, subissent un stress important et ont plus de difficultés à se procurer de la nourriture, deux facteurs qui influent sur leur capacité à produire une descendance.

Quand la vie sociale est apparue chez les primates, elle ne s'est pas accompagnée d'une suppression des tendances agressives ou des relations de compétition ; et celles-ci constituent une menace permanente pour l'intégrité du groupe. Les groupes multi-mâles n'existeraient probablement pas si les animaux n'avaient pas développé des mécanismes performants de résolution des conflits. Ainsi un mâle défait dans un combat doit-il avoir les moyens d'indiquer qu'il ne constitue plus une menace pour le vainqueur. De tels signaux de soumission sont largement répandus dans le règne animal. Chez les primates ils prennent souvent la forme de salutations ritualisées. Les chimpanzés subordonnés ont une façon particulière de « saluer » le dominant (ils s'accroupissent devant lui en émettant un grognement caractéristique), et ce « salut » est l'indice le plus sûr des statuts respectifs. C'est aussi un garant de paix sociale : la première chose que fait un chimpanzé subordonné lorsqu'il entreprend de détrôner un mâle dominant est de cesser de le saluer (ce qui induit chez lui une grande nervosité). Frans de Waal, qui a mis en évidence (en zoo) les mécanismes de la réconciliation chez les primates, a montré que les chimpanzés et les macaques vont jusqu'à utiliser le rituel de réconciliation pour maintenir leur statut. C'est ce qu'il a appelé la *réconciliation conditionnelle* : le vainqueur n'accepte les propositions de réconciliation du vaincu que si ce dernier reconnaît formellement sa dominance par le salut approprié [46].

On a pu écrire à propos du concept de dominance qu'il est à la primatologie ce que le concept de parenté est à l'anthropologie : à la fois mythique et fondateur, souvent remis en question mais jamais abandonné. L'une des difficultés de ce concept est sa faible valeur prédictive : même si un individu est clairement dominant sur un autre, il ne gagnera pas nécessairement toutes les confrontations. Les alliances, notamment, compliquent considérablement les choses. C'est pourquoi Frans de Waal a proposé que l'on distingue le rang (ou statut) du pouvoir [46]. Le rang est stable et fait l'objet d'une reconnaissance formelle. Le pouvoir en revanche dépend de la situation immédiate et des alliés disponibles. Cette distinction permet de comprendre pourquoi les différentes mesures de la dominance sont souvent si mal corrélées. Chez les babouins anubis (*Papio cynocephalus anubis*) étudiés par Strum, les plus agressifs étaient les mâles fraîchement immigrés. Une mesure de la dominance en terme d'agressions conduisait à les placer au plus haut dans la hiérarchie. Mais, en dépit de ce rang supposé, ils avaient très peu d'occasions d'accéder à des femelles en œstrus. En fait, étant nouvellement arrivés, ces mâles ne disposaient d'aucun réseau d'alliances susceptible de les soutenir en cas de conflit, et leur seule arme était leur agressivité. Les mâles installés, à l'inverse, s'étaient forgé un réseau d'alliances (mâles et femelles) leur permettant de développer, avec assurance, des tactiques plus subtiles. D'où le fait qu'on les plaçait, à tort, à un rang de subordonnés dans les hiérarchies construites à partir des seules mesures de l'agression. Ce fut une erreur fréquente de psychologues et d'éthologistes que de considérer comme dominants les animaux les plus prompts à exprimer de l'agressivité, alors que la dominance se manifeste le plus souvent par la seule présence confiante. Comme l'a relevé Thelma Rowell, beaucoup de signaux assimilés à la dominance sont de fait des comportements défensifs [147].

Dans son étude des relations entre mâles, Strum a eu l'occasion d'observer un mode très particulier de rituel d'apaisement : lors d'une escalade de menaces avec un mâle candidat à l'immigration, il arrivait que le mâle en place quitte tout à coup son adversaire pour revenir bientôt en tenant un petit dans ses bras, qu'il lui présentait, ce qui avait pour effet de mettre fin à la confrontation. Un comportement comparable avait été observé déjà en 1971 chez le macaque de Barbarie (*Macaca sylvanus*) et dénommé « amortissement agonistique ». Plusieurs interprétations ont été proposées. Selon certains auteurs, le mâle utilise à son avantage les profondes inhibitions de l'agression déclenchées par la couleur noire, caractéristique des petits babouins. William D. Hamilton a émis l'idée que le mâle utilise son propre fils comme menace implicite qu'il sera prêt à combattre avec une grande férocité si l'escalade se poursuit. Mais chez les géladas observés par Robin Dunbar, ce sont les mâles suiveurs qui utilisent des petits (il ne peut s'agir des leurs) contre le mâle principal, évitant ainsi un conflit qu'ils perdraient certainement. Développer une relation avec une femelle qui a un petit est en fait un prérequis indispensable pour survivre en tant que « suiveur » chez cette espèce. Dunbar fait l'hypothèse que l'usage du petit fonctionne comme une menace implicite que l'escalade dans le conflit conduira la mère à intervenir, précipitant ensuite une attaque conjointe de toutes les femelles contre le mâle dominant. Le succès de cette stratégie tiendrait au fait que ce dernier ne peut se permettre de coaliser contre lui toutes les femelles de son groupe.

Une complexité devenue banale ?

La primatologie est aujourd'hui dominée par le paradigme sociobiologique ou socio-écologique. Si celui-ci peut livrer de bons outils pour interpréter des particularités des systèmes sociaux chez les primates longtemps inexpliquées, il n'en demeure pas moins que les explications de la socio-écologie ne concernent que les *fonctions* des comportements, celles-ci étant mesurées en terme de succès alimentaire ou reproducteur. Or les explications fonctionnelles ne sont qu'une partie de l'explication en éthologie. Dans le cas de l'émigration des mâles hors de leur groupe de naissance par exemple, l'explication par les fonctions insistera sur l'évitement de l'inceste qui résulte de ce départ. Mais ce n'est évidemment pas « pour » éviter l'inceste que les mâles changent de groupe. C'est très probablement, ainsi que l'a suggéré Strum, parce qu'ils ne trouvent pas, dans leur groupe, de femelles « attirantes » : en effet, toute femelle avec laquelle un mâle a joué quand il était plus jeune n'est pas sexuellement intéressante à ses yeux. Il y a là toute la différence entre une explication fonctionnelle par des effets à long terme et une explication motivationnelle ou proximale – par des causes immédiates. Comme les auteurs (tous socio-écologistes) de *Primate Societies* l'ont reconnu eux-mêmes dès 1986, aucune explication du comportement des primates ne peut être complète si elle ne prend pas en compte les motivations des animaux réels qui construisent les systèmes sociaux. Des travaux de Zuckerman aux recherches actuelles, l'histoire de la primatologie est celle d'une lente prise de conscience du degré de complexité des sociétés de primates. Dès lors, il ne faut pas s'étonner qu'on revienne aujourd'hui à l'étude de la cognition chez ces animaux – qui domina dans l'abord scientifique des primates au début du XXe siècle. On s'interroge désormais sur la manipulation sociale et la conscience qu'ont les animaux de leurs propres liens sociaux [26] ; on se passionne pour l'étude de traditions « culturelles » chez les chimpanzés – les communautés ne se nourrissent pas toutes des mêmes aliments, n'utilisent pas les mêmes outils, ou en usent de manière différente, et toutes n'ont pas les mêmes gestes pour inviter au toilettage ou à la copulation [194]… Ces variations ne s'expliquent pas par des contraintes écologiques, et il faut bien les considérer comme des traditions locales qui se transmettent de génération en génération par voie d'apprentissage. Ces deux courants récents de la primatologie rapprochent un peu plus encore les primates non humains (en particulier les chimpanzés et les bonobos) des primates humains. Toutefois, l'histoire de la primatologie doit servir de mise en garde contre l'usage abusif de modèles simiens pour comprendre l'homme – et de modèles humains pour comprendre le singe. Ainsi, babouins, chimpanzés et gibbons notamment ont été utilisés comme modèles « naturels » de la famille et de l'agression… chez l'humain. Or la diversité des systèmes sociaux chez les primates est sans doute plus riche de clés pour comprendre l'homme, et en particulier l'hominisation, que tout modèle construit à partir d'une espèce en particulier. La primatologie n'a-t-elle pas montré à l'envi que « le » singe dont traitait Buffon est de fait « les » singes ?

11. L'anthropomorphisme comme outil ?

Le 28 avril 1998 s'est tenue *via* le réseau Internet une conversation pour le moins particulière. Les internautes avaient en effet l'occasion unique de dialoguer, « en direct », avec une femelle gorille nommée Koko. « Éduquée » par la psychologue américaine Francine Patterson depuis 1972, Koko a appris à utiliser une version simplifiée du langage des signes américain. Lors de cet événement médiatique, Francine Patterson (Penny) était en liaison téléphonique avec une médiatrice qui lui transmettait oralement les questions des internautes. Patterson traduisait alors pour Koko les questions en langage des signes. Les réponses de Koko étaient traduites à leur tour pour la médiatrice, qui la relayait par écrit vers les internautes. Patterson a eu ainsi à signer à l'intention de Koko : « Est-ce que tu aimes parler avec d'autres gens ? », ce à quoi Koko a répondu : « BIEN TÉTON », d'où ce commentaire de la part de la psychologue : « Oui, telle est sa réponse. "*Nipple*" [= téton] rime avec "*people*" [= les gens], n'est-ce pas ? Elle ne signe pas "*people*" en soi, alors elle peut essayer de faire un "analogue sonore", mais elle a dit que c'était "bien". » À cette autre question : « Koko, as-tu enseigné le langage des signes à d'autres gorilles ? », la réponse du gorille fut : « MOI LÈVRE », que Patterson a commentée ainsi : « Elle s'enseigne à elle-même. C'est tout à fait vrai. C'est très bon et je pense qu'une part de cette réponse, peut-être, est qu'elle nous enseigne à nous. En d'autres mots, "Moi lèvre" était sa réponse et "lèvre" est son mot pour "femme". Donc peut-être que "moi" a appris à "lèvre", peut-être. Donc il y a plusieurs interprétations ici. » La médiatrice de siffler son admiration : « Elle est vraiment créative ! » Et Patterson de renchérir : « Oh oui ! et je pense qu'elle le démontre dans cette réponse ! » Et quand la médiatrice conclut : « Elle crée ses propres mots, comme "lèvre" pour "femme" », Patterson précisa encore : « Oui, et aussi "pied" pour "homme". »

Depuis que Beatrice et Allen Gardner ont publié leurs premiers résultats en 1966, les travaux sur le « langage des singes » ont donné lieu à de vives polémiques. Le sémioticien Thomas A. Sebeok, père de la zoosémiotique (voir chapitre IX), en fut l'un des critiques les plus virulents. Il s'est escrimé à convaincre que les chimpanzés et les gorilles ne « parlent » pas : ils apprennent « seulement » des routines interactionnelles qui leur permettent de produire des comportements susceptibles de leur apporter une récompense, sans nécessairement comprendre le sens de la question qui leur est posée. Sebeok a comparé ces « conversations » inter-espèces au cas de Hans le Malin, ce cheval allemand qu'on avait cru arithméticien (voir chapitre II) [157] [158].

L'histoire de Hans le Malin est devenue le prototype de l'illusion anthropomorphique. Selon Sebeok, les singes qui « parlent » ne font, à l'instar de Hans, rien de plus que se fier à des indices inconsciemment émis par le questionneur pour produire une réponse qui n'est langagière qu'en apparence. Ainsi la compétence de l'animal ne serait-elle qu'un « simple » conditionnement. Pour répondre à ces objections, les chercheurs qui étudient les compétences linguistiques des singes et des dauphins ont développé diverses méthodes pour s'assurer qu'ils n'émettent pas à leur insu des signaux (regarder l'objet demandé par exemple) que l'animal pourrait utiliser pour donner la bonne réponse. La polémique, si elle est retombée, n'est cependant pas close. Car même si chimpanzés, dauphins ou perroquets démontrent, dans des conditions expérimentales mieux contrôlées, une bonne compréhension d'un code arbitraire qu'on leur enseigne, il est difficile de savoir exactement ce qu'ils font. Et si leurs « réponses » n'avaient rien de langagier mais procédaient d'une tout autre logique[1] ? En somme, les chercheurs ne

1. Quoique Kanzi, chimpanzé bonobo entraîné par Sue Savage-Rumbaugh au Language Research Institute d'Atlanta, ait montré l'utilisation

sont-ils pas dans ces travaux aveuglés par un anthropomorphisme qui leur fait voir des configurations humaines là où il n'y en a pas ? Telle est la critique la plus fondamentale adressée par les éthologistes entre autres aux travaux sur le langage des singes ou à ceux de Louis Herman, qui, à Hawaii, a enseigné un code arbitraire à des dauphins captifs. Herman tire des conclusions très optimistes sur les compétences linguistiques de ses dauphins mais, selon son collègue Ronald J. Schusterman, qui étudie la cognition et la communication chez les otaries, Herman est victime d'une vaste illusion anthropomorphique.

Habituellement défini comme l'« attribution de caractéristiques humaines aux animaux », l'anthropomorphisme est implicitement considéré comme une erreur. Le terme vient de la théologie, où il désigne l'attribution (erronée) de traits humains à Dieu. Dans ce contexte, il est le fait des esprits simples, de ceux qui, par manque d'instruction ou de capacité d'abstraction, ne peuvent concevoir Dieu sans lui donner forme et consistance humaines. Dans la relation entre humains et animaux, l'anthropomorphisme a de multiples facettes, mais il revient toujours à percevoir (faussement) de l'humain dans l'animal ; ici aussi il est le fait du profane, et l'erreur est à ce point grave en éthologie que la simple accusation d'anthropomorphisme suffit à disqualifier n'importe quel travail. Mais au-delà de cette définition très générale, qu'est-ce que l'anthropomorphisme, pratiquement ? Est-ce anthropomorphique d'attribuer une personnalité à un chimpanzé, des émotions à un chien ou des intentions à un dauphin ? Ce n'est évidemment une erreur que si les animaux considérés ne possèdent ni personnalité, ni intentions, ni émotions. Dans la mesure où l'anthropomorphisme est défini comme l'attribution de traits humains aux animaux, tout le poids de la discussion portera sur ce qui peut être considéré comme typiquement humain, c'est-à-dire sur le propre de l'homme.

---

pertinente de près de trois cents signes pictographiques réunis sur un clavier portable. En 1998, à l'âge de 18 ans, Kanzi a rejoint des recherches sur la confection d'outils de pierre par les hominidés anciens.

En 1898, un zoologue anglais décrivait ainsi les animaux qu'il avait observés : « Le père renard éduque son jeune avec le même soin et la même conscience que le ferait n'importe quel père humain ; le castor construit son habitation avec la prévision d'un gradé militaire et l'habileté d'un architecte expérimenté ; l'abeille vit dans une communauté bien réglementée, forme des États, et fonde des colonies ; et la fourmi cultive le sol et fait pousser des plantes ; elle rassemble les fruits de son travail et les stocke pour un usage futur, et garde d'autres insectes comme bétail domestique. Mais elle partage aussi les propensions vicieuses et dominantes de l'homme, faisant la guerre à des créatures de sa propre espèce et gardant ses prisonniers comme esclaves. » Ces descriptions sont incontestablement anthropomorphiques. Mais sont-elles fausses pour autant ? Et dans quelle mesure sont-elles fausses ?

Est-on anthropomorphique par nature ?

Le phénomène de l'anthropomorphisme a été assez peu étudié en tant que tel, et l'on connaît mal les conditions qui le favorisent. On sait cependant que la perception de la parenté avec l'animal joue un rôle important. Des investigations par questionnaire ont ainsi permis de montrer que les Occidentaux attribuent d'autant plus facilement des traits humains (intelligence, conscience et conscience de soi, émotions et sentiments) aux animaux qu'ils les jugent proches d'eux : biologiquement proches comme le sont les primates, ou émotionnellement proches comme le sont les animaux familiers. Invariablement ce sont les chimpanzés, les dauphins, les chiens et les chats qui sont considérés comme possédant les attributs mentaux les plus proches des nôtres. Anthropomorphisme et parenté phylogénétique ou proximité émotionnelle sont donc étroitement liés [53] [87]. S'il paraît logique d'attribuer d'autant plus facilement des traits humains à un animal qu'on le juge proche de soi, pourquoi le faire ? Selon l'anthropologue Steward E. Guthrie, l'anthropomorphisme a deux motivations principales : d'une part une motivation cognitive (la réduction de l'étranger à du familier), d'autre part une motivation émotionnelle (la réduction du sentiment d'insécurité face à ce qui n'est pas humain) [78]. Dans cette perspective, si nous humanisons l'animal c'est pour le rendre familier et compréhensible, pour en avoir moins peur et mettre un peu de logique humaine dans un monde qui nous est irréductiblement étranger.

Mais l'anthropomorphisme ne concerne pas uniquement les animaux. Il nous arrive d'insulter un ordinateur quand il « refuse » de fonctionner ou d'implorer une voiture de démarrer. Nous pouvons même, comme l'ont montré les expériences réalisées par Heider et Simmel en 1944, attribuer des traits humains à des formes géométriques. Dans ces expériences, on montrait aux sujets un film où un petit triangle était « pourchassé » par un grand triangle tout autour et à l'intérieur d'une « maison » (un grand rectangle). Le petit triangle finissait par « enfermer » le grand dans la maison, qui ensuite explosait. Invariablement, les sujets décrivaient ce qu'ils avaient vu en termes d'agression, de fuite et de sauvetage. Les triangles étaient même sexués : le petit était une femelle, le grand un mâle [83]. Cherchant à mieux cerner les propriétés responsables de la perception de caractéristiques humaines, une étude plus récente a montré que des déformations des figures géométriques ont peu d'effet sur l'interprétation du film. En revanche, la rupture des mouvements par stroboscopie en altère la perception [13]. L'attribution de qualités humaines (et notamment d'intentions) à des animaux, des machines ou des entités abstraites serait-elle une tendance irrépressible, une sorte d'outil de base dont disposeraient les êtres humains dans la compréhension du monde ?

C'est l'hypothèse qu'ont avancée plusieurs auteurs, pour qui l'anthropomorphisme est la conséquence d'une adaptation qui fut cruciale pour l'être humain : l'acquisition de la capacité à attribuer aux autres des états mentaux, surtout des croyances et des intentions [28] [63]. La capacité à se représenter les états mentaux des autres est ce que les psychologues appellent *théorie de l'esprit*, et elle serait selon ces auteurs un produit de notre évolution. Lorsque l'on observe les stratégies sociales parfois complexes que développent les primates, il est aisé d'imaginer l'avantage que peut constituer l'aptitude à se représenter les états mentaux des autres. Celui qui possède une théorie de l'esprit peut anticiper les comportements de ses rivaux et développer des stratégies sociales plus sophistiquées. On retrouve ici les théories dites « sociales » de l'évolution de l'intelligence humaine, qui relient le développement de la cognition au cours de l'hominisation aux pressions de sélection constituées par une vie sociale de plus en plus complexe [92] [26] [98].

Peut-être l'attribution d'états mentaux (humains) aux animaux est-elle une « erreur » innée ; toujours est-il que, pour la plupart des gens, l'anthropomorphisme est un ingrédient essentiel de tout lien émotionnel durable avec un animal. Il est probable que s'il nous était impossible d'« anthropomorphiser » nos animaux de compagnie, si nous ne pouvions croire qu'ils nous comprennent, qu'ils nous répondent, qu'ils possèdent intentions et émotions et qu'ils partagent, partiellement au moins, notre vision du monde, la qualité de la relation en serait grandement altérée. Peut-être même l'attachement durable serait-il impossible. Car la relation à l'animal de compagnie est faite d'imaginaire et de représentations tout autant que de comportements concrets. Grâce à son imaginaire, l'être humain construit autour du comportement « brut » de son animal un réseau de représentations et de croyances (d'illusions, diront certains) qui lui permet de donner du sens aux comportements, de les prévoir, d'y répondre et de s'engager émotionnellement dans la relation.

C'est précisément un tel réseau de convictions et de croyances ainsi qu'un lien émotionnel intense qui autorisent Francine Patterson à penser que Koko converse. Supprimons ce réseau un instant et mesurons la distance qui sépare les gestes effectués par Koko de l'interprétation qu'en fait Patterson. En réponse à la question « Enseignes-tu le langage des signes à d'autres gorilles ? », Koko se touche la poitrine puis se touche les lèvres, répétant deux des gestes composant la question. Le psychologue H. Terrace examinant les « phrases » de Nim, un chimpanzé qui avait appris un langage gestuel, a observé que 40 % de ses réponses étaient constituées de gestes inclus dans la question. Mais Patterson en conclut que Koko « s'enseigne à elle-même » ou qu'elle « enseigne aux femmes ». Le problème est bien là, dans cette formidable adjonction de sens à laquelle procède Patterson. Ôtons tout le travail d'interprétation qu'elle fournit, et la suite de questions et de réponses devient à peine sensée. Koko cesse tout à coup d'être une interlocutrice pleinement consciente, considérée comme un membre à part entière de la communauté humaine, pour redevenir un gorille captif parmi les humains – un gorille jouant sa propre partition dans une interaction dont les enjeux sont, à ses yeux, probablement fort différents. Mais jamais Patterson ne paraît faire cette hypothèse ; elle s'engage alors dans une (auto-)illusion anthropomorphique que rien ne semble pouvoir tempérer : pour elle, Koko ne se trompe jamais. Lorsque le gorille signe « *fine nipple* » (« bien téton ») suite à la question « Aimes-tu parler avec les gens ? », Patterson explique qu'il s'agit d'un analogue sonore pour « *fine people* » (« bien gens »), donné pour une invention de Koko. Que le gorille réponde quelque chose d'insensé ou ne réponde rien, c'est un signe de sa créativité, un trait d'humour, un mouvement d'humeur ou une variante personnelle… Pour expliquer l'incohérence des propos de Koko, Patterson ajoute de la complexité à l'incohérence et attribue à l'anthropoïde davantage de traits humains. Dans ces conditions, rien de ce que fait ou ne fait pas Koko n'est susceptible de remettre en question les présupposés de la psychologue. On comprend alors que de tels travaux aient été largement critiqués par la communauté scientifique. Cependant, si tous les critiques se sont accordés pour dire que Koko ne « converse » certainement pas, aucun n'a pu nous dire de manière convaincante ce que fait « vraiment » Koko !

Le chien qui criait comme un orgue

La plupart des éthologistes sont d'accord pour dire que l'anthropomorphisme est une tentative naïve, préscientifique et erronée pour comprendre les animaux. Mais comment s'en prémunir ? Jusqu'où faut-il aller dans la méfiance à l'égard de notre perception spontanée et naturellement anthropomorphique du comportement animal ? Il y a environ deux mille ans, les stoïciens ont proposé une version extrême de cette défiance. Pour eux, tout se passe « comme si » l'hirondelle anticipait la venue de l'hiver, « comme si » le cheval qui revient à l'écurie avait de la mémoire ou « comme si » le lion croyait que la gazelle est proche, mais ce ne sont là qu'apparences, car les animaux n'anticipent pas, n'ont pas de mémoire vraie ni de vraie croyance. À quoi Plutarque rétorquait, dans *L'Intelligence comparée des animaux terrestres et marins* (par. 961-e,f) : « Que répondraient [les stoïciens] si on leur disait que les animaux ne voient ni n'entendent rien, mais que tout se passe *comme s'ils* entendaient et voyaient, *comme s'ils* poussaient des cris, *comme si*, enfin, ils vivaient alors qu'en fait ils ne sont pas vivants ? » Cette question posée dans l'Antiquité n'est pas sans évoquer la question très moderne de la ressemblance entre le « comportement » d'un missile à tête chercheuse et celui d'un animal à la recherche de nourriture, et surtout le débat sur l'intentionnalité apparente du comportement animal.

Pour comprendre comment le problème de l'anthropomorphisme se pose aujourd'hui dans l'étude du comportement animal, il faut revenir aux origines du débat moderne, c'est-à-dire aux années 1870-1910, à l'époque où a fleuri la zoopsychologie. George Romanes, l'un des chefs de file de ce courant, aurait certainement été fasciné par les « conversations » entre Koko et Patterson, lui qui avait pour but de « jeter un pont psychologique entre le gentleman et le gorille ». On sait que, dans le sillage des travaux de Darwin, on a admis ce que Descartes avait réfuté : l'existence d'une continuité non seulement biologique mais aussi mentale entre l'animal et l'homme. Descartes avait circonscrit la parenté de l'homme et de l'animal au règne de la matière mais, pour Darwin et quelques-uns de ses disciples, elle doit s'étendre au domaine de la psychologie et des facultés mentales. « Les sens, les intuitions, les émotions variées et des facultés telles que l'amour, la mémoire, l'attention, la curiosité, l'imitation, la raison, etc., dont l'homme se vante, peuvent être trouvés à l'état embryonnaire ou même parfois assez bien développés chez les animaux les plus bas dans l'échelle du règne animal », écrit Darwin dans *La Descendance de l'homme par sélection naturelle* (1871).

L'objectif des zoopsychologues est alors de développer des méthodes et des critères permettant de définir les capacités mentales et morales de diverses espèces animales. Ils mettent au point des tests d'intelligence, récoltent des anecdotes et réfléchissent à des protocoles expérimentaux. Mais très vite ils se heurtent à un problème de méthode qui se révélera insoluble : celui de l'*inférence* des qualités mentales. Comment savoir en effet si les qualités mentales attribuées à l'animal existent vraiment, ou s'il ne s'agit que d'une analogie trompeuse ? C'est pour tenter de neutraliser ce biais anthropomorphique que Conwy L. Morgan avait énoncé en 1894 le fameux « canon de Morgan », dit aussi « principe de parcimonie » (voir chapitre II). Morgan voulait ainsi améliorer la zoopsychologie ; il ne se doutait certainement pas qu'il venait de forger l'outil avec lequel, une génération plus tard, on allait la jeter à bas.

Face aux excès et aux énormes difficultés méthodologiques de la zoopsychologie, le béhaviorisme de Watson a pu paraître salutaire aux chercheurs. Il offrait en effet une solution simple, qu'on espérait définitive, au problème de l'anthropomorphisme. Les inextricables difficultés de la zoopsychologie s'évanouissaient tout à coup et l'étude du comportement animal devenait limpide. La recette miracle qui allait permettre à la psychologie scientifique de prendre son envol en se démarquant une fois pour toutes de l'interprétation (anthropomorphique) de sens commun tient en fait à deux principes simples : l'interdit d'inférence et l'interdit d'empathie. L'interdit d'inférence est tout simplement l'obligation, pour le béhavioriste, de s'en tenir rigoureusement à ce qu'il observe. Il ne doit rien inférer qu'il n'ait directement observé. C'est ainsi que même la peur, la faim ou l'anxiété sont pour lui des entités hypothétiques invérifiables, dépourvues de valeur scientifique. De ce qui se passe « dans la tête de l'animal », de ses émotions ou de sa conscience de la situation, en un mot de sa subjectivité, le béhavioriste ne veut rien savoir. Il n'en a d'ailleurs pas besoin car, pour lui, l'explication du comportement ne réside pas dans la subjectivité de l'organisme, mais dans des lois d'association, des mécanismes dont l'animal n'a pas conscience et sur lesquels il n'a aucun moyen d'action. Dans la mesure où l'on peut expliquer valablement le comportement par des lois simples, l'inférence d'entités abstraites comme la conscience, la motivation ou d'autres états subjectifs hypothétiques devient inutile. Telles sont les conséquences d'une application stricte du canon de Morgan. Du coup, toute préoccupation pour les états subjectifs de l'animal est proscrite. Par là, les béhavioristes ont contribué à propager une conception très mécaniste de l'animal (et de l'homme).

Quant à l'interdit d'empathie, ou exigence de neutralité, il fut moins explicitement énoncé que le précédent, mais il fait partie de ce que tout scientifique objectif et rigoureux est supposé savoir : il faut éviter d'éprouver des sentiments pour les animaux dont on étudie le comportement. Le savant doit être objectif et détaché, « froid », « neutre » (neutre pour ne pas influencer le comportement de l'animal étudié, et pour se prémunir contre une vision déformée par les sentiments). La neutralité marque également la distance savante par rapport à l'implication émotionnelle du profane.

Ces principes, pour révolutionnaires qu'ils aient pu paraître au début du XXe siècle, n'étaient cependant pas neufs. Comme l'illustre le dialogue ci-après, Descartes et ses disciples les avaient énoncés quelque deux cent cinquante ans plus tôt, sous une forme à peine plus radicale.

« – Ainsi [dit le cartésien], vous ne devez point m'apporter comme une chose que vous ayez aperçue dans les bêtes, ni la joie que vous imaginez être dans un chien quand il vous caresse, ni la colère ou d'autres semblables passions, que vous lui attribuez en d'autres rencontres. Car toutes ces choses-là ne sont point du tout sensibles, et ne s'aperçoivent point par les sens.

[...]

– Mais je ne pense pas qu'un chien se pût porter vers un morceau de pain, et dédaigner une pierre qu'on lui présente, s'il n'avait point de connaissance.

– Le mot de “dédaigner” vous a échappé, car dans la précision où nous sommes, il ne fallait pas dire dédaigner mais seulement ne pas se mouvoir. Mais pensez-vous qu'il y ait de la connaissance dans un morceau de fer, pour faire qu'il se meuve vers l'aimant, et qu'il ne se meuve pas de même vers un caillou qu'on lui présente ?

– Mais que me direz-vous du cri que fait un chien lorsqu'on le frappe, n'est-ce pas au moins une marque qu'il sent quelque douleur ?

– Non Monsieur, car le son ou le bruit que font les orgues, lorsqu'on les touche en certains endroits, est beaucoup plus grand que le cri d'un chien, et cependant ce n'est point la marque qu'il y ait de la douleur dans les orgues. » (Jacques Rohault, *Entretiens sur la philosophie*, 1674.)

Appliqués strictement, l'interdit d'inférence et l'interdit d'empathie conduisent donc à une position très radicale quant aux états subjectifs des animaux. Si l'on s'en tient à cette perspective, il est impossible de savoir si un animal souffre « vraiment » ou s'il ne fait que proférer des sons que nous interprétons comme le signe d'une souffrance – un problème que rencontrent encore aujourd'hui ceux qui tentent de démontrer scientifiquement la souffrance animale. Au nom de la lutte (utile, répétons-le) contre l'anthropomorphisme de la zoopsychologie, les béhavioristes ont fini par nier l'existence de toute subjectivité animale : « Si nous supposons tout simplement que les animaux ont des expériences mentales, c'est de l'anthropomorphisme », écrit en 1992 le béhavioriste américain J. S. Kennedy [99].

Lorenz et le jars amoureux

Le béhaviorisme a pu croire résolu une fois pour toutes le problème de l'anthropomorphisme dans l'étude du comportement animal. De fait, on en a peu parlé dans les décennies suivantes. Cependant, le fait qu'à la fin du XXe siècle, le sujet ait resurgi pour être vivement discuté, et dans des termes identiques à ceux des débats anciens, est un signe que la solution très radicale qui avait été adoptée procédait d'une mauvaise analyse du problème. Toute l'étude du comportement animal n'a pas été affectée de la même manière par les interdits béhavioristes. En Europe, l'éthologie s'est développée dans la tradition naturaliste sous l'impulsion d'un savant doté d'une capacité d'empathie exceptionnelle, Konrad Lorenz. Contrairement aux béhavioristes, qu'il appelait des gens « sans yeux », Lorenz pensait que l'empathie, l'intuition et l'émotion étaient importantes pour comprendre le comportement animal, et que la science ne devait pas être pratiquée dans la croyance qu'il est possible d'être objectif en ignorant ses sentiments. Peut-être cette capacité d'empathie dont était doué Lorenz n'est-elle nulle part aussi visible que lorsqu'il décrit les changements qui s'opèrent chez un jars « tombé amoureux » : « Il me reste à montrer comment un tel lien se forme d'un coup, on pourrait presque dire explosivement, et lie en un tournemain deux individus pour toujours. Nous disons alors – sans guillemets – qu'ils ont eu le coup de foudre. [...] Les jars en pleine maturité manifestent leur nouvel amour à cor et à cri, et [...] il m'est arrivé de ne plus reconnaître, d'un jour à l'autre, au sens propre du mot, un jars bien familier "tombé amoureux". Le tonus musculaire augmente, ce qui provoque une attitude tendue de fierté et de vigueur transformant toutes les lignes de son corps ; chaque mouvement se fait avec une dépense exagérée de force. L'oiseau pour qui prendre son vol était autrefois une "décision" difficile, s'élève, quand il est amoureux, avec la légèreté d'un colibri. Les petites distances qu'une oie raisonnable parcourait à pied, il les franchit au vol et s'introduit à grand fracas, en entonnant le cri du triomphe, chez sa bien-aimée [113]. » Dans le même esprit, mais plus sobrement, Julian S. Huxley avait été conduit par ses observations à conclure que les oiseaux expérimentent des émotions, et que celles-ci sont très fortes : « La variété de leurs émotions est plus grande et elles sont d'une intensité plus frappante que chez la plupart des animaux quadrupèdes ; tandis que leur capacité à modifier leur comportement par l'expérience est moins importante, leur sujétion à l'instinct est plus complète », écrit-il dans ses *Essays of a biologist* de 1923. Lorenz aussi était convaincu que les animaux supérieurs ont des expériences subjectives et que celles-ci, bien que qualitativement différentes, sont de la même essence que les nôtres. « Nous ne savons pas, nous ne pouvons pas savoir ce qui se passe subjectivement chez une oie qui se tient devant nous, manifestant tous les symptômes de la tristesse humaine. Mais il nous est impossible d'échapper au sentiment que sa souffrance et la nôtre se ressemblent comme deux sœurs », écrit-il dans *L'Agression*. Peut-être peut-on voir là l'influence du biologiste allemand Jakob von Uexküll (1864-1944) et de son concept de « monde perçu » (Merkwelt), mais toujours est-il que, lorsqu'il observait des animaux, Lorenz décrivait non pas des organismes aveugles, mais des sujets actifs dans un environnement pour eux significatif.

Jamais Lorenz cependant n'a commis le même genre d'erreurs que celles qui ont conduit la zoopsychologie au déclin. D'abord parce que, tout en reconnaissant l'existence d'une subjectivité animale, il ne s'est jamais donné pour objectif de l'étudier ni de la décrire. Ensuite parce que, fermement ancrée dans la biologie, l'histoire naturelle et l'observation « totalement détendue et objective », son empathie n'était pas un obstacle, mais un outil pour une meilleure connaissance de l'animal. Ses premiers travaux sur les choucas dans les années 1930 sont exemplaires à cet égard. Si, comme l'ont écrit Peter Klopfer et Jack P. Hailman en 1967 [102], l'éthologie européenne est pénétrée d'une vision empathique, non anthropomorphique, du comportement animal, c'est à la tradition lorenzienne qu'elle le doit, une tradition que l'on retrouve par exemple chez les primatologues continentaux comme Hans Kummer ou Frans de Waal. L'éthologie n'en a pas moins cherché à prévenir tout écart anthropomorphique : ainsi Tinbergen appelant en 1951 à éviter les catégories subjectives pour parler le langage de la physiologie, ou en 1966 Peter Marler et William Hamilton recommandant à leurs collègues d'utiliser un langage aussi objectif que possible pour décrire le comportement. Il leur faut éviter des termes comme « effrayé » et « en colère », qui impliquent à la fois une observation et une interprétation, ou faire leur possible pour décrire les mouvements à l'aide de cordonnées spatiales, les sons comme des onomatopées et les odeurs par analogie avec d'autres odeurs, plutôt que par l'impression qu'elles nous font.

Le chat poursuit-il les souris ?

L'usage d'un langage purement objectif pour décrire le comportement animal, s'il semble résoudre le problème de l'anthropomorphisme, entraîne de nouvelles difficultés. Car plus on se débarrasse d'une terminologie dite intentionnelle (c'est-à-dire qui sous-entend des agents conscients), plus on risque de se retrouver avec un ensemble désorganisé de données. Faut-il aller, pour être objectif, jusqu'à réduire le comportement à une série de mouvements corporels et de déplacements dans l'espace ? C'est ce que recommandait le disciple de Descartes dans le dialogue cité plus haut. Poussé à l'extrême, ce raisonnement nous conduit à éviter de dire « le cheval saute une barrière » et à remplacer cette formulation par « le corps du cheval s'élève par-dessus la barrière », ou encore à remplacer l'énoncé « le chat poursuit la souris » par l'énoncé « le chat se déplace selon une certaine trajectoire ». Mais de l'un à l'autre, a-t-on conservé l'essence de ce qui s'est passé ? Selon l'anthropologue Pamela Asquith, l'usage de métaphores anthropomorphiques dans la *description* du comportement animal est non seulement inévitable, mais recommandé. La description « A salue B » comporte certes un surcroît de signification par rapport à l'énoncé « A étend le bras et touche l'épaule de B », mais une description du comportement qui serait dépourvue de *tout* surcroît de signification, telle que pourrait l'enregistrer une machine par exemple, nous laisserait avec un ensemble de données éparses, inutilisables et incompréhensibles. Lorenz parlait à ce propos de « perception des formes » : « Il faut une longue période d'observation totalement détendue et objective pour rassembler et retenir la masse d'informations dont notre appareil de calcul a besoin pour distinguer la forme du fond. » Et d'ajouter : « Seuls peuvent fournir cet effort soutenu ceux qui sont fascinés par la beauté de l'objet qu'ils contemplent [114]. »

Selon Robert Hinde, il existe deux manières de décrire des unités de comportement : soit en termes de mouvements ou de déplacements, soit en mettant l'accent sur les conséquences du comportement, c'est-à-dire sa fonction (par exemple « rassembler des matériaux pour la construction d'un nid »). Nombre d'éthologistes ont fait remarquer que, puisque le comportement de l'animal est modelé par ses fonctions, c'est-à-dire par ses conséquences, il apparaît naturellement à l'observateur comme dirigé vers un but (le chat « poursuit » la souris). C'est là non pas une illusion due.à l'anthropomorphisme, mais la simple conséquence de l'évolution du comportement, sélectionné parce qu'il remplit certaines fonctions utiles à la survie. Ainsi celui qui refuserait de percevoir l'intentionnalité apparente du comportement de l'animal se priverait d'une source d'information importante pour la compréhension de ses fonctions. C'est l'avis de Patrick Bateson, pour qui « refuser à l'éthologiste l'usage de l'empathie, du langage intentionnel et des concepts qui y sont associés entraîne de réels inconvénients si l'on veut comprendre le comportement » (« comprendre le comportement » revenant ici à en identifier les fonctions). Mais c'est une chose que de reconnaître qu'un comportement adapté est dirigé par/vers un but ; c'en est une autre que de placer des intentions dans l'animal et de les utiliser ensuite pour expliquer son comportement. Or cette distinction, qui sépare les causes des fonctions, est cruciale en éthologie. Selon les auteurs elle porte plusieurs noms, mais il s'agit toujours de distinguer deux formes d'intentionnalité : l'intentionnalité de l'agent conscient agissant en fonction d'un objectif, et l'intentionnalité « biologique », qui fait référence à une explication fonctionnelle du comportement et permet de parler d'objectif poursuivi sans faire référence à l'intentionnalité au sens psychologique (et humain) du terme. C'est précisément quand ces deux formes d'intentionnalité sont confondues, quand on prend les fonctions pour les causes, que le danger de l'anthropomorphisme resurgit. « Aussi longtemps, écrit Asquith, que le terme “apaisement” est utilisé pour chercher à comprendre comment un comportement aide à la survie de l'individu, pour comparer différentes sortes d'apaisement, pour décrire comment il a évolué, etc., c'est-à-dire aussi longtemps que nous restons dans le cadre de l'éthologie, nous sommes en dehors de l'anthropomorphisme. C'est seulement lorsque l'on passe au niveau psychologique, c'est-à-dire lorsque l'on infère des états mentaux, que l'anthropomorphisme surgit [3]. »

Une croisade pour la pensée animale

C'est précisément sur ce terrain incertain, celui de l'inférence d'états mentaux animaux, que s'est lancé Donald Griffin, découvreur de l'écholocation chez les chauves-souris. Griffin s'est aussi passionné, durablement, pour la question de l'orientation spatiale chez les oiseaux. Rien apparemment dans la carrière de Griffin ne le prédestinait à s'engager, sur le tard, dans une croisade pour restaurer l'étude des états mentaux des animaux. Il aura fallu qu'un philosophe lui demande d'imaginer pour lui les états subjectifs d'une chauve-souris (voir chapitre IX). En 1976, Griffin publie *The Question of Animal Awareness*, un ouvrage dans lequel il ose poser la question d'une pensée consciente chez les animaux [73]. Il considère que les éthologistes ont mis en évidence tant de complexité insoupçonnée dans le comportement animal (dans les domaines de l'organisation sociale et de la communication notamment) qu'il est devenu raisonnable de faire l'hypothèse que, d'une certaine manière, les animaux ont conscience de ce qu'ils font. Renouant avec le principe de la continuité mentale chère aux zoopsychologues, Griffin voit dans ces questions un nouveau domaine à explorer pour l'éthologie. En 1978 il propose l'expression *éthologie cognitive*, et distingue une éthologie cognitive « forte », c'est-à-dire qui considère les questions de sentiments et de pensée consciente, d'une éthologie cognitive « faible », vouée à étudier de manière objective les mécanismes de traitement de l'information[2].

2. L'éthologie cognitive, au sens large, recouvre un champ de recherches

L'ouvrage de 1976, qui eut un certain retentissement, aurait probablement été vite oublié si Griffin n'avait été ensuite très actif, publiant articles et ouvrages rassemblant des observations (souvent anecdotiques) en faveur de l'hypothèse d'une conscience animale, encourageant des recherches et organisant des rencontres scientifiques. Infatigable, Griffin n'a eu de cesse de lutter contre ce qu'il a appelé, avec d'autres, le « tabou béhavioriste » : « La répugnance à prendre en considération les expériences mentales subjectives [des animaux] peut résulter, en partie, de vestiges non reconnus du béhaviorisme », résume-t-il en 1991. Et il ajoute que, si les éthologistes ont tendance à trouver la notion de conscience dérangeante et s'ils se battent pour susciter des manières d'analyser le comportement qui ne laissent aucune place à ces notions subversives que sont la subjectivité ou la conscience, c'est parce que leur esprit est encore modelé, à leur insu, par les tabous béhavioristes. Sur ce point particulier, Griffin a trouvé appui chez des philosophes et des anthropologues qui, tels Mary Migdley ou Tim Ingold, considèrent que l'accusation d'anthropomorphisme a été utilisée, au cours du XXe siècle, comme un outil politique pour éviter de remettre en question la frontière communément admise entre l'homme et l'animal.

La tromperie comme indice

Parce qu'elle est susceptible de révéler une intention sous-jacente, la tromperie est l'un des domaines d'étude privilégiés de l'éthologie cognitive. Dans les relations entre proies et prédateurs, le développement de signaux trompeurs est la règle : imitation d'une espèce inconsommable, camouflage et stratégies visant à surprendre ou à distraire le prédateur, les techniques sont nombreuses (voir chapitre IX). L'une de ces

bien plus étendu que ne l'est le courant issu des réflexions de Griffin. Voir l'ouvrage de J. Gervet et M. Pratte, consacré à l'exploration de capacités cognitives adaptatives (reconnaissance individuelle, orientation…) plutôt qu'à celle de catégories mentales relativement « vagues » [65].

stratégies de distraction, la « feinte de l'aile brisée », a fait l'objet des recherches de Carolyn Ristau, qui fut l'assistante de Griffin [143]. Ristau a étudié cette parade chez deux pluviers (*Charadrius melodus et C. wilsonia*) qui nichent au sol sur les rivages de l'Atlantique Nord aux États-Unis. Ces oiseaux assurent l'essentiel de leur protection contre les prédateurs par le camouflage mais, s'ils sont découverts, ils adoptent, dans 40 % des cas environ, une démarche boiteuse, avec une ou les deux ailes traînant au sol, comme si elles étaient brisées. Le prédateur s'empresse de suivre l'oiseau « blessé » jusqu'à ce que, tout à coup, ce dernier s'envole à tire-d'aile, laissant le prédateur désorienté et, surtout, loin du nid. La feinte de l'aile brisée est connue depuis longtemps des éthologistes comme un cas typique de coordination héréditaire, un schème comportemental hérité, typique de l'espèce. Mais, suggère Ristau, l'oiseau pourrait néanmoins l'utiliser d'une manière consciente. Utilisant la méthode dite « de Sherlock Holmes », qui consiste à mettre l'animal dans l'erreur et à observer comment il gère la situation (méthode qu'affectionnait, on l'a vu, l'entomologiste Fabre), Ristau fait l'hypothèse qu'il existe chez le pluvier qui exécute la feinte de l'aile brisée une intention : entraîner le prédateur loin du nid[3].

Pour savoir si le pluvier a, d'une certaine manière, conscience de ce qu'il fait, Carolyn Ristau a réalisé une série d'expériences en milieu naturel sur l'aptitude de l'oiseau à adapter son comportement à celui du prédateur. La parade est-elle dirigée vers l'intrus ou l'oiseau l'exécute-t-elle dans n'importe quelle direction ? L'oiseau modifie-t-il son comportement si l'intrus ne le suit pas, continuant à se diriger vers le nid ? Le pluvier répond-il différemment selon que l'intrus est attentif ou distrait, selon la direction de son regard ? L'oiseau est-il capable d'apprendre à distinguer

3. Par comparaison, on aurait un niveau d'intention plus élevé si l'on pouvait montrer que l'oiseau veut que le prédateur croie qu'il est blessé. Pour être capable de ce niveau d'intentionnalité supérieur, l'animal doit posséder une théorie de l'esprit, c'est-à-dire qu'il doit être capable d'attribuer des croyances ou d'autres états mentaux au prédateur. En distinguant

entre intrus dangereux et intrus inoffensifs ? Les résultats de ces expériences suggèrent, dans leur ensemble, la nature intentionnelle du comportement du pluvier : l'oiseau se comporte effectivement comme s'il voulait conduire le prédateur loin de son nid. On observe dans la feinte de l'aile cassée une flexibilité qu'une conception purement mécaniste du comportement n'aurait pas laissé prévoir. Mais Ristau ne peut dépasser cette limite immémoriale : démontrer l'existence d'intentions conscientes chez l'animal. Ces résultats ne sont « révolutionnaires », évidemment, que dans la mesure où l'on conçoit l'animal comme une sorte d'automate aveugle exécutant des actions sans aucune conscience de ce qu'il fait. Ils ne prennent leur relief que sur l'arrière-plan d'un certain béhaviorisme, dont on a dit que le profane ne le partageait pas en général. Et pour un éthologiste, il n'est somme toute pas surprenant que l'animal se comporte de manière sensée dans un environnement qui lui est signifiant. Mais le chercheur doit-il, ayant compris une coordination héréditaire ou une stratégie élaborée comme des adaptations à cet environnement, inférer des intentions conscientes chez l'animal qui les manifeste ? Il serait facile de se convaincre que, chez un oiseau, un comportement de tromperie est simplement un signal ritualisé, biologiquement fixé, mais la chose est bien moins aisée lorsqu'il s'agit de primates.

Ruses de primates

Deux primatologues, Andrew Whiten et Richard Byrne, ont joué un rôle important dans la mise en évidence de ce qu'on peut appeler la manipulation sociale chez les primates. Avant qu'ils ne lancent, à la fin des années 1980, une vaste enquête destinée à collecter des exemples de

---

ainsi plusieurs niveaux d'intention selon une complexité croissante, le philosophe Daniel C. Dennett a apporté d'importantes clarifications méthodologiques aux éthologistes cognitivistes désireux de faire des recherches sur l'intentionnalité chez les animaux.

tromperie auprès de cent trente-cinq primatologues, les observations de manipulation sociale chez les singes restaient isolées et anecdotiques. Parce qu'elles paraissaient être le fruit d'une interprétation anthropomorphique, ces observations étaient réservées aux discussions informelles autour d'un verre pendant les colloques de primatologie. Après la publication, en 1988, de l'ouvrage présentant les résultats de cette enquête, la tromperie chez les primates est apparue comme une configuration comportementale largement répandue, difficile à ignorer [26]. Un cas de tromperie particulièrement édifiant est celui d'une femelle hamadryas observée par Kummer : un jour, alors qu'un mâle dominant se reposait, le primatologue a observé l'une de ses femelles se diriger, avec une lenteur inhabituelle, vers un mâle adolescent caché à la vue du dominant par un rocher. Tout au long de sa progression la femelle jetait de brefs coups d'œil au mâle assoupi. Une fois qu'elle eut rejoint le jeune babouin derrière le rocher, elle se mit à le toiletter. Sachant que les femelles hamadryas sont sévèrement punies lorsqu'elles toilettent un autre mâle, comment interpréter les comportements de l'infidèle ? La lenteur du déplacement et les coups d'œil furtifs peuvent laisser soupçonner une intention consciente de se dissimuler par anticipation de représailles. Un autre cas, observé par Byrne, est celui d'un jeune babouin qui, après avoir observé un certain temps une femelle creusant un sol dur et sec pour déterrer un tubercule, poussa un cri de détresse sans cause apparente, comme en poussent les petits lorsqu'ils sont agressés. Sa mère accourut et chassa la femelle ; après quoi, le jeune babouin se mit à creuser exactement là où cette dernière s'activait un instant auparavant. Des cas analogues, dans lesquels un individu utilise un congénère protecteur pour s'assurer un avantage dans la compétition l'opposant à un tiers, ont été observés par de nombreux primatologues. D'autres observations mentionnent l'émission d'un cri d'alarme – lancé ordinairement à la vue d'un prédateur ou d'un groupe voisin – sans cause apparente par un babouin pourchassé. Son effet immédiat est que l'agresseur interrompt la poursuite pour scruter attentivement l'horizon. Le babouin pourchassé a-t-il conscience de tromper et anticipe-t-il un effet déterminé ? Ce sont les chimpanzés toutefois qui ont livré les exemples de tromperie les plus élaborés. Frans de Waal raconte l'histoire de Georgia, chimpanzé femelle de la station de recherche du Yerkes Regional Primate Research Center à Atlanta. Georgia avait la mauvaise habitude d'asperger les visiteurs avec de l'eau qu'elle gardait en bouche. C'était assez désagréable, et les habitués avaient développé une grande méfiance à son égard. Mais Georgia était devenue tellement experte dans l'art de la dissimulation qu'il était difficile de la percer à jour. Elle était capable de garder l'eau en bouche très longtemps et de vaquer mine de rien à ses occupations. Aussi, même les plus avertis des soigneurs et des chercheurs se faisaient-ils régulièrement tremper. Dans un autre registre, de Waal a également observé un chimpanzé mâle qui s'empressa de cacher de ses mains son pénis en érection lorsqu'il fut surpris en pleine cour amoureuse par un mâle dominant ; et Luit, chimpanzé mâle du zoo d'Arnhem, aux Pays-Bas, alors en compétition avec un autre mâle pour le statut de mâle alpha, détourner son visage de la vue de son rival jusqu'à ce que l'expression de peur qu'il affichait ait disparu.

Dans tous ces cas de tromperie on peut toutefois invoquer l'anthropomorphisme pour discréditer toute interprétation qui irait au-delà d'un « simple conditionnement ». La femelle hamadryas aurait pu apprendre que s'éloigner doucement n'entraînait pas de conséquence désastreuse, de même qu'être assise hors de la vue du mâle dominant. Elle aurait même pu adopter ces conduites sans conscience de les avoir apprises, comme c'est le cas pour la majorité des apprentissages par conditionnement. Si l'on respecte le principe de parcimonie, il faut s'en tenir à cette explication, qui vaut pour tous les cas de tromperie tactique. Mais dans le cas des primates, et dans la mesure où nous partageons avec eux un long passé évolutif, cette explication est-elle vraiment la plus parcimonieuse ? Selon Frans de Waal, qui a proposé le concept de *parcimonie évolutive*, si deux actions sont analogues chez deux espèces proches, il est plus parcimonieux de faire l'hypothèse d'une communauté de processus mentaux plutôt que de supposer que l'évolution a inventé deux mécanismes distincts. Dans ce cas l'anthropomorphisme ne serait pas une erreur, mais un outil de connaissance.

Vers un anthropomorphisme heuristique ?

Dans leur définition de la tromperie tactique, Whiten et Byrne ne font aucune hypothèse quant à l'intention de tromper un congénère. Ils n'en distinguent pas moins deux niveaux de tromperie : l'une, dite de niveau 1, est le résultat d'un conditionnement opérant et n'implique aucune intention ; dans la seconde, dite de niveau 2, l'agent agit en vue de provoquer une fausse croyance. Il est donc capable de se représenter les états mentaux de congénères et possède, à l'instar de l'homme, une théorie de l'esprit. Cette distinction se double d'une partition phylogénétique puisque, selon Byrne, la tromperie à fin de manipulation sociale est fréquente mais inconsciente chez les singes, tandis que chez les anthropoïdes (chimpanzés, gorilles, orangs-outans), qui y recourent moins, elle serait intentionnelle. À bien considérer le débat et les travaux suscités par l'éthologie cognitive de Don Griffin, on observe que deux conceptions semblables de l'animal s'y opposent : celle d'un animal gouverné à son insu par des lois qui lui échappent (les lois du conditionnement opérant, de la physiologie ou de la sélection naturelle) et celle d'un animal qui agit intentionnellement et consciemment. Mais cette opposition, apparemment raisonnable, n'est pas sans susciter d'énormes problèmes. Reconnaissons tout d'abord qu'elle repose sur un dualisme corps-esprit typiquement cartésien, contre lequel il semble difficile de se prémunir. Ensuite, cette dichotomie entre un organisme « agi » et un organisme « agissant » n'est pas propre à l'éthologie : on la retrouve telle quelle dans la pensée sociologique, où longtemps deux conceptions de l'homme se sont opposées : un individu « agi » par des structures sociales qui le dépassent et le déterminent, ou un agent libre prenant des décisions rationnelles. Elle est peut-être donc davantage culturelle que scientifique.

Cependant, rien n'indique que l'être humain prenne ses décisions sur la base d'une délibération consciente et rationnelle. « Griffin veut rendre les animaux rationnels alors qu'on sait très bien que les gens ne le sont pas », s'emporte l'anthropologue Tim Ingold dans un ouvrage consacré à l'animalité [95]. En raison de l'interdit d'empathie qui, au nom de la lutte contre l'anthropomorphisme, a fortement marqué l'éthologie américaine, les éthologistes ont fini par adopter un regard détaché, « objectif » et « froid » sur l'animal étudié. D'où probablement la tendance, lorsqu'ils infèrent des expériences subjectives chez l'animal, à lui attribuer des intentions ou des pensées subjectives de nature *rationnelle*, dans le sens de « cognition froide et détachée ». Ainsi les états mentaux inférés par l'éthologie cognitive de Griffin sont-ils non seulement humains, mais aussi très occidentaux. Selon Kummer, le comportement de la femelle hamadryas n'est pas motivé cognitivement, mais émotionnellement. N'y aurait-il pas, dans la manière dont l'éthologie cognitive moderne de Griffin conçoit la subjectivité animale, l'oubli problématique de ce que l'éthologie classique appelait la motivation, c'est-à-dire les bases émotionnelles du comportement ?

Les primatologues Dorothy Cheney et Robert Seyfarth, par exemple, s'interrogeant sur la manière dont les singes vervets « voient le monde », ont réalisé des expériences ingénieuses pour savoir si ces derniers percevaient les relations sociales dans lesquelles ils étaient impliqués de la même manière que l'observateur [34]. Mais la position de l'observateur est une position intellectuelle de scientifique détaché ; celle du singe est la position émotionnelle d'un animal engagé dans des relations sociales qui l'affectent. Si le primatologue voit les relations, l'animal voit le monde à travers ces relations ! Entre les deux, qu'y a-t-il de commun ? Il semble en conséquence que l'éthologie cognitive, en cherchant à démontrer objectivement l'existence d'intentions ou de pensées conscientes chez les animaux, n'évite pas une forme d'anthropomorphisme. Et ce n'est pas ici le recours à une méthodologie plus objective qui résoudra le problème. N'est-ce pas alors le regard empathique d'un Lorenz, plutôt que le droit d'inférence, qu'il aurait fallu réhabiliter ? En se rebellant contre le béhaviorisme et sa conception de l'animal automate, Griffin a introduit en éthologie une problématique que la discipline avait jusque-là évitée : un débat sur l'existence et la nature des expériences mentales des animaux. Il n'est pas certain que les travaux de ce courant d'étude déboucheront sur une meilleure compréhension du comportement animal, mais ils ont ce mérite d'attirer l'attention des éthologistes sur la question négligée de la subjectivité animale. Si les animaux ne sont ni des « agents conscients » ni des « automates inconscients de ce qu'ils font », que sont-ils ?

Il est clair à présent que les interdits béhavioristes n'ont pas résolu le problème de l'anthropomorphisme dans l'étude du comportement animal. Mais il y a eu un changement au cours des vingt dernières années. La définition de ce qu'est un anthropomorphisme acceptable ou non a changé, et il n'est plus interdit de parler d'amitié ou de réconciliation chez les primates – à condition bien sûr que ces termes correspondent à des configurations interactionnelles rigoureusement identifiées. En primatologie particulièrement, l'usage de termes anthropomorphiques n'a cessé de croître, au fur et à mesure qu'augmentait notre connaissance du comportement. Lorsque Jane Goodall a adressé à la revue *Behavior* son premier article scientifique, au début des années 1960, on le lui a retourné après avoir remplacé par le pronom neutre « *it* » tous les « *she* » (« elle ») et « *he* » (« il ») qui désignaient les chimpanzés... Il y aurait donc un « bon » et un « mauvais » anthropomorphisme en éthologie. Un anthropomorphisme heuristique et un anthropomorphisme qui éloigne le chercheur d'une meilleure connaissance de l'animal. Le premier utilise l'empathie et la capacité de l'esprit humain à percevoir des structures pour faire des hypothèses. Le second utilise des entités mentales (humaines) pour expliquer le comportement ; une erreur que deux conditions favorisent : 1) la confusion entre les fonctions du comportement, c'est-à-dire ses conséquences (telles qu'elles sont identifiées par l'observateur) et ses causes ; il y aura toujours une différence irréductible entre « frapper, ce qui a pour conséquence de causer un dommage » et « frapper avec l'intention de causer un dommage » ; 2) la confusion entre la position d'observateur détaché et celle de l'animal « pris » dans les relations avec son milieu social et biologique. « Ce n'est pas parce que le comportement est descriptible en termes verbaux et/ou quantitatifs sophistiqués que ces mécanismes sont nécessaires pour produire le comportement », a écrit Hank Davis, connu notamment pour avoir été l'un des auteurs d'un ouvrage (*The Inevitable Bond*, 1992) consacré au lien qui s'installe inévitablement entre les chercheurs et les animaux qu'ils étudient.

La majorité des éthologistes sont aujourd'hui d'accord pour considérer que, si un certain anthropomorphisme est acceptable dans la description du comportement de l'animal, c'est en revanche toujours une erreur quand il s'agit de l'expliquer. Et, aussi bizarre que cela puisse paraître, il se pourrait qu'une empathie fondée sur une solide connaissance de l'histoire naturelle de l'espèce considérée, plutôt que la froide objectivité, constitue le meilleur des remparts contre l'illusion anthropomorphique.

12. Regard éthologique sur l'humain

Début février 1961, le portrait d'un chimpanzé souriant de toutes ses dents a fait la couverture du magazine américain *Time Life* : Ham, envoyé dans l'espace en éclaireur par la NASA. Mais qu'exprimait ce sourire ? On sait que Charles Darwin, le premier, a tiré toutes les conséquences éthologiques de la ressemblance apparente du sourire humain et des expressions faciales chez les primates, et *L'Expression des émotions chez l'homme et les animaux* peut à juste titre être considérée comme le premier ouvrage d'éthologie humaine. Par la finesse et la qualité des observations qui y sont rassemblées il reste, encore aujourd'hui, une référence. Darwin se trompait pourtant dans la plupart de ses conclusions concernant le sourire : en effet, rire et sourire ne sont pas comme il le croyait deux formes, d'intensité différente, d'une même expression faciale ; pas plus que le sourire n'exprime, chez les primates, le contentement. De fait, il signale la crainte et la soumission – et c'est bien la terreur suite à son vol de seize minutes qu'exprimait Ham quand on l'a photographié à l'ouverture de la capsule. Mais Darwin avait raison dans son hypothèse : rire et sourire humains sont très probablement dérivés de leurs homologues simiesques – comme beaucoup d'autres expressions faciales.

Le primatologue Jan Van Hooff a proposé une lignée phylogénétique plus plausible pour l'évolution de notre rire et de notre sourire [91]. Chez les primates, l'équivalent de notre sourire est une expression faciale ritualisée qui a pour fonction d'apaiser un dominant menaçant. Ce n'est que chez les chimpanzés qu'apparaît un rôle de signal amical ou neutre par lequel un animal dominant invite un subordonné au contact. Quant au rire, il est chez les primates étroitement dépendant d'un contexte de jeu social turbulent, en particulier le chatouillement. Jamais chez les primates rire et sourire ne se superposent. La situation est bien plus complexe chez l'homme, où rire et sourire peuvent se fondre l'un dans l'autre et être utilisés dans une quantité de contextes différents : on rit parce qu'on est bien ensemble, on rit *de* quelqu'un dans un contexte qui s'apparente à l'agression ou à l'exclusion, on sourit de contentement ou quand on est embarrassé, etc. Dans les interactions sociales anonymes, le contact visuel s'accompagne souvent d'un sourire. Mais Van Hooff ne se préoccupe que de la *forme* des expressions faciales, non de leur signification, encore moins de ce qui provoque le rire chez l'homme. De ce point de vue, rire et sourire humains peuvent être considérés comme le résultat d'une évolution qui conduit des mammifères primitifs à *Homo sapiens* ; mais ils n'en portent pas moins les marques d'une évolution spécifique, l'hominisation, qui les distingue radicalement de leurs homologues primates.

D'autres travaux étayent la vision des éthologistes du rire et du sourire comme des expressions stéréotypées à forte composante instinctive. Dans les années 1940 le psychanalyste René Spitz, utilisant la méthode des leurres chère à Tinbergen, avait observé qu'un bébé de quatre mois auquel on présente le dessin, même grossier, d'un visage vu de face y répond par un sourire. Le sourire disparaît quand le visage est vu de profil. Spitz a fait l'hypothèse que la réponse-sourire repose chez le bébé sur un mécanisme de déclenchement inné comme les éthologistes en avaient identifié chez leurs oiseaux ou leurs poissons, et que la configuration « front, yeux, nez » agit comme stimulus-signal déclenchant le sourire [167]. Pour John Bowlby, psychanalyste lui aussi, mais plus profondément, et durablement, inspiré par les théories éthologiques, le sourire fait partie d'un système biologique, l'attachement, dont la fonction est de maintenir la proximité avec la mère et, par là, d'assurer la protection contre les prédateurs. Pour lui, le sourire est donc une réponse sélectionnée par l'évolution en raison de son avantage pour la survie [20]. Mais les arguments les plus forts en faveur de l'innéité du rire et du sourire sont probablement venus des observations que Irenäus Eibl-Eibesfeldt, un élève de Lorenz, a réalisées sur un groupe de six enfants nés sourds et aveugles, situation qui s'apparente aux expériences de déprivation des éthologistes. En dépit du fait qu'il n'ont pu l'apprendre par imitation, ces enfants possèdent la forme complète du rire et du sourire, qui apparaissent dans des contextes appropriés. Eibl-Eibesfeldt en a conclu que le rire et le sourire sont des expressions faciales innées dont l'apparition repose sur la maturation et non sur l'apprentissage. Par « inné », Eibl-Eibesfeldt entendait « un programme comportemental qui ne nécessite aucune information extérieure à l'organisme lui-même pour se développer » [54][1].

Indifférence et polémiques

Ces travaux ne devraient-ils pas suffire à convaincre que chez l'homme certaines expressions faciales ont une forte composante instinctive, et que le comportement humain, même s'il ne s'y réduit pas, vaut la peine d'être étudié en tant que produit de l'évolution ? Pourtant, la légitimité de la contribution de l'éthologie à la compréhension du comportement humain a été souvent remise en question, selon un principe qui voudrait qu'on ne peut, sous peine d'en manquer la part essentielle, décrire le comportement humain dans les mêmes termes que celui des autres animaux. Ainsi demandera-t-on ce qu'il y a de commun entre un chimpanzé qui rit quand on le chatouille et un homme qui rit d'un trait d'esprit. Et s'il était établi que ce qui fait l'essence de l'humain est bien ce qui le distingue de l'animal (l'aptitude à élaborer des cultures très complexes, l'accès à l'ordre symbolique, la structuration de langages), les hypothèses de l'éthologie humaine ne seraient-elles pas réduites à la portion congrue d'une explication dont l'essentiel reviendrait aux autres sciences de l'homme : psychologie, sociologie et anthropologie ?

1. Notons cependant qu'il manque à ces enfants les expressions graduées et composites (sourire narquois, poli, embarrassé…) qui font du rire et du sourire des expressions qui s'insèrent, chez l'homme, dans des interactions sociales bien plus complexes que chez leurs homologues primatiques.

De fait l'éthologie humaine n'a cessé, depuis ses origines, de soulever d'intenses polémiques. Quand, en 1963, Lorenz publie *L'Agression*, un ouvrage dans lequel il défend notamment l'idée que l'agression animale et humaine est, d'un point de vue biologique, « bonne à quelque chose », il est violemment attaqué [113]. Les arguments qu'on lui oppose sont scientifiques et idéologiques. Du point de vue scientifique, on critique son modèle de l'agression en tant que motivation instinctive. Pour les comportementalistes, l'agression est apprise et répond à la frustration. On lui reproche également d'étendre à l'homme des modèles issus de l'étude du comportement animal. Du point de vue idéologique, on l'accuse de justifier la violence des sociétés humaines en la présentant comme « naturelle ». L'idée que l'agression puisse être « bonne à quelque chose » alors que la société lutte pour s'en prémunir paraît inacceptable. Dans d'autres débats, en revanche, c'est l'indifférence totale qui a accueilli les contributions d'éthologistes à la compréhension de l'humain. Ainsi, quand en 1972 Niko Tinbergen publie, avec sa femme, un ouvrage dans lequel ils proposent une théorie éthologique de l'autisme [179], seuls quelques rares parents ou praticiens témoignent de l'intérêt. Une « conspiration du silence », dénoncée par René Zazzo la même année, répond à la théorie éthologique de l'attachement de l'enfant à sa mère, élaborée par Bowlby à partir de 1958 [21] [201].

Et pourtant, peu de décennies plus tard, il est devenu commun, *via* les médias, de lire ou d'entendre des explications biologiques et éthologiques de chacun de nos comportements. La fidélité, les trajectoires ou la vitesse des piétons sur un trottoir, le conflit intérieur, les cadeaux dans une relation amoureuse…, tout se prête à une explication en termes de dispositions naturelles et de valeur adaptative. Malheureusement, la plausibilité semble souvent assurer seule la scientificité de l'hypothèse. Ainsi, deux chercheurs américains ont-ils proposé récemment de considérer les coliques du nourrisson comme des adaptations retenues par l'évolution parce qu'elles font peser sur les parents une pression émotionnelle importante (ceux qui ne sont pas prêts à la supporter diminueront probablement leur contribution génétique aux générations futures). Les bébés « sélectionneraient » donc les parents les plus aptes à s'occuper d'une progéniture. Quelle que soit, à terme, la valeur de cette hypothèse, il faut plus qu'une idée saisissante pour faire de l'éthologie humaine. En fait, bien des hypothèses de ces disciplines récentes que sont la psychologie, la psychiatrie ou l'anthropologie dites « darwiniennes » n'échappent pas à ce que Gould et Lewontin, dans un article déjà ancien, avaient dénoncé sous l'appellation de « paradigme de Pangloss » : le raisonnement circulaire selon lequel, si un trait existe, il possède forcément une valeur adaptative. Ces hypothèses n'en connaissent pas moins un vif succès médiatique. Mais ces excès constituent un réel danger pour l'éthologie humaine, qu'ils contribuent à décrédibiliser ou à diaboliser. La science exige des faits et la mise à l'épreuve d'hypothèse. À ces réserves scientifiques s'ajoutent des critiques idéologiques, inévitables dès lors qu'il est question de déterminisme biologique du comportement humain. Car celui-ci est, à première vue, en contradiction avec des valeurs fondamentales de nos sociétés telles que liberté, égalité, solidarité… Faut-il alors « brûler » les éthologistes et nier farouchement, contre l'évidence scientifique s'il le faut, toute détermination biologique dans le comportement humain ?

Incontestablement certaines hypothèses sur la biologie du comportement représentent, aujourd'hui comme hier, un danger potentiel pour nos sociétés. Si nous raillons actuellement les théories d'un Cesare Lombroso qui, au XIXe siècle, croyait qu'une série de mesures faciales permettait de reconnaître une constitution criminelle, beaucoup restent prêts à croire à l'existence d'une programmation, déterministe, des comportements déviants ou jugés comme tels. Dans ses efforts pour contrôler ses pathologies, notre société ne cesse de rechercher les causes de la violence, de la criminalité, des toxicomanies… qui menacent sa stabilité ou entravent le progrès qu'elle vise. Dans ce contexte, les hypothèses de la génétique du comportement ou de la sociobiologie sont particulièrement attrayantes, parce qu'elles proposent des modèles *simples* du comportement humain, qui débouchent aisément sur la mise en place de politiques apparemment *rationnelles*. Ainsi, si l'on arrivait à convaincre une autorité, sur la base de quelques corrélations statistiques, que certains hommes sont « génétiquement prédisposés » à violer, comme l'ont récemment avancé Thornhill et Palmer [174], entreprendrait-on de repérer ces individus pour les neutraliser avant qu'ils ne commettent une agression sexuelle ? Or certains éthologistes soutiennent à l'inverse que les circonstances sont déterminantes. Plus que toute autre discipline, la biologie du comportement est susceptible d'être détournée pour justifier des politiques de contrôle social injustifiables par ailleurs.

De fait, comme l'a souligné le psychiatre et éthologiste belge Albert Demaret, « il est indéfendable d'envisager le déterminisme génétique sous le seul angle de la pathologie » [47]. Dès 1964, le vétéran Julian Huxley et ses collaborateurs notaient par exemple que la fréquence élevée de la schizophrénie dans la population en général ne pouvait guère s'expliquer sans invoquer l'hypothèse d'avantages biologiques aussi bien chez les sujets malades que chez les porteurs sains. Parmi ces avantages, Huxley notait une meilleure résistance aux blessures, brûlures et infections, qui aurait pu s'avérer avantageuse dans le passé de notre espèce. L'idée de la stérilisation de patients atteints de maladies mentales graves (comme la schizophrénie ou la maniaco-dépression) est donc non seulement éthiquement condamnable, mais aussi aberrante du point de vue même de la génétique des populations. Le psychiatre Oswald Bumke ne disait-il pas à ce propos : « Si l'on veut faire disparaître la folie maniaco-dépressive, il nous faut aussi nous priver de tout le bien, tout le bon, de toute couleur et de toute chaleur, de beaucoup d'esprit et de vigueur… » ? – Bumke n'afficha pas toujours des vues aussi larges. Et le généticien William Bateson, qui avait dès le début du XXe siècle pressenti les dangers de l'eugénisme, avait coutume de répéter qu'il ne fallait pas oublier que le père de Beethoven était alcoolique et que sa mère était tuberculeuse, maladie que l'on croyait héréditaire à l'époque. Mais la science prudente a-t-elle la meilleure audience ?

L'attachement comme système biologique

En juillet 1953 s'est tenu à Genève le premier colloque d'un collectif de réflexion qui réunira chaque année, jusqu'en 1956, une quinzaine de chercheurs de réputation mondiale pour discuter du développement de l'enfant. On y rencontrait notamment Julian Huxley, l'anthropologue américaine Margaret Mead, le systémicien autrichien Ludwig von Bertalanffy, le biologiste et psycho-généticien suisse Jean Piaget, le psychologue français René Zazzo, le psychiatre américain Eric Erickson, l'Anglais John Bowlby, Konrad Lorenz, etc., réunis à l'initiative de Donald Hargreaves, alors directeur de l'Organisation mondiale de la santé. Certains se connaissent pour s'être déjà rencontrés, notamment lors des célèbres conférences Macy sur la cybernétique, tenues de 1942 à 1948.

Dans une ambiance détendue où chacun est invité à se présenter, Julian Huxley explique que sa passion pour les oiseaux remonte à l'âge de sept ans, au moment où il a découvert que ceux qui habitaient sous la corniche de sa maison ne vivaient pas comme lui. C'est à un âge encore plus précoce (trois ans !) que Margaret Mead prétend avoir commencé sa formation d'anthropologue, en observant le comportement de ses jeunes sœurs. Quant à Konrad Lorenz, sa carrière scientifique a également commencé très tôt, on l'a vu, lorsque, à l'âge de cinq ans, il reçut pour cadeau de Pâques un caneton… Lorsque vient le tour de Jean Piaget, il feint l'humilité : « Je suis impressionné par tout ce que je viens d'entendre. Les cinq ans de Lorenz, les trois ans de Margaret ! J'ai le sentiment d'avoir été un enfant arriéré. Je n'avais pas moins de quinze ans lorsque j'ai publié mon premier article scientifique, mon premier ouvrage[2]. »

Ces conférences ont rapidement quitté le cadre strict qui leur était assigné pour devenir, selon les termes du témoin privilégié que fut René Zazzo, « une fantastique fête des

2. Cette anecdote est racontée par René Zazzo dans *Où en est la psychologie de l'enfant ?*, Paris, Denoël, 1983.

sciences de la vie », en fait le creuset extrêmement fertile dans lequel a pris naissance l'éthologie humaine moderne. C'est à Genève en effet que John Bowlby rencontre pour la première fois Konrad Lorenz. Ami de Julian Huxley, Bowlby connaît les travaux de Lorenz, qui l'ont vivement intéressé. Ces réunions sont pour lui l'occasion de rencontrer l'homme, et de renforcer sa conviction que les théories éthologiques sont d'un grand intérêt pour la compréhension du développement de l'enfant. La thèse qu'il développe à partir de ce moment, connue sous le nom de *théorie de l'attachement*, est, depuis Darwin, la première théorie du comportement humain d'inspiration véritablement éthologique [20] [21].

Lorsqu'il découvre les travaux des éthologistes, Bowlby est à la recherche d'une théorie capable d'expliquer les observations cliniques qu'il a rassemblées en quinze ans de travail à la Tavistock Clinic de Londres. Il a découvert, avec d'autres, qu'une dislocation majeure de la relation mère-enfant au cours des premiers mois de la vie entraîne des troubles graves de la personnalité. Les théories psychologiques de l'époque paraissent inadéquates à Bowlby pour rendre compte de ces observations. En revanche, le concept d'*empreinte* lui semble beaucoup plus intéressant : chez certaines espèces, on l'a vu, les petits sont génétiquement prédisposés à des réactions dont l'effet est de maintenir la proximité avec un individu particulier, bien différencié – en général la mère – qui sera préféré entre tous. Bowlby fait alors l'hypothèse qu'il existe un système biologique analogue chez l'être humain. Replaçant l'espèce humaine dans son environnement évolutif (qu'il appelle *environnement d'adaptétude évolutionniste*), il avance qu'un système biologique ayant pour fonction d'assurer la proximité entre la mère et son petit a dû être sélectionné dans le passé de notre espèce pour la protection qu'il assure contre les prédateurs. Il appelle *attachement* ce système biologique. Étant donné sa fonction de protection, ce système doit reposer sur des mécanismes sûrs, codés dans l'organisme, et être présent dès la naissance. Bowlby suppose alors que la succion, le sourire, les pleurs, l'agrippement, le babillage et la poursuite sont les réponses instinctives sur lesquelles repose l'attachement. Ce système de réponses constitue l'homologue humain de la réponse d'agrippement qui, chez les autres primates, assure la proximité avec la mère. Et, comme l'ont montré les travaux des époux Harlow, l'agrippement à la fourrure est l'une des bases du lien émotionnel entre le petit singe et sa mère.

Bowlby n'a jamais prétendu que l'attachement chez l'homme repose sur un mécanisme identique à l'empreinte. Mais il a appliqué à l'homme le principe selon lequel, au moins chez certaines espèces, des liens peuvent se créer et persister entre les individus sans que soient nécessairement satisfaits des besoins physiologiques comme la faim ou la chaleur, et ce malgré d'éventuelles punitions. Bowlby pose en conséquence que l'attachement est un besoin *primaire* de l'organisme et non un besoin secondaire dérivé de la satisfaction de la faim, comme le concevait la théorie psychanalytique. Et si l'attachement est un besoin primaire, on comprend mieux que les enfants qui en sont privés, même s'ils reçoivent les soins corporels appropriés, ne se développent pas normalement. On comprend aussi que la simple proximité avec la mère procure, selon toutes les apparences, une profonde satisfaction au bébé, ce que la théorie des pulsions expliquait difficilement.

On ne saurait sous-estimer l'importance de la théorie de l'attachement en éthologie humaine ; elle constitue aujourd'hui encore une source d'inspiration pour de nombreux chercheurs. Elle a généré de multiples travaux – dont ceux de la psychologue Mary Ainsworth – sur le lien entre les modalités de l'attachement précoce et la personnalité ultérieure, et les théories éthologiques des troubles mentaux s'y réfèrent encore largement. Plus fondamentalement peut-être, Bowlby a aussi bouleversé la conception traditionnelle du rapport entre le biologique et le social. Comme l'écrit René Zazzo, « la sociabilité n'est pas à articuler avec les tendances physiologiques, voire en contradiction avec elles : *la sociabilité fait partie du biologique*[3], au même titre que la faim, la soif, la pulsion sexuelle ». La théorie de l'attachement

3. Souligné par R. Zazzo.

est venue confirmer cette intuition du psychologue Henri Wallon : « L'individu est essentiellement social. Il l'est, non par suite de contingences extérieures, mais par suite d'une nécessité intime. Il l'est génétiquement [201]. »

Des bébés toujours plus précoces

Pour des raisons à la fois théoriques et méthodologiques, c'est l'étude du développement de l'enfant qui a peut-être bénéficié le plus de l'apport de l'éthologie. Les cliniciens avaient pour habitude de concentrer leur attention sur la mère et de considérer que le bébé répondait aux stimulations de celle-ci. Les éthologistes, de leur côté, s'intéressaient à la manière dont les jeunes « modelaient » le comportement de leurs parents. L'influence de l'éthologie a donc eu cette conséquence que l'on s'est mis à regarder davantage le bébé en tant qu'acteur dans l'interaction mère-bébé, et qu'on lui a découvert de solides compétences pour l'interaction et la communication.

En 1983, René Zazzo s'émerveillait de ce que les bébés reconnaissent l'odeur maternelle non pas à deux ou à trois ans comme on le pensait précédemment, mais dès l'âge de dix jours. Un peu plus tard, l'équipe d'Hubert Montagner démontrait que c'est dès l'âge de trois jours que les nouveau-nés distinguent, et préfèrent, l'odeur de leur mère de celle d'une autre femme ayant un bébé du même âge. Montagner a conclu que l'attachement olfactif, présent chez la plupart des mammifères, est une composante importante de l'attachement chez les humains. À cette époque, c'était une révolution d'apprendre que le bébé de quinze jours est capable de distinguer une voix féminine d'une voix masculine. Aujourd'hui, on sait que le bébé reconnaît la voix de sa mère dès la naissance, et qu'il la préfère à toute autre voix féminine. Quand sa mère lui parle, le bébé de quelques heures tourne la tête dans sa direction, et ce mouvement est suivi d'un regard curieux, d'un mouvement scrutateur des yeux pour trouver la source du son [23]. Si l'on a cru pendant longtemps que les nouveau-nés ne voient pas, c'est parce que leur rétine est immature et qu'ils sont encore incapables d'organiser leur perception visuelle : leurs tentatives pour fixer un objet des yeux sont contrecarrées par des mouvements parasites involontaires. Mais leurs mouvements oculaires ne sont pas totalement désorganisés : le psychologue britannique Colwyn Trevarthen a montré qu'ils sont organisés par salves qui constitueront la base motrice sur laquelle se développera la coordination volontaire de l'exploration visuelle. En dépit de cette immaturité neurologique, des bébés de deux semaines distinguent le visage de leur mère d'un autre visage féminin, et ce visage-là les intéresse davantage que celui d'une inconnue. De plus ils s'agitent, se détournent ou se mettent à pleurer lorsqu'on leur présente le visage de leur mère et qu'on leur fait entendre ses paroles avec un léger décalage temporel... À deux semaines donc, ils perçoivent comme anormale une désynchronisation entre les expressions faciales et le discours de leur mère [23] ! De telles données laissent songeur quant à la manière dont le bébé « sait » tout cela. Il est tentant de penser que ces apprentissages précoces sont préparés et favorisés par une prédisposition biologique présente dès la naissance. On peut également s'interroger sur le rôle de l'émotion dans ces apprentissages. Car ces expériences sur la reconnaissance de la mère ne sont possibles que parce que les bébés *préfèrent* l'odeur, la voix ou le visage de leur mère à ceux d'une autre femme. Les bébés sont donc doublement préparés pour l'attachement à la mère ou à un substitut : d'une part ils sont dotés d'un système de réponses instinctives, identifié par Bowlby, qui promeut l'attachement de la mère à son bébé, d'autre part ils sont prêts à reconnaître précocement leur mère et à la préférer à une inconnue.

D'autres compétences précoces, sur le plan moteur cette fois, ont pu être mises en évidence par le pédiatre Albert Grenier, qui a développé un protocole d'examen permettant de débarrasser les bébés des mouvements involontaires qui parasitent leur motricité. Installés dans un fauteuil capitonné, la nuque bien soutenue, des bébés ayant entre vingt jours et deux mois sont capables d'avancer lentement la main dans la direction de l'objet qui leur est présenté, puis de refermer les doigts sur l'objet ou de les garder à son contact. On voit ainsi comment des programmes moteurs qui ne deviendront effectifs que des semaines plus tard, avec la maturation du système nerveux, sont déjà présents. Le développement du comportement, comme celui de l'embryon, ne se fait pas au seul gré des influences de l'environnement ; il est structuré par l'organisme lui-même.

Les mères développent de leur côté des compétences très spécifiques à l'égard de leur bébé. Montagner a montré que dès le deuxième jour après l'accouchement elles commencent à distinguer son odeur et ses pleurs de ceux d'un autre bébé du même âge. Chez la plupart des mères cependant, les performances diminuent entre le quatrième et le septième jour, une période qui correspond à la dépression postnatale. Cette variation dans les performances laisse supposer que ces apprentissages maternels dépendent de mécanismes physiologiques qui restent à identifier [125].

Beaucoup de chercheurs parlent, pour décrire l'interaction d'une mère avec son nourrisson, de « ballet » ou de « danse » interactionnelle. Les partenaires semblent se répondre, se répéter, s'imiter, et l'on parle alors de « conversations mère-bébé ». Comme le montrent les « partitions » que l'observation éthologique permet de construire, l'interaction mère-bébé est organisée, et ce dès les débuts de la vie du nourrisson. L'organisation temporelle, notamment, y est très précise, et il n'est pas rare que mère et bébé démontrent une synchronisation mutuelle de l'ordre du dixième de seconde, ce qui laisse supposer qu'ils suivent un programme interactionnel partagé. Très jeunes, les bébés connaissent donc les régularités de l'interaction et s'attendent à certaines réactions de leur mère. Les expériences de Brazelton sur le « visage impassible » ont particulièrement bien mis ce fait en évidence. Quand une mère se présente devant son bébé de deux mois et garde, quoi qu'il fasse, un visage impassible durant trois minutes, les bébés sont d'abord déçus, puis ils se détournent et essayent d'éviter de regarder leur mère (sans vraiment y parvenir). Finalement, ils paraissent désespérés et dépassés, et se replient sur eux-mêmes. Les mères sont aussi très perturbées par l'expérience, et il n'est pas rare qu'elles aient l'impression d'abandonner leur bébé. Le nourrisson ne reprendra confiance que peu à peu [23].

Les mécanismes de l'attachement ont sans doute été sélectionnés, comme le pensait Bowlby, pour assurer la protection contre les prédateurs. Mais ils remplissent incontestablement une autre fonction chez notre espèce : ils sont le germe d'une interaction mère-bébé qui, selon Brazelton, est une matrice dans laquelle le bébé trouve un sentiment de sécurité essentiel à son développement.

Odeurs, communication et émotion

Dans le « ballet » interactionnel mère-bébé, plus encore que dans toute autre communication humaine peut-être, toutes les modalités sensorielles sont impliquées : le regard, le sourire, les mimiques, la voix, la tension musculaire, le rythme de la respiration et des paroles, le toucher... et bien sûr l'odorat. L'odorat est le sens évolutivement le plus ancien – il s'agit d'une amélioration de la sensibilité aux substances chimiques, présente déjà au niveau bactérien. Il a été jusqu'ici relativement peu étudié chez l'homme, en raison à la fois de difficultés méthodologiques et d'un relatif rejet par nos sociétés occidentales des manifestations naturelles associées à ce sens primitif, étroitement relié à la sexualité et au fonctionnement corporel. Chez d'innombrables espèces animales, l'odorat joue un rôle déterminant dans la plupart des aspects de la vie et de la survie : choix d'un partenaire sexuel, reconnaissance de la progéniture, marquage territorial... Chez l'homme, l'odorat est réputé ne jouer qu'un rôle très secondaire par rapport aux autres sens, très développés, que sont la vue et l'audition. De fait, notre épithélium olfactif ne contient que dix millions de récepteurs, contre deux cents millions chez certains chiens. Il n'empêche que notre cerveau est capable de distinguer deux variétés de roses à leur parfum, que l'odeur du pain frais peut suffire à nous faire entrer dans une boulangerie...

Même si Napoléon, rapporte-t-on, préférait que Joséphine

ne se lave pas trop souvent car il la trouvait plus attirante odorante que désodorisée, il n'est pas démontré que chez l'être humain l'odeur corporelle joue un rôle dans l'attractivité d'un partenaire sexuel. Il serait néanmoins étonnant que ce ne soit pas le cas. Codée génétiquement, l'odeur corporelle est aussi individuelle que le sont les empreintes digitales ou les marqueurs du soi dans le système immunitaire. Se pourrait-il que, à l'instar des souris femelles, qui manifestent une préférence pour l'odeur d'un partenaire qui leur est complémentaire d'un point de vue génétique [140] (voir chapitre VI), les femmes aient, elles aussi, une tendance à suivre leur attrait pour une certaine odeur lorsqu'elles choisissent un père pour leurs enfants ? On sait que leur sensibilité olfactive augmente lorsqu'elles sont dans la période fertile de leur cycle ovarien, et des recherches déjà anciennes ont montré qu'elles sont durant cette période particulièrement sensibles à un analogue de synthèse d'un attracteur sexuel chez les mammifères, substance que les hommes et les jeunes filles prépubères ne détectent que faiblement ou pas du tout. Indéniablement les humains échangent des signaux chimiques, le plus souvent à leur insu, comme l'ont suggéré les observations de Martha McClintock en 1971 sur la synchronisation des cycles menstruels chez des jeunes filles partageant une même chambre dans un pensionnat. Cet auteur concluait à l'existence d'« un processus physiologique interpersonnel qui affecte le cycle menstruel », et elle mentionnait, à titre purement spéculatif, l'existence d'une phéromone humaine. Depuis ces observations, en l'absence d'une preuve définitive de l'existence de phéromones chez l'homme, la plupart des auteurs ont préféré parler d'exo-hormones plutôt que de phéromones, pour souligner que ces molécules ne déclencheraient pas une réaction automatique et préformée. En 1998 toutefois, McClintock et Kathleen Stern, en collectant quotidiennement les odeurs corporelles de femmes sur des tampons absorbants et en plaçant ensuite ces tampons au-dessus de la lèvre supérieure de femmes réceptrices durant deux mois, ont pu montrer que le cycle menstruel chez les réceptrices est altéré de manière significative. Les deux chercheuses en ont conclu que le potentiel pour la communication chimique impliquant les fonctions sexuelles a été préservé chez l'homme [168] [191]. Utilisant la même procédure expérimentale, McClintock a montré plus récemment que des signaux chimiques émis par des mères allaitantes peuvent altérer les cycles menstruels d'autres femmes.

L'un des aspects les plus intéressants de notre sens de l'odorat est sa capacité à faire remonter à la surface de la conscience des souvenirs profondément enfouis – ce que l'on appelle la « mémoire involontaire ». Dans *Du côté de chez Swann*, première partie de *À la recherche du temps perdu*, Marcel Proust en effet a magnifiquement raconté une réminiscence qui commence par une émotion subite et intense dont il ne peut trouver le motif. « Et bientôt, machinalement, [...] je portai à mes lèvres une cuillerée du thé où j'avais laissé s'amollir un morceau de madeleine. Mais à l'instant même où la gorgée mêlée des miettes du gâteau toucha mon palais, je tressaillis, attentif à ce qui se passait d'extraordinaire en moi. Un plaisir délicieux m'avait envahi, isolé, sans la notion de sa cause. [...] D'où avait pu me venir cette puissante joie ? Je sentais qu'elle était liée au goût du thé et du gâteau, mais qu'elle le dépassait infiniment, ne devait pas être de même nature. » (Pléiade, tome I, p. 44.) Que les odeurs ou les goûts soient étroitement liés aux émotions chez l'homme, chacun a déjà eu l'occasion de l'expérimenter. Ce fait trouve une part de son explication dans l'histoire évolutive de notre cerveau. C'est en effet à partir de structures olfactives anciennes que s'est développé le rhinencéphale, une structure qui comprend le bulbe olfactif (le premier relais neuronal pour les voies nerveuses impliquées dans la perception des odeurs) et des structures intervenant dans la régulation des réponses émotionnelles de l'organisme (le système limbique). En d'autres termes, la capacité de ressentir et d'exprimer des émotions se serait développée à partir de la capacité du cerveau à percevoir les odeurs. C'est ce qui fait dire à la psychologue Rachel Hertz que l'émotion est au fond une version abstraite et cognitive de l'olfaction ; elles sont d'ailleurs fonctionnellement analogues : toutes deux ont pour fonction de signaler à l'organisme si quelque chose est bon ou mauvais, s'il faut s'en approcher ou s'en éloigner. La liaison entre odeurs et émotion serait telle que, selon Hertz toujours, les personnes souffrant d'anosmie expérimentent une diminution d'intensité de leur vie émotionnelle, même dans des domaines qui ne sont pas directement liés aux odeurs.

Chez Proust, la sensation de joie intense s'évanouit bientôt et, avec l'espoir de la faire revenir, le narrateur reprend quelques gorgées de thé mêlées de madeleine. Après quelques essais, tout d'un coup, cette joie livre son secret en même temps qu'une foule de souvenirs : « Ce goût, c'était celui du petit morceau de madeleine que le dimanche matin à Combray [...], quand j'allais lui dire bonjour dans sa chambre, ma tante Léonie m'offrait après l'avoir trempé dans son infusion de thé ou de tilleul. La vue de la petite madeleine ne m'avait rien rappelé avant que je n'y eusse goûté ; peut-être parce que, en ayant souvent aperçu depuis, sans en manger, sur les tablettes des pâtissiers, leur image avait quitté ces jours de Combray pour se lier à d'autres plus récents ; [...]. Et dès que j'eus reconnu le goût du morceau de madeleine trempé dans le tilleul que me donnait ma tante [...], aussitôt la vieille maison grise sur la rue, où était sa chambre, vint comme un décor de théâtre [...] ; et avec la maison, la ville, [...] et les bonnes gens du village et leurs petits logis et l'église et tout Combray et ses environs, tout cela qui prend forme et solidité, est sorti, ville et jardins, de ma tasse de thé. » (Pléiade, tome I, p. 46-47.)

En trois pages admirables, Proust a énoncé les principales énigmes scientifiques que pose la mémoire dans sa relation aux goûts et aux odeurs. Comment comprendre que le cerveau humain soit capable de reconnaître, instantanément, une odeur qu'il n'a plus rencontrée depuis très longtemps ? Comment pouvons-nous reconnaître individuellement des dizaines voire des centaines de milliers d'odeurs, des parfums aussi spécifiques que celui d'une gorgée de thé mêlée de morceaux de madeleine, alors que la plupart des substances odorantes sont des composés qui souvent ne se distinguent les uns des autres que par quelques atomes ? Comment comprendre, enfin, la capacité des odeurs à faire surgir des souvenirs depuis longtemps oubliés, et revécus avec tellement de précision ?

Grâce à des travaux sur l'abeille et le rat, nous possédons une partie des réponses à ces questions. Nous sommes pourvus d'environ un millier de récepteurs différents. Chacun est sensible à une configuration particulière d'atomes – site actif – portée par les molécules odorantes – généralement celles-ci possèdent plusieurs de ces sites et activent donc plusieurs types de récepteurs. Tous les récepteurs d'une même catégorie se projettent sur le même groupe de neurones dans le bulbe olfactif. Il s'ensuit que chaque molécule odorante active une configuration particulière de neurones dans le bulbe olfactif, et que cette configuration lui est strictement spécifique. C'est pourquoi un très léger changement dans une molécule se traduit par une odeur totalement différente. Si l'acide octanoïque suggère une odeur désagréable, l'octanol, molécule qui n'en diffère que par peu d'atomes, a un parfum orangé. Ce système de codage combinatoire a pour effet que, avec un répertoire d'un millier de récepteurs différents, nous pouvons distinguer autant d'odeurs. Et si la perception d'une odeur est susceptible de faire remonter à la surface des souvenirs depuis longtemps enfouis, c'est probablement, comme le pensait Proust, parce que cette odeur n'a plus jamais été rencontrée depuis lors et qu'elle est restée liée exclusivement à un souvenir particulier.

Reste l'énigme de l'exactitude du souvenir, puisqu'il semble que les souvenirs activés par des odeurs soient plus précis que des souvenirs activés par des sons ou des images. Comme Proust, tous ceux qui ont un jour expérimenté une réminiscence ont l'impression de revivre la scène dans ses moindres détails, avec une émotion intense. Or, selon Rachel Hertz, qui a testé expérimentalement cette hypothèse, les souvenirs liés aux odeurs ne sont pas plus exacts que ceux rappelés par des sons ou des images. Le sentiment d'exactitude ne serait qu'une illusion créée par l'intensité de la réponse émotionnelle [86].

Expressions faciales et gestualité

Dans les années 1950, aux États-Unis, une nouvelle discipline prend son essor, en se définissant davantage par son objet, la « communication non verbale », que par ses méthodes ou son ancrage disciplinaire. En effet, nombreux sont les anthropologues ou les psychologues qui découvrent alors dans l'éthologie des méthodes (l'observation naturaliste, l'établissement d'éthogrammes), des concepts et/ou un regard susceptibles de les aider à décrypter la gestualité et les interactions humaines. Ainsi l'anthropologue Edward T. Hall, fondateur de la proxémique (l'étude de l'organisation sociale de l'espace entre les individus), élabore-t-il ses notions d'espace personnel et de distance sociale en s'inspirant des travaux de Heini Hediger, qui, tout en dirigeant le zoo de Zurich, pratiqua avec beaucoup de finesse la psychologie animale et l'éthologie. Quant au psychiatre Albert Scheflen, il repère dans des séances de psychothérapie des pseudo-parades de cour (*quasi courtship behavior*), qui l'aident à comprendre l'organisation de l'interaction.

L'éthologie s'impose dans l'étude de la communication non verbale humaine à deux niveaux. Au premier, la recherche procède assez directement de Darwin et de *L'Expression des émotions* – on s'interroge sur la phylogenèse et le caractère inné de certains comportements expressifs ; au second niveau, les chercheurs s'en tiennent à emprunter à l'éthologie sa méthode d'observation naturaliste.

Incarnant l'approche darwinienne, Irenäus Eibl-Eibesfeldt considère que les mouvements expressifs se développent chez l'homme à travers un processus d'autodifférenciation comparable à celui d'un organe qui se développe au cours de l'embryogenèse, c'est-à-dire en suivant les instructions contenues dans le génome. Ils sont donc innés et apparaissent d'emblée dans leur forme complète à un certain stade du développement. C'est donc pour mettre à l'épreuve de l'observation l'innéité des expressions faciales que Eibl-Eibesfeldt a, durant plusieurs années, rendu régulièrement visite à la petite Sabine, six ans et demi au début des observations, née sourde et sans yeux [54]. Il observe que, même si elle n'a pas d'yeux ni de larmes, la fillette se frotte les paupières quand elle « pleure ». Elle rit, sourit, exprime la colère et la surprise par des expressions reconnaissables, et secoue la tête lorsqu'elle refuse quelque chose. Elle se gratte la tête lorsqu'elle est hésitante, et vocalise des syllabes répétées (« bababa », « dadada », qu'elle n'entend pas elle-même), ce qui favoriserait l'hypothèse d'une tendance innée à former des syllabes, et à les lier à certaines situations. Au total, Sabine possède beaucoup de schémas expressifs complets et identiques à ceux des enfants normaux, mouvements qui, appropriés au contexte et bien coordonnés, sont de bons candidats au titre de schème d'action fixe.

Eibl-Eibesfeldt omet en revanche de faire figurer la peur parmi les schèmes d'action fixe qu'il décrit. Or des recherches en neurophysiologie indiquent que la perception que nous avons de la peur chez une autre personne est assurée par un circuit neuronal spécifique, activant une structure (l'amygdale) connue notamment pour être impliquée dans la réponse émotionnelle à des stimuli aversifs. Reconnaître la peur chez le congénère plus rapidement qu'une expression amicale serait donc préparé par des circuits neuronaux. La colère, reconnaissable notamment à l'abaissement des coins de la bouche et au relèvement de la lèvre supérieure (qui découvre les dents), pourrait aussi activer des circuits neuronaux spécifiques. Comme l'a montré en Suède l'équipe d'Arne Öhman, un visage menaçant entouré de visages neutres est détecté plus vite qu'un visage amical présenté dans les mêmes conditions [132]. La capacité à décoder rapidement les signaux faciaux des congénères peut évidemment jouer un rôle important pour la survie, mais il faut pour cela que ces signaux soient relativement fixes dans leur expression, pour certaines de leurs composantes du moins.

Dans la tradition darwinienne que représente Eibl-Eibesfeldt, les mimiques faciales sont considérées comme la traduction d'une émotion ou d'un état intérieur. Toute différente est l'approche anthropologique. Pour les anthropologues, c'est dans une matrice culturelle que la gestualité est modelée et que l'enfant apprend à donner du sens à ses gestes, à ses postures et à ses mouvements. Ainsi, le corps n'est pas seulement régi de l'intérieur, il est aussi gouverné « de l'extérieur », par un code de « présentation de soi en public ». L'anthropologue Ray Birdwhistell avait ainsi finement observé que, dans son Kentucky natal, une certaine gestualité et une composition faciale typique signalaient la mauvaise santé. L'homme malade pouvait ainsi laisser ses épaules s'affaisser durant quelques secondes avant de se recomposer, mais pas plus d'une fois par quart d'heure sous peine d'être considéré comme un simulateur. Les vieillards, les femmes et les enfants avaient cependant licence de dépasser cette limite. À quelques dizaines de kilomètres de là, la manière d'exprimer la mauvaise santé était toute différente, le malade adoptant en permanence une position affaissée. Les recherches anthropologiques n'infirment évidemment pas les conclusions d'Eibl-Eibesfeldt. Mais, illustrant la difficulté d'articuler ensemble des disciplines, et le biologique et le social dans l'étude de l'homme, les conclusions de l'éthologiste allemand ont été mal accueillies par l'anthropologie.

Celle-ci a reçu plus favorablement en revanche l'apport de l'éthologie à un niveau méthodologique, qu'illustrent les travaux en France d'Hubert Montagner et en Angleterre de Nicholas Blurton-Jones. Ces chercheurs n'ont posé aucune hypothèse *a priori* quant au caractère inné ou acquis d'un geste ou d'une expression faciale. Ils n'ont pas davantage cherché à savoir quelle émotion ces comportements traduisent. Observant des enfants de un à cinq ans interagir avec leurs pairs, les deux auteurs se sont intéressés aux effets des signaux visuels, à leurs conséquences dans l'interaction. C'est à ce niveau que se situe la signification, selon Montagner et Blurton-Jones. Ils pratiquent donc une observation naturaliste dans le meilleur sens du terme : l'observation du comportement en contexte, tel qu'il survient spontanément dans le cadre de vie habituel du sujet. Tous deux biologistes, ils ont montré une méfiance certaine vis-à-vis de l'usage prématuré de concepts éthologiques, en tout cas lorsque ceux-ci sont utilisés à des fins explicatives. « Le concept d'activité de déplacement, dit Blurton-Jones, ne pose pas de problème tant qu'il est utilisé comme guide pour le regard. Il attire notre attention sur des comportements qui seraient probablement passés inaperçus et qui pourraient jouer le rôle de signaux. Mais rien ne va plus lorsqu'on l'utilise comme une explication. » Ces approches ont été très fructueuses. Elles ont permis de mettre en évidence quelques-uns des comportements qui jouent un rôle de signal dans l'interaction chez les enfants de moins de cinq ans, ainsi que des postures formalisées comme la posture d'offrande ou de sollicitation (main avancée avec paume vers le haut, accompagnée, au fur et à mesure que l'enfant grandit, d'une inclinaison latérale de la tête et de vocalisations pour demander).

Ces approches naturalistes, par leur potentiel à organiser le regard d'un observateur, ont contribué à faire se rencontrer éthologistes et chercheurs en sciences sociales dès la fin des années 1950. Sociologues et anthropologues se sont ainsi mis à étudier les rituels d'apaisement ou de salutation, le regard, le sourire, les postures, la répartition des individus dans l'espace, etc., d'une manière qui rendait possibles la comparaison de la communication humaine avec la communication animale, et donc un rapprochement entre les sciences sociales et l'éthologie. De ce rapprochement qui paraissait au départ contre nature (éthologie et anthropologie se sont longtemps et violemment opposées dans leur définition de l'homme) sont nées un certain nombre d'études certes hybrides, mais très riches. Les études sur le regard, par exemple, ont mis en évidence le rôle crucial que celui-ci joue dans l'organisation des interactions humaines. Chez l'animal, le regard fixe est largement utilisé comme une menace (voir le gorille, le chat, le chien...) ; chez l'homme, toute interaction sociale implique une gestion subtile et constante du regard. Celui-ci a conservé sa valeur de menace, comme l'a montré une petite expérimentation de terrain réalisée au carrefour d'une grande ville : les piétons traversent significativement plus vite lorsqu'ils sont fixés des yeux par un expérimentateur. Mais le regard se rapporte tout autant à l'attraction qu'à l'hostilité (« les yeux dans les yeux » sont aussi le signe d'une intense relation amoureuse). Son interprétation varie selon le sexe puisque les hommes interprètent plutôt le contact visuel sur le mode de l'hostilité tandis qu'entre femmes il conduit à une plus grande intimité et à s'apprécier davantage ; son dosage est délicat : trop de regard est menaçant, trop peu est insultant. Autant de caractéristiques qui insèrent ce signal dans la complexité des relations et des règles sociales humaines. Le regard n'agit pas comme stimulus-déclencheur d'un comportement spécifique chez l'être humain, mais on peut avancer, grâce aux travaux des anthropologues et des sociologues, qu'il déclenche un éveil, une activation émotionnelle non spécifique. C'est celle-ci qui doit être soigneusement régulée pour que la vie sociale puisse se dérouler sans heurts. Ainsi convient-il, sur un trottoir de Philadelphie, de cesser de regarder un passant lorsqu'il s'approche à moins de trois ou quatre mètres, ce que le sociologue Erving Goffman a appelé l'« inattention polie ».

Aucune interaction centrée, c'est-à-dire qui exige la collaboration de chacun des participants (c'est le cas d'une conversation), ne peut se réaliser sans un certain degré d'engagement. Albert Scheflen, quand il a identifié lors de séances de psychothérapie familiale des « pseudo-parades amoureuses », a suggéré que leur fonction était précisément de réguler l'engagement émotionnel des participants à l'interaction. Regard appuyé, autolustrage (remonter ses chaussettes, lisser sa chevelure, ajuster sa jupe…) et augmentation visible du tonus musculaire sont les composantes principales de ces pseudo-parades.

L'inspiration éthologique chez les sociologues et les anthropologues s'est cependant tarie à la fin des années 1980, et ceux qui travaillent encore sur la communication non verbale n'ont plus guère de contacts avec les éthologistes. Il faut voir là une conséquence de ce que les éthologistes ont, pour leur part, replacé la communication non verbale dans un cadre adaptationniste, sociobiologiste, où la place de l'observation naturaliste est réduite et celle de l'interprétation accrue. Cette brève convergence entre éthologistes et anthropologues a néanmoins permis de poser un regard neuf sur l'interaction humaine. Celle-ci n'en est pas ressortie réduite, simplifiée ou mécanisée, mais au contraire enrichie de ses dimensions sociales et émotionnelles *humaines*.

La psychiatrie darwinienne

Alors que la psychiatrie traditionnelle considère les symptômes comme des pathologies, des aberrations ou des désordres, ce qu'il est convenu d'appeler la psychiatrie darwinienne ou l'étho-psychiatrie fait l'hypothèse que certains symptômes, tableaux cliniques ou traits psychopathologiques de la vie quotidienne peuvent être considérés comme le résultat d'anciennes stratégies adaptatives intégrées à l'héritage phylogénétique de notre espèce[4]. Les phobies (qui sont des peurs intenses et irrationnelles que nous avons de certains animaux, de certains lieux ou de certaines situations) sont à cet égard exemplaires. Car les phobies de l'homme moderne ont ceci de remarquable qu'elles ne sont absolument pas modernes : elles portent sur des dangers anciens comme les serpents, les araignées, les endroits élevés…, et non sur des dangers modernes tels que les voitures, les armes ou les acides gras saturés, qui tuent bien plus de gens que les araignées ou les serpents. Pour un étho-psychiatre, cet archaïsme des phobies, relevé de longue date par les cliniciens, s'explique aisément en terme d'adaptation : les peurs dont dérivent les phobies d'aujourd'hui ont probablement été sélectionnées dans le passé de notre espèce en raison de leur caractère avantageux pour la survie.

Pour la psychiatrie darwinienne ce ne sont pas les phobies elles-mêmes qui ont fait l'objet d'une sélection, mais une prédisposition à apprendre la peur de certains stimuli plutôt que d'autres. En effet, les phobies sont non seulement archaïques, mais aussi très sélectives. Il fut un temps, à l'époque du béhaviorisme florissant, où l'on pouvait croire

4. Il faut associer à la psychiatrie darwinienne les noms de John Bowlby pour son œuvre volumineuse et des psychiatres Albert Demaret et John Price, pour leur engagement pionnier dans cette approche.

que n'importe quel stimulus, pourvu qu'il soit adéquatement couplé avec un stimulus aversif, pouvait générer une phobie. Watson avait ainsi réussi à produire chez un enfant de onze mois la phobie du rat blanc, qui s'était généralisée à d'autres stimuli (la fourrure, les cheveux de l'expérimentateur...). Dix ans plus tard, en 1930, Valentine, cherchant à répéter les résultats de Watson sur sa fille de douze mois, avait échoué à développer une phobie à l'égard d'un objet inerte, en l'occurrence une paire de jumelles. Autre particularité suggérant que les phobies sont le résultat d'apprentissages préparés par l'évolution, elles peuvent être acquises très rapidement – il peut suffire d'une seule expérience traumatique pour développer une phobie. Elles sont par ailleurs très résistantes à l'extinction (comme tout clinicien peut le constater) et elles ne font probablement pas intervenir de mécanismes cognitifs. Ce dernier point a été récemment confirmé par la neurophysiologie. Öhman et ses collègues ont en effet montré dans une série d'expériences que des photographies d'araignées ou de serpents possèdent un seuil de détection plus bas que des photographies anodines, comme si notre regard était « attiré » par ces stimuli effrayants. Or cette détection rapide repose sur un circuit neuronal court, ne mobilisant les centres corticaux que dans un deuxième temps. Araignées et serpents sont en fait reconnus avant même que nous en ayons pris conscience, et à ce moment la réaction physiologique (libération d'adrénaline notamment) qui nous prépare à réagir est déjà amorcée.

S'il est aisé de comprendre en quoi la peur des lieux élevés ou des serpents a pu procurer un avantage sélectif à nos ancêtres – ou plutôt en quoi le fait d'en être dépourvu a pu constituer un désavantage –, il est d'autres peurs (comme la peur du noir ou d'être seul) dont la valeur adaptative est moins évidente. Ces situations ne constituent en elles-mêmes aucun danger mais, selon Bowlby, elles représentent un risque de danger accru (le prédateur tapi dans le noir, le fait d'être isolé du groupe), suffisant pour justifier que la peur à leur égard ait été conservée dans notre programmation phylogénétique. Quant à l'agoraphobie (la crainte des lieux publics vastes et peuplés), elle s'explique difficilement par la peur d'un danger ancien. Quel danger passé pour la survie peut-on reconnaître dans la crainte extrême des grands magasins, de la rue, des transports en commun, des théâtres, des cinémas..., qui terrorisent les agoraphobes ? En fait, les modèles ne sont peut-être pas à chercher ici du côté de la peur de dangers anciens mais plutôt du côté de la territorialité et de l'attachement – les agoraphobes sont parfois capables d'affronter leur crainte en s'agrippant à une autre personne, voire à un objet tel qu'une canne ou un vélo [47]. La valeur adaptative des maladies mentales ou de certaines de leurs composantes n'est donc pas toujours évidente. En quoi la dépression par exemple, affection invalidante s'il en est, peut-elle être considérée comme adaptative ? Dans ce qui fut l'une des premières tentatives pour conceptualiser la clinique psychopathologique sous l'angle de la théorie de l'évolution, Price a suggéré en 1967 que, lorsqu'un individu perd son rang dans une lutte de dominance, une sous-routine (dite « de capitulation ») est activée, ce qui a pour effet de déprimer son humeur [169]. Cette stratégie, totalement involontaire (d'où son nom de « stratégie de soumission involontaire »), s'avère adaptative dans la mesure où, notamment, elle permet à l'individu défait de rester dans le groupe (et donc de conserver les avantages liés à la vie collective) tout en le protégeant, à son insu, des blessures supplémentaires qu'il se verrait certainement infliger s'il défiait à nouveau son vainqueur. Cette stratégie a également pour effet de préserver l'harmonie sociale, en garantissant au gagnant que le perdant ne le défiera plus (du moins durant un certain temps) et en clarifiant la hiérarchie, ce qui permet au groupe de rester compétitif vis-à-vis des autres groupes. Dans ce modèle c'est l'humeur dépressive qui est sélectionnée, non la dépression. Cette dernière est une condition pathologique fondée sur l'activation inappropriée de mécanismes émotionnels anciennement adaptatifs [169].

Du bon usage des analogies

On a pu reprocher à la psychiatrie évolutionniste (et d'ailleurs à toute recherche des fonctions adaptatives des comportements) d'être une « discipline en chambre », une discipline dans laquelle on s'adonne volontiers à la spéculation sur les fonctions adaptatives et à la recherche d'homologies animales, voire seulement d'analogies. Ce recours à des comparaisons avec l'animal se justifie néanmoins dans la mesure où, les comportements ne laissant pas de traces fossiles, seule l'observation des espèces animales sauvages contemporaines peut nous fournir des modèles et suggérer des hypothèses sur la fonction adaptative de programmes comportementaux qu'on peut supposer anciens. Bien sûr, jouer d'analogies entre conduites humaines et comportements animaux ne revient pas à pratiquer l'éthologie humaine, mais tout au plus à entretenir ce que certains ont appelé l'« éthologisme » pour stigmatiser l'abus de l'analogie chez des chercheurs peu au fait des fondements, méthodes et acquis de l'éthologie animale. Albert Demaret souligne que la pratique de l'éthologie humaine « suppose que l'on ne soit pas seulement observateur du comportement humain. Il faut posséder aussi une certaine familiarité avec l'éthologie animale, par l'observation directe des animaux dans leur milieu naturel [...]. Cette forme de sensibilisation et d'apprentissage préalable étant réalisée, certains patterns semblables dans les comportements des hommes et des animaux peuvent ressortir, qui sans cela ne seraient jamais venus à l'esprit » [47]. Lorsqu'il pose ce double regard de naturaliste et de clinicien, l'étho-psychiatre voit son attention attirée par des symptômes ou des particularités qu'on avait jusque-là quelque peu négligés, mais qui se révèlent finalement bien plus éclairants que les symptômes majeurs pour découvrir la fonction adaptative du syndrome. C'est le cas de l'*altruisme alimentaire* dans l'anorexie mentale. Dans son modèle éthologique de cette maladie, Albert Demaret [48] tient pour une composante principale la tendance à suralimenter autrui, très présente chez les anorexiques mais généralement sous-estimée par rapport au refus de s'alimenter, qui, lui, représente un risque vital. Le portrait d'anorexique qui se dessine lorsque Demaret replace cette frêle jeune fille dans le « milieu d'adaptétude évolutionniste » de l'homme (au cours des deux ou trois millions d'années qui ont mené le genre *Homo* d'*habilis* à *sapiens*) est celui d'une grande sœur active à la cueillette, d'autant plus efficace qu'elle conserve, en dépit de sa répugnance à s'alimenter, un grand intérêt pour la nourriture ; d'autant plus efficace aussi qu'elle s'active du matin jusqu'au soir sans prendre de repos (c'est l'hyperactivité, l'un des symptômes dits « paradoxaux » de l'anorexie). De cette nourriture récoltée elle n'en conserve qu'une partie minime pour elle-même, qu'elle grignote par petites quantités sans cesser de circuler. Avec le reste elle alimente autrui, surtout les enfants. Cet intérêt des anorexiques pour les enfants est d'autant plus étrange que ces jeunes filles sont incapables de procréer, étant donné leur amaigrissement et l'aménorrhée qui l'accompagne. On reconnaîtra dans ce modèle les comportements des « aides au nid », souvent des (demi-)frères ou sœurs de la portée précédente, qui restent auprès de leurs parents pour les aider dans le nourrissage ou le soin aux jeunes (voir chapitre VII). On peut observer alors chez les aides une inhibition réversible de la reproduction.

Dans des conditions de famine, on imagine aisément l'avantage sélectif qu'un aide ou une anorexique a pu apporter à son groupe et aux individus qui lui étaient apparentés. Les anorexiques elles-mêmes résistent bien à la famine, comme l'avait observé le médecin Lasègue au cours de la guerre franco-prussienne de 1870-1871. Ce n'est pas l'anorexie grave et chronique qui est ici le modèle, mais plutôt les formes mineures ou habituelles, dont l'évolution est souvent favorable. Les formes graves de l'anorexie seraient, selon Demaret, le résultat d'une organisation psychique névrotique, obsessionnelle ou psychotique se surajoutant à l'anorexie. Pour expliquer l'apparition de l'anorexie mentale aujourd'hui, Demaret fait l'hypothèse qu'à l'adolescence, au moment où la jeune fille devrait contester l'autorité maternelle ou parentale, une forme de soumission archaïque prend le relais de l'obéissance antérieure, par activation d'un programme ancien d'aide « au nid » hérité pour une part du passé préhumain, et pour une autre de celui de chasseur-cueilleur [48].

La psychiatrie darwinienne, en raison du grand nombre d'hypothèses qu'elle est susceptible de générer, connaît un succès certain aujourd'hui, surtout dans les pays anglo-saxons. À condition de ne pas prendre les hypothèses pour des explications, son pouvoir heuristique est appréciable. La vérification empirique de ses hypothèses pose cependant des problèmes importants, mais ce n'est qu'à ce prix toutefois que l'éthologie « en chambre » pourra céder le pas à une meilleure connaissance des fondements biologiques du comportement humain.

L'éthologie humaine est aujourd'hui, comme l'éthologie en général, fortement dominée par le paradigme adaptationniste. On peut regretter la rareté de travaux rassemblant autour d'un même objet les points de vue de la génétique du comportement, de la neurophysiologie et de la neuropsychologie, de l'anthropologie, de la psychiatrie et de la psychologie évolutionnistes, de la pédiatrie et de la psychologie du développement. L'éthologie humaine reste critiquée aujourd'hui comme elle l'était hier, parce qu'on la considère trop rarement comme le carrefour qu'elle peut être et trop souvent comme une science hégémonique prétendant expliquer, à elle seule, le comportement humain – les responsabilités de cet état de fait sont partagées. « Avoir le déterminisme modéré » pourrait être le mot d'ordre d'une éthologie humaine mature et heuristique. Celle-ci ne saurait viser le monopole de l'explication du comportement humain, mais il est tout aussi incontestable qu'elle a sa place parmi les autres sciences de l'homme. L'espèce humaine, comme les autres espèces animales, est le produit d'une longue évolution ; ses traits comportementaux d'aujourd'hui sont le résultat de pressions de sélection qui l'ont façonnée pendant des millions d'années et on ne saurait le négliger si l'on veut mieux comprendre l'homme.

En conclusion…

Nous avons souligné en prélude à cet ouvrage combien l'éthologie est à plus d'un égard insaisissable. Le profane s'étonne parfois de ce qu'elle soit davantage que la somme des observations accumulées par les hommes sur les animaux depuis la nuit des temps. Mais la rigueur et le sens nouveaux introduits par Darwin et Wallace dans l'observation de la nature ont eu d'importantes conséquences sur l'étude du comportement animal.

Par ailleurs, l'éthologie échappe souvent au regard, dans l'enchevêtrement des liens qu'elle entretient avec d'autres disciplines. Cependant, en tant que programme ouvert, suscitant ou reliant des résultats et des théories, elle ne saurait disparaître tout à fait. La sociobiologie avait rêvé de la supplanter avec la complicité des neurosciences : elle a certes introduit des perspectives originales pour comprendre les comportements sociaux, mais elle est avant tout une forme de réponse à la troisième des questions soulevées par Niko Tinbergen, sur la fonction et la valeur adaptative des comportements. Pourtant, qui sait ?, un jour peut-être, l'étude biologique du comportement, née dans la vieille Europe, perdra-t-elle sa première étiquette pour une autre, sortie d'une grande université américaine. Il est toutefois douteux que l'on rénove son contenu fondamental, et le risque est grand qu'on l'appauvrisse plutôt, tant le programme proposé par Tinbergen au milieu du XXe siècle était largement ouvert.

L'éthologie n'est pas plus aisée à cerner quant à son rôle au sein de nos sociétés. Bien sûr, nous n'avons pas moins qu'hier des raisons pratiques d'étudier le comportement animal. L'éthologie peut être appelée à déterminer les conditions nécessaires à la survie d'espèces animales menacées, à repenser la détention des animaux captifs en zoo, des animaux de rente dans les élevages, voire des animaux familiers. Par ailleurs, l'observation de comportements animaux inspire des développements en robotique ou en intelligence artificielle. Certes, ces interventions de l'éthologie sont plus ou moins bien admises ; en revanche, ce n'est pas sans de multiples résistances que les connaissances sur la forme et le fond des comportements chez les animaux non humains sont extrapolées et appliquées à l'espèce humaine. Si nous acceptons, dans un article de magazine, de voir des politiciens notés sur leur talent à persuader en usant de mimiques et de gestes observés chez les primates – et de lire quelque éthologiste audacieux exprimant en pourcentages l'impact électoral de résurgences simiennes supposées –, nous envisageons plus désagréablement le rôle flou des gènes, ou celui de toutes ces odeurs corporelles que nous prenons tant de soin à masquer. C'est une controverse de toujours : quels enseignements retirer, pour nous, de l'observation des systèmes vivants ? Et si Darwin a mené le débat dans une voie qui a rapproché l'homme des autres créatures, il ne l'a évidemment pas clos.

Si l'on est prêt souvent à croire à cette « heureuse science » que célébrait Lorenz, ceux qui étudient les animaux et leurs conduites sont aussi associés à des courants moralisateurs, voire politiques. Certes, de grands naturalistes ont été récupérés, à l'instar de Darwin, qu'on a fustigé comme s'il avait eu lui-même le dessein de justifier les luttes et les hiérarchies sociales. Mais d'autres ne se sont pas cachés d'ambitions extra-scientifiques, ainsi Lorenz ou Wilson. Même si on souhaite l'éthologie très ouverte, elle reste une branche de la biologie, d'inspiration darwinienne, avec toutes les implications idéologiques qu'on voudra bien y mettre, ou y trouver.

Dans *La Vie des abeilles* (1901), l'écrivain belge Maurice Maeterlinck invitait à tenir nos réflexions sur l'animal au plus large : « Ne nous hâtons pas de tirer des conclusions applicables à l'homme. L'homme a la faculté de ne pas se soumettre aux lois de la nature ; et, de savoir s'il a tort ou raison d'user de cette faculté, c'est le point le plus grave et le moins éclairci de sa morale… » La prudence aujourd'hui commande surtout de reconnaître que cette nature, et ces animaux qui devraient nous aider à nous mieux connaître, nous avons de longue date, en les étudiant, projeté sur eux nos *a priori* à la mode du temps, pour bien souvent projeter en retour sur nous-mêmes ces « réalités » qu'on tenait ou donnait pour « naturelles ».

Mais quand – et comment – serons-nous quittes de toute projection ? Les scrutateurs du comportement animal parlent beaucoup aujourd'hui compétition, égoïsme, coûts, bénéfices, investissement, rendement… S'en étonnera-t-on ? Ainsi, la chasse collective chez les lions (ou plus justement les lionnes !), qui permet aux félins de capturer des proies plus grandes, s'exprime-t-elle désormais en termes de bénéfices revenant à chacun, et mesurés en calories. Quand cette comptabilité serrée montre que trois lionnes chassant ensemble gagnent individuellement moins de calories que deux, et même qu'une lionne chassant seule, ce non-sens apparent (une organisation sociale qui perdure alors qu'elle affecte le *rendement* de l'individu !) est corrigé en considérant non plus seulement le *bénéfice* à chasser seul, mais aussi l'*investissement*, les *coûts* que cela implique. Chez le tigre en revanche, chasser en solitaire est la méthode la plus rentable, de par la taille des proies et la stratégie d'embuscades dont le félin peut user dans un environnement souvent boisé… À voir ces deux félins sanctionnés dans les termes de la moderne économie, pour leurs « stratégies » et leurs « bilans », d'aucuns se demanderont peut-être ce qui a changé depuis Buffon, finalement, dans la manière d'appréhender l'animal. Puisse cet ouvrage avoir convaincu que les éthologistes ont fait mieux que simplement reconnaître que le lion n'est pas un roi, pas plus que le tigre n'est un vassal commis aux basses œuvres…

Sur le web

Internet offre des moyens pour compléter, développer un intérêt général ou particulier en relation avec l'éthologie, que ce soit « à l'aventure » ou *via* des sites spécialisés.

Un bon point d'entrée est le site de l'Association for the Study of Animal Behaviour (www.asab.org). Différents liens sont proposés, certains mènent au site d'autres sociétés éthologiques, notamment celui de la Société française pour l'étude du comportement animal (SFECA). Des liens plus indirects permettent d'accéder aux sommaires et résumés d'articles de revues majeures : *Animal Behaviour*, *American Naturalist*, *Applied Animal Behaviour Science*, *Behavioral Ecology*, *Behavioral Ecology and Sociobiology*, *Journal of Comparative Psychology*, *Trends in Ecology and Evolution*…

L'université de Vienne héberge pour sa part le serveur de l'International Society for Human Ethology (http ://evolution.humb.univie.ac.at/ishe.html), qui est également un carrefour fort utile.

Le site de la revue *Nature* (www.nature.com/nsu/) propose quotidiennement une actualité vulgarisée, dont une part variable concerne directement ou indirectement l'éthologie, et dont on peut explorer librement les archives.

Sources bibliographiques

[1] ALTMANN J., 1974, « Observational study of behavior : Sampling methods », *Behavior*, 49, p. 227-267.

[2] ARISTOTE, *Histoire des animaux*, trad. de Janine Bertier, Paris, Gallimard, coll. « Folio essais », 1994.

[3] ASQUITH P. J., 1984, « The inevitability and utility of anthropomorphism in the description of primate behaviour », *in* R. HARRÉ et V. REYNOLDS (sous la dir. de), *The Meaning of Primate Signals*, Cambridge, Cambridge University Press, p. 138-176.

[4] BACKWELL L. R. et D'ERRICO F., 2001, « From the cover : Evidence of termite foraging by Swartkrans early hominids », *Proceedings of the National Academy of Sciences*, 98, p. 1358-1363.

[5] BAGNÈRES A.-G., LORENZI M. C., DUSTICIER G., TURILLAZZI S. et CLÉMENT J.-L., 1996, « Chemical usurpation of a Nest by Paper Wasp Parasites », *Science*, 272, p. 889-892.

[6] BALABAN E., 1997, « Changes in multiple brain regions underlie species differences in a complex, congenital behavior », *Proceedings of the National Academy of Sciences*, 94, p. 2001-2006.

[7] BAPTISTA L. F. et PETRINOVICH L., 1984, « Social interaction, sensitive phases and the song template hypothesis in the white-crowned sparrow », *Animal Behaviour*, 32, p. 172-181.

[8] BAPTISTA L. F. et PETRINOVICH L., 1986, « Song development in the white-crowned sparrow : Social factors and sex differences », *Animal Behaviour*, 34, p. 1359-1371.

[9] BAPTISTA L. F. et MORTON M. L., 1988, « Song learning in montane white-crowned sparrows : From whom and when ? », *Animal Behaviour*, 36, p. 1753-1764.

[10] BARGIELLO T. A., JACKSON F. R. et YOUNG M. W., 1984, « Restoration of circadian beahavioural rythms by gene transfer in *Drosophila* », *Nature*, 312, p. 752-754.

[11] BATESON G., 1955, « The message "This is play" », *in* B. SCHAFFNER (sous la dir. de), *Transactions of the Second Conference on Group Processes*, New York, Columbia University, p. 145-241.

[12] BATESON P. P. G. et KLOPFER P. H., 1989, Préface à P. P. G. BATESON et P. H. KLOPFER (sous la dir. de), *Perspectives in Ethology*, vol. 8, *Whither Ethology ?* (« Où va l'éthologie ? »), New York, Plenum Press, p. V à VIII.

[13] Berry D. S., Misovich S. J., Kean K. J. et Baron R. M., 1992, « Effects of disruption of structure and motion on perceptions of social causality », *Personality and Social Psychology Bulletin*, 18, p. 237-244.

[14] Berthold P. et Pulido F., 1994, « Heritability of migratory activity in a natural bird population », *Proceedings of the Royal Society of London, series* B, 257, p. 311-315.

[15] Birkhead T. R. et Møller A., 1992, « A pairwise comparative method as illustrated by copulation frequency in birds », *American Naturalist*, 139, p. 644-656.

[16] Birkhead T. R. et Møller A., 1992, *Sperm Competition in Birds : Evolutionary Causes and Consequences*, Londres, Academic Press.

[17] Bodson L. (sous la dir. de), 1993, *L'Histoire de la connaissance du comportement animal*, Liège, Presses de l'université de Liège.

[18] Bonner J. T., 1980, *The Evolution of Culture in Animals*, Princeton, Princeton University Press.

[19] Bono M. de et Bargmann C. I., 1998, « Natural variation in a neuropeptide Y receptor homolog modifies social behavior and food response in *C. elegans* », *Cell*, 94, p. 679.

[20] Bowlby J., 1958, « The nature of the child's tie to his mother », *Int. Journal of Psychoanalysis*, 39, p. 350-374.

[21] Bowlby J., 1978, *Attachement et Perte*, 3 vol., Paris, PUF.

[22] Bradbury J. W. et Vehrencamp S. L., 1998, *Principles of Animal Communication*, Sunderland, Massachusetts, Sinauer.

[23] Brazelton T. et Cramer B., 1990, *Les Premiers Liens*, Paris, Stock.

[24] Brown J. R., Ye H., Bronson R. T., Dikkes P. et Greenberg M. E., 1996, « A defect in nurturing in mice lacking the immediate early gene *fosB* », *Cell*, 86, p. 297-309.

[25] Burgers P. et Chiappe L. M., 1999, « The wing of Archaeopteryx as a primary thrust generator », *Nature*, 399, p. 60-62.

[26] Byrne R. W. et Whiten A., 1988, « Machiavellian intelligence : Social expertise and the evolution of intellect in monkeys, apes and humans », Oxford, Clarendon Press.

[27] Candland D. K., 1993, *Feral Children and Clever Animals. Reflections on Human Nature*, New York, Oxford University Press.

[28] Caporael L. R., Dawes R. M., Orbell J. M. et Van de Kragt A. J. C., 1989, « Selfishness examined : Cooperation in the absence of egoistic incentives », *Behavioral and Brain Sciences*, 12, p. 683-739.

[29] Caro T. M., 1986, « The function of stotting : A review of the hypothesis », *Animal Behaviour*, 34, p. 649-662.

[30] CARO T. M., 1986, « The function of stotting in Thomson's gazelles : Some tests of the predictions », *Animal Behaviour*, 34, p. 663-684.

[31] CARPENTER C. R., 1934, « A field study of the behavior and social relations of the howling monkeys (*Alouatta palliata*) », *Comparative Psychology. Monogr.*, vol X, p. 1-168.

[32] CARPENTER C. R., 1942, « Societies of monkeys and apes », *Biological Symposia*, 8, p. 177-204. Repris dans [164], p. 24-51.

[33] CATCHPOLE C. K. et SLATER P. J. B., 1995, *Bird Song. Biological Themes and Variations*, Cambridge, Cambridge University Press.

[34] CHENEY D. L. et SEYFARTH R. M., 1990, *How Monkeys See the World*, Chicago, University of Chicago Press.

[35] CLAYTON N. C., REBOREDA J. C. et KACELNIK A., 1997, « Seasonal changes in hippocampus volume in parasitic cowbirds », *Behavioral Processes*, 41, p. 237-243.

[36] CLUTTON-BROCK T. H. et ALBON S. D., 1979, « The roaring of red deer and the evolution of honest advertisment », *Behaviour*, 69, p. 145-170.

[37] CORNUAULT F., 1997, « Diététique et tour de taille du dodo », *La Recherche*, 299, p. 76-80.

[38] CRAIG W., 1918, « Appetites and aversions as constituents of instincts », *Biological Bulletin*, 34/2.

[39] CREWS D., HINGORANI V. et NELSON R. J., 1988, « Role of the pineal gland in the control of annual reproductive behavioral and physiological cycles in the red-sided garter snake (*Thamnophis sirtalis parietalis*) », *Journal of Biological Rythms*, 3, p. 293-302.

[40] CURIO E., ERNST V. et VIETH W., 1978, « Cultural transmission of enemy recognition », *Science*, 202, p. 899-901.

[41] DAVIES N. B. et HALLIDAY T. R., 1978, « Deep croaks and fighting assessment in toads Bufo bufo », *Nature*, 275, p. 683-685.

[42] DAVIES N. B. et HOUSTON A. I., 1981, « Owners and satellite : The economics of territory defense in the pied wagtail, *Motacilla alba* », *Journal of Animal Ecology*, 50, p. 157-180.

[43] DAVIES N., KILNER B. et NOBLE D., 1998, « Nestling cuckoos *Cuculus canorus* exploit hosts with begging calls that mimic a brood », *Proceedings of the Royal Society of London, series* B, 265, p. 673-678.

[44] DAWKINS R. et KREBS J. R., 1978, « Animal signals : Information or manipulation ? », *in* J. R. KREBS et N. B. DAVIES (sous la dir. de), *Behavioural Ecology*, Oxford, Blackwell Scientific Publications, p. 282-309.

[45] De VORE I. (sous la dir. de), 1965, *Primate Behavior. Field Studies of Monkeys and Apes*, New York, Holt, Rinehart & Winston.

[46] De Waal F., 1987, « Dynamics of social relationships », *in* [163], p. 421-429.

[47] Demaret A., 1979, *Éthologie et Psychiatrie*, Sprimont, Belgique, Mardaga.

[48] Demaret A., 1996, « Modèles éthologiques des troubles alimentaires », *in* M. Elkaïm et E. Goldbeter (sous la dir. de), *Anorexie et Boulimie. Modèles, recherches et traitements*, De Boeck Université, Bruxelles, coll. « Cahiers critiques de thérapie familiale et de pratiques de réseaux », 16, p. 57-77.

[49] Dewsbury D. A. (sous la dir. de), 1985, *Leaders in the Study of Animal Behavior. Autobiographical Perspectives*, Lewisburg, Bucknell University Press, p. 258-287. Cet ouvrage rassemble les autobiographies de 25 personnalités qui ont construit l'éthologie, dont Lorenz, Tinbergen, Hinde, Marler, Griffin, Manning, etc. (mais pas Frisch, décédé en 1983).

[50] Diebel C. E., Proksch R., Green C. R., Neilson P. et Walker M. M., 2000, « Magnetite defines a vertebrate magnetoreceptor », *Nature*, 406, p. 299-302.

[51] Dilger W. C., 1962, « The behaviour of love birds », *Scientific American*, 206, p. 88-98.

[52] Dunbar R. I. M., 1988, *Primate Social Systems*, Ithaca, Cornell University Press.

[53] Eddy T. J., Gallup G. G. et Povinelli D. J., 1993, « Attribution of cognitive states to animals : Anthropomorphism in comparative perspective », *Journal of Social Issues*, 49, p. 87-101.

[54] Eibl Eibesfeldt I., 1970, « The expressive behaviour of the deaf-and-blind-born », *in* M. von Cranach et I. Vine (sous la dir. de), *Non-Verbal Behaviour and Expressive Movements*, Londres, Academic Press, p. 163-194.

[55] Emlen J. T. et Schaller G. B., 1960, « In the home of the mountain gorilla », *Animal Kingdom, Bulletin of the New York Zoological Society*, vol. LXII (3), p. 98-108. Repris dans [164], p. 124-135.

[56] Farner D. S., 1964, « Time mesurement in vertebrate photoperiodism », *American Naturalist*, 95, p. 375-386.

[57] Fedigan L. M., 1994, « Science and the successful female : Why there are so many women primatologists », *American Anthropologist*, 96 (3), p. 529-540.

[58] Frisch K. von, 1914, « Der Farbensinn und Formensinn der Biene », *Zool. Jahrb. Allg. Zool. Physiol.*, 35, p. 1-188.

[59] Frisch K. von, 1914, « Über die "Sprache" der Bienen », *Zool. Jahrb. Allg. Zool. Physiol.*, 40, p. 1-186.

[60] Frisch K. von, 1946, « Die Tänze der Bienen », *Österr. Zool. Zs.*, 1, p. 1-48.

[61] FRISCH K. von, 1967, *The Dance Language and Orientation of Bees*, Cambridge, Massachusetts, Harvard University Press.

[62] FULLARD J. H. et YACK J. E., 1993, « The evolutionary biology of insect hearing », *Trends in Ecology and Evolution*, 8, p. 248 252.

[63] GALLUP G. G., MARINO. L. et EDDY T. J., 1997, « Anthropomorphism and the evolution of social intelligence : A comparative approach », *in* [122], p. 77-91.

[64] GARCIA J., HANKINS W. G. et RUSINIAK K. W., 1974, « Behavioral regulation of the milieu interne in man and rat », *Science*, 185, p. 824-831.

[65] GERVET J. et PRATTE M. (sous la dir. de), 1999, *Éléments d'éthologie cognitive*, Paris, Hermès.

[66] GIBBS H. L., SORENSON M. D., MARCHETTI K., BROOKE M. de L., DAVIES N. B.et NAKAMURA H., 2000, « Genetic evidence for female host-specific races of the common cuckoo », *Nature*, 407, p. 183-186.

[67] GOODALL J., 1965, « Chimpanzees of the Gombe Stream Reserve », *in* [45], p. 425-473.

[68] GOODALL J., 1986, *The Chimpanzees of Gombe. Patterns of Behavior*, Cambridge, Massachusetts, Harvard University Press.

[69] GOODSON J. L. et BASS A. H., 2000, « Forebrain peptides modulate sexually polymorphic vocal circuitry », *Nature*, 403, p. 769.

[70] GOULD J. L. et GOULD C. G., 1995, *The Honey Bee*, Scientific American Library.

[71] GOULD S. J. et LEWONTIN R. C., 1981, « The spandrels of San Marco and the Panglossian paradigm : A critique of the adaptationist programme », *Proceedings of the Royal Society of London, series* B, 205, p. 581-598.

[72] GRIFFIN D. R. et GALAMBOS R., 1941, « The sensory basis of obstacle avoidance by flying bats », *Journal of Experimental Zoology*, 86, p. 481-505.

[73] GRIFFIN D. R., 1976, *The Question of Animal Awareness. Evolutionary Continuity of Mental Experience*, New York, Rockefeller University Press (2e édition : 1981, William Kaufmann).

[74] GRIFFIN D. R., 1984, *Animal Thinking*, Cambridge, Massachusetts, Harvard University Press.

[75] GRIFFIN D. R., 1992, *Animal Minds*, Chicago, University of Chicago Press.

[76] GROSS M. R. et MACMILLAN A. M., 1981, « Predation and the evolution of colonial nesting in bluegill sunfish (*Lepomis macrochirus*) », *Behavioral Ecology and Sociobiology*, 8, p. 163-174.

[77] GURNEY M. E. et KONISHI M., 1980, « Hormone induced sexual differentiation of brain and behavior in zebra finches », *Science*, 208, p. 1380-1383.

[78] GUTHRIE S. E., 1997, « Anthropomorphism : A definition and a theory », *in* [122], p. 50-58.

[79] HALL K. R. L. et DE VORE I., 1965, « Baboon social behavior », *in* [45], p. 53-110.

[80] HAMILTON W. D., 1964, « The evolution of social behavior », *Journal of Theoretical Biology*, 7, p. 1-52.

[81] HARLOW H. F. et ZIMMERMANN R. R., 1959, « Affectional responses in the infant monkey », *Science*, 130, p. 421-432.

[82] HARLOW H. F. et HARLOW M. K., 1962, « Social deprivation in monkeys », *Scientific American*, 207, p. 136-146.

[83] HEIDER F. et SIMMEL M., 1944, « An experimental study of apparent behavior », *American Journal of Psychology*, 57, p. 243-259.

[84] HEINRICH B. et MARZLUFF J., 1995, « Why raven share », *American Scientist*, 83, p. 342-349.

[85] HEINROTH O., 1911, « Beiträge zur Biologie, namentlich Ethologie und Psychologie der Anatiden », *Verhandlungen des V. Internationalen Ornithologen-Kongresses*, Berlin.

[86] HERTZ R., 2000, « Scents of time », *The Sciences*, juil.-août, p. 34-39.

[87] HERZOG H. A. et GALVIN S., 1997, « Common sense and the mental lives of animals : An empirical approach », *in* [122], p. 237-253.

[88] HINDE R. A., 1965, « Interaction of internal and external factors in integration of canary reproduction », *in* F. A. BEACH (sous la dir. de), *Sex and Behavior*, New York, Wiley.

[89] HINDE R. A., 1976, « Interactions, relationships, and social structure », *Man*, 11, p. 1-17.

[90] HÖGSTEDT G., 1983, « Adaptation unto death : Function of fear screams », *American Naturalist*, 121, p. 562-570.

[91] HOOFF J. VAN, 1972, « A comparative approach to the phylogeny of laughter and smiling », *in* R. A. HINDE (sous la dir. de) *Non Verbal Communication*, Cambridge, Cambridge University Press, p. 209-241.

[92] HUMPHREY N. K., 1976, « The social function of intellect », *in* P. P. G. BATESON et R. A. HINDE (sous la dir. de), *Growing Points in Ethology*, Cambridge, Cambridge University Press, p. 303-321.

[93] HUXLEY J. S., 1914, « The courtship habits of the great crested grebe, *Podiceps cristatus*, with an addition to the theory of sexual selection », *Proceedings of the Royal Society of London*, p. 491-562.

[94] HUXLEY J. S., 1966, « A discussion on ritualization of behaviour in animals and man », *Philosophical Transactions of the Royal Society*, 251, p. 247-526.

[95] INGOLD T. (sous la dir. de), 1988, *What Is an Animal ?*, Londres, Unwin Wyman.

[96] IOALÉ P., NOZZOLINI M. et PAPI F., 1990, « Homing pigeons do extract directional information from olfactory stimuli », *Behavioral Ecology and Sociobiology*, 26, p. 301-306.

[97] JACOBS L. F., GAULIN S. J. C., SHERRY D. F. et HOFFMAN G. E., 1990, « Evolution of spatial cognition : Sex-specific patterns of spatial behavior predict hippocampal size », *Proceedings of the National Academy of Sciences*, 87, p. 6349-6352.

[98] JOLLY A., 1991, « Conscious chimpanzees ? A review of recent literature », *in* [143], p. 231-252.

[99] KENNEDY J. S., 1992, *The New Anthropomorphism*, Cambridge, Cambridge University Press.

[100] KIEPENHAUER J., NEUMANN M. F. et WALLRAFF H. G., 1993, « Home related and home-independent orientation in displaced pigeons with and without access to environmental air », *Animal Behaviour*, 45, p. 169-182.

[101] KITCHENER A. C., 1993, « Justice at last for the dodo », *New Scientist*, 139 issue 1888, p. 24.

[102] KLOPFER P. H. et HAILMAN J. P., 1967, *An Introduction to Animal Behavior : Ethology's First Century*, Englewood Cliffs, New Jersey, Prentice-Hall.

[103] KOMDEUR J., HUFFSTADT A., PRAST W., CASTLE G., MILETO R. et WATTLE J., 1995, « Transfer experiments of Seychelles warblers to new islands : Changes in dispersal and helping behaviour », *Animal Behaviour*, 49, p. 695-708.

[104] KREBS J. R. & DAVIES N. B., 1981, *An Introduction to Behavioural Ecology*, Oxford, Blackwell Scientific Publications.

[105] KUMMER H., 1995, *In Quest of the Sacred Baboon*, Princeton, Princeton University Press.

[106] LANYON S. M., 1992, « Interspecific brood parasitism in blackbirds (*Icterinae*) : A phylogenetic perspective », *Science*, 255, p. 77-79.

[107] LEHRMAN D. S., 1953, « A critique of Konrad Lorenz's theory of instinctive behavior », *Quarterly Review of Biology*, 28, p. 337-363.

[108] LINDAUER M., 1961, *Communication among Social Bees*, Cambridge, Massachusetts, Harvard University Press.

[109] LORENT K., LIU K. S., FETCHO J. R. et GRANATO M., 2001, « The zebrafish space cadet gene controls axonal pathfinding of neurons that modulate fast turning movements », *Development*, 128, p. 2131-2142.

[110] LORENZ K., 1931, « Beiträge zur Ethologie soziale Corviden », *Journal für Ornithologie*, 79, p. 67-120. Traduction anglaise : « Contributions to the study of the ethology of social Corvidae », *in* K. LORENZ, 1970, *Studies in Animal and Human Behavior*, vol. I, Cambridge, Massachusetts, Harvard University Press, p. 1-56.

[111] LORENZ K., 1935, « Der Kumpan in der Umwelt des Vogels », *Journal für Ornithologie*, 83, p. 137-213 et p. 289-413. Traduction anglaise : « Companions as factors in the bird's environment », in K. LORENZ, 1970, *Studies in Animal and Human Behavior*, vol. I, Cambridge, Massachusetts, Harvard University Press, p. 101-258.

[112] LORENZ K., 1968, *Il parlait avec les mammifères, les oiseaux et les poissons*, Paris, Flammarion (1949 pour l'édition originale allemande).

[113] LORENZ K., 1969, *L'Agression*, Paris, Flammarion (1963 pour l'édition originale allemande).

[114] LORENZ K., 1984, *Les Fondements de l'éthologie*, Paris, Flammarion (1978 pour l'édition originale allemande).

[115] LORENZ K., 1985, « My family and other animals », *in* [49], p. 258-287.

[116] MAKKINK G. F., 1936, « An attempt at an ethogram of the European avocet (*Recurvirostra avosetta* L.) with ethological and psychological remarks », *Ardea*, 25, p. 1-60.

[117] MARDEN J. H. et CHAI P., 1991, « Aerial predation and butterfly design : How palatability, mimicry and the need for evasive flight constrain mass allocation », *American Naturalist*, 138, p. 15-36.

[118] MARLER C. A. et MOORE M. C., 1989, « Time and energy costs of aggression in testosterone-implanted free living male mountain spiny lizards (*Sceloporus jarrovi*) », *Physiological Zoology*, 62, p. 1334-1350.

[119] MARLER P., 1967, « Aggregation and dispersal, two functions in primate communication », *in* P. C. JAY (sous la dir. de), *Primates*, New York, Holt, Rinehart and Winston, p. 420-438.

[120] MAYNARD-SMITH J., 1976, « Evolution and the theory of games », *American Scientist*, 64, p. 41-45.

[121] MEIRE P. M. et ERVYNK A., 1986, « Are oystercatchers (*Haemoptopus ostralegus*) selecting the most pritable mussels (*Mytilus edulis*) ? », *Animal Behaviour*, 34, p. 1427-1435.

[122] MITCHELL R. W., THOMPSON N. S. et MILES H. L. (sous la dir. de), 1997, *Anthropomorphism, Anecdotes, and Animals*, Albany, State University of New York Press.

[123] MIYATAKE T. et SHIMIZU T., 1999, « Genetic correlations between life-history and behavioral traits can cause reproductive isolation », *Evolution*, 53, p. 201–208.

[124] MØLLER A. P., 1992, « Female swallow preference for symmetrical male sexual ornaments », *Nature*, 357, p. 238-240.

[125] MONTAGNER H., 1988, *L'Attachement. Les débuts de la tendresse*, Paris, Odile Jacob.

[126] MOORE A. J., GOWATY P. A., WALLIN W. G. et MOORE P. J., 2001, « Sexual conflict and the evolution of female mate choice and male social dominance », *Proceedings of the Royal Society of London, series* B, 268, p. 517-523.

[127] MORTON E. S., 1977, « On the occurrence and significance of motivation structural rules in some birds and mammals sounds », *American Naturalist*, 111, p. 855-869.

[128] MOYNIHAN M., 1985, *Communication and Non-Communication in Cephalopods*, Bloomington, Indiana University Press.

[129] MUNN C. A., 1986, « Birds that "cry wolf" », *Nature*, 319, p. 143-145.

[130] NOAD M. J., CATO D. H., BRYDEN M. M., JENNER M. N. et JENNER K. C. S., 2000, « Cultural revolution in whale songs », *Nature*, 408, p. 537.

[131] NOTZ M.-F., 1993, « La notion de comportement animal et le savoir médiéval : Hildegarde de Bingen et Albert le Grand », *in* [16], p. 187-197.

[132] ÖHMAN A., 2000, « La biologie des phobies », *Pour la science*, 271, p. 50-57.

[133] OWINGS D. H., BEECHER M. D. et THOMPSON N. S., 1997, *Perspectives in Ethology*, vol. XII, *Communication*, New York, Plenum Press.

[134] PALMER J. D., 1998, « Clockers », *The Sciences*, sept.-oct., p. 30-34.

[135] PARKER A. R., 1998, « Colour in burgess shale animals and the effect of light on evolution in the Cambrian », *Proceedings of the Royal Society of London, series* B, 265, p. 967-972.

[136] PAYNE R. et MCVAY S., 1971, « Songs of humpback whales », *Science*, 173, p. 585-597.

[137] PAYNE R., 1996, *Among Whales*, New York, Delta Books.

[138] PERRIGO G., BRYANT W. C. et VOM SAAL F. S., 1990, « A unique neural timing system prevents male mice from harming their own offspring », *Animal Behaviour*, 39, p. 535-539.

[139] PETRIE M., 1994, « Improved growth and survival of offspring of peacocks with more elaborate trains », *Nature*, 371, p. 598-599.

[140] POTTS W. K., MANNING C. J. et WAKELAND E. K., 1991, « Mating patterns in seminatural populations of mice : Influence by MHC genotype », *Nature*, 352, p. 619-621.

[141] REYER H.-U., 1984, « Investment and relatedness : A cost/benefit analysis of breeding and helping in the pied kingfisher », *Animal Behaviour*, 32, p. 1163-1178.

[142] RIBÉMONT B., 1993, « L'encyclopédisme médiéval et la notion d'instinct animal : étude de comportement ou imaginaire ? », *in* [16], p. 199-211.

[143] RISTAU C. (sous la dir. de), 1991, *Cognitive Ethology. The Minds of Other Animals*, Hillsdale, New Jersey, Lawrence Erlbaum Associates.

[144] ROEDER K. D., 1965, « Moth and ultrasound », *Scientific American*, 212, p. 94-102.

[145] ROITBLAT H. L., HERMAN L. et NACHTIGALL P. E., 1993, *Language and Communication. Comparative Perspective*, Hillsdale, New Jersey, Lawrence Erlbaum Associates. Avec des contributions notamment de Louis Herman (dauphin), Ron Schusterman (lion de mer), Irene Pepperberg (perroquet gris), Sue Savage-Rumbaugh (bonobo) et Robert Seyfarth et Dorothy Cheney (vervet).

[146] ROSS K. G. et KELLER L., 1998, « Genetic control of social organization in an ant », *Proceedings of the National Academy of Sciences*, 95, p. 14232-14237.

[147] ROWELL T. E., 1974, « The concept of social dominance », *Behavioral Biology*, 11, p. 131-154.

[148] ROWLEY I. et CHAPMAN G., 1986, « Cross-fostering, imprinting and learning in two sympatric species of cockatoos », *Behaviour*, 96, p. 1-16.

[149] RYAN M. J. et RAND A.S., 1993, « Sexual selection and signal evolution : the ghost of biases past », *Proceedings of the Royal Society of London, series* B, 338, p. 187-195.

[150] RYAN M. J., 1985, *The Túngara Frog*, Chicago, University of Chicago Press.

[151] SAINO N., NINNI P., CALZA S., MARTINELLI R., De BERNARDI F. et MØLLER A. P., 2000, « Better red than dead : carotenoid-based mouth coloration reveals infection in barn swallow nestlings », *Proceedings of the Royal Society of London*, *series* B, 267, p. 57.

[152] SANDBERG R. et MOORE F. R., 1996, « Migratory orientation of red-eyed vireos, *Vireo olivaceus*, in relation to energetic condition and ecological context », *Behaviorial Ecology and Sociobiology*, 39, p. 1-10.

[153] SCHALLER G. B., 1963, *The Mountain Gorilla. Ecology and Behavior*, Chicago, University of Chicago Press.

[154] SEBEOK T. A. (sous la dir. de), 1968, *Animal Communication*, Bloomington, Indiana University Press.

[155] SEBEOK T. A., 1972, *Perspectives in Zoosemiotics*, La Haye, Mouton.

[156] SEBEOK T. A. (sous la dir. de), 1977, *How Animals Communicate*, Bloomington, Indiana University Press.

[157] SEBEOK T. A. et ROSENTHAL R. (sous la dir. de), 1981, *The Clever Hans Phenomenon : Communication with Horses, Whales, Apes and People*, Annals of the New York Academy of Science, 364.

[158] SEBEOK T. A. et UMIKER-SEBEOK J. (sous la dir. de), 1980, *Speaking of Apes. A Critical Anthology of Two-Way Communication with Man*, New York, Plenum Press.

[159] SEYFARTH R. M., CHENEY D. L. et MARLER P., 1980, « Monkeys responses to three different alarm calls : Evidence of predator classification and semantic communication », *Science*, 210, p. 801-803.

[160] SHERMAN P. W., 1977, « Nepotism and the evolution of alarm calls », *Science*, 197, p. 1246-1253.

[161] SILVA A. J., PAYLOR R., WEHNER J. M. et TONEGAWA S., 1992, « Impaired spatial learning in alpha-calcium-calmodulin kinase II mutant mice », *Science*, 257, p. 206-211.

[162] SMITH W. J., 1977, *The Behavior of Communicating. An Ethological Approach*, Cambridge, Massachusetts, Harvard University Press.

[163] SMUTS B., CHENEY D. L., SEYFARTH R. M., WRANGHAM R. W. et STRUHSAKER T. T. (sous la dir. de), 1987, *Primate Societies*, Chicago, University of Chicago Press.

[164] SOUTHWICK C. H. (sous la dir. de), 1963, *Primate Social Behavior*, New York, Van Nostrand Reinhold Company.

[165] SPALDING D., 1873, « Instinct : With original observations on young animals », *Macmillan's Magazine*, 27, p. 282-293. Repris en 1954 dans *British Journal of Animal Behaviour*, 2, p. 1-11.

[166] SPARKS J., 1982, *The Discovery of Animal Behaviour*, Collins-BBC. Une histoire vulgarisée de l'étude du comportement animal, de l'Antiquité à nos jours.

[167] SPITZ R. A. et WOLF K. M., 1946, « The smiling response : A contribution to the ontogenesis of social relations », *Genetic Psychology Monographs*, 34, p. 57-125.

[168] STERN K. et MCCLINTOCK M. K., 1998, « Regulation of ovulation by human pheromones », *Nature*, 392, p. 177-179.

[169] STEVENS A. et PRICE J., 1996, *Evolutionary Psychiatry. A New Beginning*, Londres-New York, Routledge.

[170] STRUHSAKER T. T., 1967, « Auditory communication among vervet monkeys (*Cercopithecus aethiops*) », *in* S. A. ALTMANN (sous la dir. de), *Social Communication among Primates*, Chicago, University of Chicago Press.

[171] STRUM S., 1995, *Voyage chez les babouins*, Paris, Éditions du Seuil, coll. « Points Sciences ».

[172] STURZL W., KEMPTER R. et VAN HEMMEN J. L., 2000, « Theory of arachnid prey localization », *Physical Review Letters*, 84, p. 5668-5671.

[173] Teuschl Y., Taborsky B. et Taborsky M., 1998, « How do cuckoos find their hosts ? The role of habitat imprinting », *Animal Behaviour*, 56, p. 1425-1433.

[174] Thornhill R. et Palmer C. T., 2000, « Why men rape », *The Sciences*, janv.-fév., p. 30-36.

[175] Thorpe W. H., 1961, *Bird Song*, Cambridge, Cambridge University Press.

[176] Tinbergen N., 1951, *The Study of Instinct*, Oxford, Clarendon Press. Traduction française : *L'Étude de l'instinct*, Paris, Payot.

[177] Tinbergen N., Broekhuysen G. J., Feekes F., Houghton J. C. W., Kruuk H. et Szulec E., 1962, « Egg shell removal by the black-headed gull, *Larus ridibundus* L. : A behaviour component of camouflage », *Behaviour*, 19, p. 74-118.

[178] Tinbergen N., 1985, « Watching and wondering », *in* [49], p. 430-463.

[179] Tinbergen E. A. et Tinbergen N., 1972, *Early Childhood Autism – An Ethological Approach*, Berlin-Hambourg, Parey.

[180] Trivers R. L., 1971, « The evolution of reciprocal altruism », *Quarterly Review of Biology*, 46, p. 37-57.

[181] Truman J. et Riddiford L., 1970, « Neuroendocrine control of ecdysis in silkmoths », *Science*, 167, p. 1624-1626.

[182] vom Saal F. S., Grant W. M., McMullen C. W. et Laves K. S., 1983, « High fetal estrogen concentrations : Correlation with increased adult sexual activity and decreased aggression in male mice », *Science*, 220, p. 1306-1309.

[183] Vos D. R., 1995, « The role of sexual imprinting for sex recognition in zebra finches : A difference between males and females », *Animal Behaviour*, 50, p. 645-653.

[184] Walker M. M., Diebel C. E., Haugh C. V., Pankhurst P. M., Montgomery J. C. et Green C. R., 1997, « Structure and function of the vertebrate magnetic sense », *Nature*, 390, p. 371-376.

[185] Washburn S. et De Vore I., 1961, « The social life of baboons », *Scientific American*, 204, p. 62-71. Repris dans [185], p. 98-113.

[186] Watson J. B., 1913, « Psychology as the behaviorist views it », *Psychological Review*, 20, p. 158-177.

[187] Watzlawick P., Helmick Beavin J. et Jackson D. D., 1967, *Pragmatics of Human Communication. A Study of Interactional Patterns, Pathologies and Paradoxes*, New York, W. W. Norton & Co Inc. Traduction française : *Une logique de la communication*, Paris, Éditions du Seuil, 1972.

[188] Weindler P., Wiltschko R. et Wiltschko W., 1996, « Magnetic information affects the stellar orientation of young bird migrants », *Nature*, 383, p. 158-160.

[189] Weiner J., 1999, *Time, Love, Memory*, New York, Knopf.

[190] WEISSBURG M. J., 1999, « Tuning breadth and sex-specific sensitivity in chemosensory neurons of male and female *Uca pugnax* », *Journal of Comparative Physiology*, A 185 (3), p. 229-238.

[191] WELLER A., 1998, « Human pheromones : Communication through body odour », *Nature*, 392, p. 126-127.

[192] WEST M. J. et KING A. P., 1988, « Female visual displays affect the development of male song in the cowbird », *Nature*, 334, p. 244-246.

[193] WEST M. J. et KING A. P., 1990, « Mozart's starling », *American Scientist*, 78, p. 106-114.

[194] WHITEN A., GOODALL, MCGREW W. C., NISHIDA T., REYNOLDS V., SUGIYAMA Y., TUTIN C. E. G., WRANGHAM R. W. et BOESCH C., 1999, « Cultures in chimpanzees », *Nature*, 399, p. 682-685.

[195] WHITMAN C. O., 1898, *Animal Behaviour*, 16th lecture from the Biological Lectures from the Biological Marine Laboratory, Woods Hall, Massachusetts.

[196] WIENER H., 1979, « Human exocrinology : the olfactory component of nonverbal communication », *in* S. WEITZ (sous la dir. de), *Nonverbal communication*, New York, Oxford University Press, p. 338-345.

[197] WILSON E. O., 1975, *Sociobiology. The New Synthesis*, Cambridge, Massachusetts, Harvard University Press.

[198] WILSON E. O., 1985, « In the queendom of ants : a brief autobiography », *in* [49], p. 464-484.

[199] WILTSCHKO R., 1996, « The function of olfactory input in pigeon orientation : Navigational information or another role ? », *Journal of Experimental Biology*, 199, p. 113-119.

[200] WILTSCHKO R., WILTSCHKO W. et MUNRO U., 1997, « Migratory orientation in birds : The effects and after-effects of exposure to conflicting celestial and magnetic cues », in *Orientation and Navigation – Birds, Humans & Other Animals*, Oxford, Royal Institute of Navigation, p. 6-14.

[201] ZAZZO R., 1979, *Le Colloque sur l'attachement*, Lausanne, Delachaux & Niestlé.

[202] ZEHRING W. A. *et al.*, 1984, « P-Element transformation with *period* locus DNA restores rythmicity to mutant arythmic *Drosophila melanogaster* », *Cell*, 39, p. 369-376.

[203] ZUCKERMAN S., 1937, *La Vie sociale et sexuelle des singes*, Paris, Gallimard. Édition française abrégée de *The Social Life of Monkeys and Apes*, Londres, Routledge & Kegan Paul, 1932.

Animaux cités

Personnes citées

Table

RÉALISATION : CURSIVES À PARIS
IMPRESSION : NORMANDIE ROTO IMPRESSION S.A.S. À LONRAI
DÉPÔT LÉGAL : JANVIER 2002. N° 39277-2 (070930)
IMPRIMÉ EN FRANCE

Collection Points

SÉRIE SCIENCES

dirigée par Jean-Marc Lévy-Leblond et Nicolas Witkowski

S26. L'Étrange Histoire des quanta
par Banesh Hoffmann et Michel Paty
S27. Éloge de la différence, *par Albert Jacquard*
S28. La Lumière, *par Bernard Maitte*
S29. Penser les mathématiques, *ouvrage collectif*
S30. La Recherche sur le cancer, *ouvrage collectif*
S31. L'Énergie verte, *par Laurent Piermont*
S32. Naissance de l'homme, *par Robert Clarke*
S33. Recherche et Technologie
Actes du Colloque national
S34. La Recherche en physique nucléaire
ouvrage collectif
S35. Marie Curie, *par Robert Reid*
S36. L'Espace et le Temps aujourd'hui
ouvrage collectif
S37. La Recherche en histoire des sciences
ouvrage collectif
S38. Petite Logique des forces, *par Paul Sandori*
S39. L'Esprit de sel, *par Jean-Marc Lévy-Leblond*
S40. Le Dossier de l'Énergie
par le Groupe confédéral Énergie (CFDT)
S41. Comprendre notre cerveau
par Jacques-Michel Robert
S42. La Radioactivité artificielle
par Monique Bordry et Pierre Radvanyi
S43. Darwin et les Grandes Énigmes de la vie
par Stephen Jay Gould
S44. Au péril de la science ?, *par Albert Jacquard*
S45. La Recherche sur la génétique et l'hérédité
ouvrage collectif
S46. Le Monde quantique, *ouvrage collectif*
S47. Une histoire de la physique et de la chimie
par Jean Rosmorduc
S48. Le Fil du temps, *par André Leroi-Gourhan*
S49. Une histoire des mathématiques
par Amy Dahan-Dalmedico et Jeanne Peiffer
S50. Les Structures du hasard, *par Jean-Louis Boursin*
S51. Entre le cristal et la fumée, *par Henri Atlan*
S52. La Recherche en intelligence artificielle
ouvrage collectif
S53. Le Calcul, l'Imprévu, *par Ivar Ekeland*
S54. Le Sexe et l'Innovation, *par André Langaney*
S55. Patience dans l'azur, *par Hubert Reeves*
S56. Contre la méthode, *par Paul Feyerabend*
S57. La Recherche en neurobiologie
ouvrage collectif
S58. La Recherche en paléontologie
ouvrage collectif

S59. La Symétrie aujourd'hui, *ouvrage collectif*
S60. Le Paranormal, *par Henri Broch*
S61. Petit Guide du ciel, *par A. Jouin et B. Pellequer*
S62. Une histoire de l'astronomie
par Jean-Pierre Verdet
S63. L'Homme re-naturé, *par Jean-Marie Pelt*
S64. Science avec conscience, *par Edgar Morin*
S65. Une histoire de l'informatique
par Philippe Breton
S66. Une histoire de la géologie, *par Gabriel Gohau*
S67. Une histoire des techniques, *par Bruno Jacomy*
S68. L'Héritage de la liberté, *par Albert Jacquard*
S69. Le Hasard aujourd'hui, *ouvrage collectif*
S70. L'Évolution humaine, *par Roger Lewin*
S71. Quand les poules auront des dents
par Stephen Jay Gould
S72. La Recherche sur les origines de l'univers
par La Recherche
S73. L'Aventure du vivant, *par Joël de Rosnay*
S74. Invitation à la philosophie des sciences
par Bruno Jarrosson
S75. La Mémoire de la Terre, *ouvrage collectif*
S76. Quoi ! C'est ça, le Big-Bang ?
par Sidney Harris
S77. Des technologies pour demain, *ouvrage collectif*
S78. Physique quantique et Représentation du monde
par Erwin Schrödinger
S79. La Machine univers, *par Pierre Lévy*
S80. Chaos et Déterminisme, *textes présentés et réunis par A. Dahan-Dalmedico, J.-L. Chabert et K. Chemla*
S81. Une histoire de la raison, *par François Châtelet (entretiens avec Émile Noël)*
S82. Galilée, *par Ludovico Geymonat*
S83. L'Age du capitaine, *par Stella Baruk*
S84. L'Heure de s'enivrer, *par Hubert Reeves*
S85. Les Trous noirs, *par Jean-Pierre Luminet*
S86. Lumière et Matière, *par Richard Feynman*
S87. Le Sourire du flamant rose
par Stephen Jay Gould
S88. L'Homme et le Climat, *par Jacques Labeyrie*
S89. Invitation à la science de l'écologie
par Paul Colinvaux
S90. Les Technologies de l'intelligence
par Pierre Lévy
S91. Le Hasard au quotidien, *par José Rose*
S92. Une histoire de la science grecque
par Geoffrey E.R. Lloyd

S93. La Science sauvage, *ouvrage collectif*
S94. Qu'est-ce que la vie ?, *par Erwin Schrödinger*
S95. Les Origines de la physique moderne, *par I.Bernard Cohen*
S96. Une histoire de l'écologie, *par Jean-Paul Deléage*
S97. L'Univers ambidextre, *par Martin Gardner*
S98. La Souris truquée, *par William Broad et Nicholas Wade*
S99. A tort et à raison, *par Henri Atlan*
S100. Poussières d'étoiles, *par Hubert Reeves*
S101. Fabrice ou l'École des mathématiques, *par Stella Baruk*
S102. Les Sciences de la forme aujourd'hui, *ouvrage collectif*
S103. L'Empire des techniques, *ouvrage collectif*
S104. Invitation aux mathématiques, *par Michael Guillen*
S105. Les Sciences de l'imprécis, *par Abraham A.Moles*
S106. Voyage chez les babouins, *par Shirley C.Strum*
S107. Invitation à la physique, *par Yoav Ben-Dov*
S108. Le Nombre d'or, *par Marguerite Neveux*
S109. L'Intelligence de l'animal, *par Jacques Vauclair*
S110. Les Grandes Expériences scientifiques
par Michel Rival
S111. Invitation aux sciences cognitives
par Francisco J.Varela
S112. Les Planètes, *par Daniel Benest*
S113. Les Étoiles, *par Dominique Proust*
S114. Petites Leçons de sociologie des sciences
par Bruno Latour
S115. Adieu la Raison, *par Paul Feyerabend*
S116. Les Sciences de la prévision, *collectif*
S117. Les Comètes et les Astéroïdes
par A.-Chantal Levasseur-Legourd
S118. Invitation à la théorie de l'information
par Emmanuel Dion
S119. Les Galaxies, *par Dominique Proust*
S120. Petit Guide de la Préhistoire, *par Jacques Pernaud-Orliac*
S121. La Foire aux dinosaures, *par Stephen Jay Gould*
S122. Le Théorème de Gödel, *par Ernest Nagel / James R.Newman Kurt Gödel / Jean-Yves Girard*
S123. Le Noir de la nuit, *par Edward Harrison*
S124. Microcosmos, Le Peuple de l'herbe
par Claude Nuridsany et Marie Pérennou
S125. La Baignoire d'Archimède
par Sven Ortoli et Nicolas Witkowski
S126. Longitude, *par Dava Sobel*
S127. Petit Guide de la Terre, *par Nelly Cabanes*
S128. La vie est belle, *par Stephen Jay Gould*
S129. Histoire mondiale des sciences, *par Colin Ronan*
S130. Dernières Nouvelles du cosmos.
Vers la première seconde, *par Hubert Reeves*

S131. La Machine de Turing
par Alan Turing et Jean-Yves Girard
S132. Comment fabriquer un dinosaure
par Rob DeSalle et David Lindley
S133. La Mort des dinosaures, *par Charles Frankel*
S134. L'Univers des particules, *par Michel Crozon*
S135. La Première Seconde, *par Hubert Reeves*
S136. Au hasard, *par Ivar Ekeland*
S137. Comme les huit doigts de la main
par Stephen Jay Gould
S138. Des Grenouilles et des Hommes, *par Jacques Testart*
S139. Dialogue sur les deux grands systèmes du monde
par Galileo Galilée
S140. L'œil qui pense, *par Roger N. Shepard*
S141. La Quatrième Dimension, *par Rudy Rucker*
S142. Tout ce que vous devriez savoir sur la science
par Harry Collins et Trevor Pinch
S144. Une histoire de la science arabe, *par Ahmed Djebbar*
S145. Niels Bohr et la Physique quantique
par François Lurçat
S146. Œuvres choisies 1, *par Albert Einstein*
S147. Œuvres choisies 2, *par Albert Einstein*
S148. L'Éthologie
par Jean-Luc Renck et Véronique Servais

Collection Points

SÉRIE ESSAIS

DERNIERS TITRES PARUS

405. Esquisse d'une théorie de la pratique
par Pierre Bourdieu
406. Le XVIIe siècle des moralistes, *par Bérengère Parmentier*
407. Littérature et Engagement, de Pascal à Sartre
par Benoît Denis
408. Marx, une critique de la philosophie, *par Isabelle Garo*
409. Amour et Désespoir, *par Michel Terestchenko*
410. Les Pratiques de gestion des ressources humaines
par François Pichault et Jean Mizet
411. Précis de sémiotique générale
par Jean-Marie Klinkenberg
412. Écrits sur le personnalisme, *par Emmanuel Mounier*
413. Refaire la Renaissance, *par Emmanuel Mounier*
414. Droit constitutionnel, 2. Les démocraties
par Olivier Duhamel
415. Droit humanitaire, *par Mario Bettati*
416. La Violence et la Paix, *par Pierre Hassner*
417. Descartes, *par John Cottingham*
418. Kant, *par Ralph Walker*
419. Marx, *par Terry Eagleton*
420. Socrate, *par Anthony Gottlieb*
421. Platon, *par Bernard Williams*
422. Nietzsche, *par Ronald Hayman*
423. Les Cheveux du baron de Münchhausen
par Paul Watzlawick
424. Husserl et l'Énigme du monde
par Emmanuel Housset
425. Sur le caractère national des langues
par Wilhelm von Humboldt
426. La Cour pénale internationale, *par William Bourdon*
427. Justice et Démocratie, *par John Rawls*
428. Perversions, *par Daniel Sibony*
429. La passion d'être un autre, *par Pierre Legendre*
430. Entre mythe et politique, *par Jean-Pierre Vernant*
431. Entre dire et faire, *par Daniel Sibony*
432. Heidegger. Introduction à une lecture
par Christian Dubois
433. Essai de poétique médiévale, *par Paul Zumthor*
434. Les Romanciers du réel, *par Jacques Dubois*
435. Locke, *par Michael Ayers*
436. Voltaire, *par John Gray*

437. Wittgenstein, *par P.M.S. Hacker*
438. Hegel, *par Raymond Plant*
439. Hume, *par Anthony Quinton*
440. Spinoza, *par Roger Scruton*
441. Le Monde morcelé, *par Cornelius Castoriadis*
442. Le Totalitarisme, *par Enzo Traverso*
443. Le Séminaire Livre II, *par Jacques Lacan*
444. Le Racisme, une haine identitaire *par Daniel Sibony*
445. Qu'est-ce que la politique ?, *par Hannah Arendt*
446. La Métaphore baroque, d'Aristote à Tesauro *par Yves Hersant*
447. Foi et savoir, *par Jacques Derrida*
448. Anthropologie de la communication, *par Yves Winkin*
449. Questions de littérature générale, *par Emmanuel Fraisse et Bernard Mouralis*
450. Les Théories du pacte social, *par Jean Terrel*
451. Machiavel, *par Quentin Skinner*
452. Si tu m'aimes, ne m'aime pas, *par Mony Elkaïm*
453. C'est pour cela qu'on aime les libellules *par Marc-Alain Ouaknin*
454. Le Démon de la théorie, *par Antoine Compagnon*
455. L'Économie contre la société *par Bernard Perret, Guy Roustang*
456. Entretiens Francis Ponge Philippe Sollers *par Philippe Sollers - Francis Ponge*
457. Théorie de la littérature, *par Tzvetan Todorov*
458. Gens de la Tamise, *par Christine Jordis*
459. Essais sur le Politique, *par Claude Lefort*
460. Événements III, *par Daniel Sibony*
461. Langage et Pouvoir symbolique *par Pierre Bourdieu*
462. Le Théâtre romantique, *par Florence Naugrette*
463. Introduction à l'anthropologie structurale *par Robert Deliège*
464. L'Intermédiaire, *par Philippe Sollers*
465. L'Espace vide, *par Peter Brook*
466. Étude sur Descartes, *par Jean-Marie Beyssade*
467. Poétique de l'ironie, *par Pierre Schoentjes*
468. Histoire et Vérité, *par Paul Ricoeur*
469. Une charte pour l'Europe *Introduite et commentée par Guy Braibant*
470. La Métaphore baroque, d'Aristote à Tesauro *par Yves Hersant*
471. Kant, *par Ralph Walker*
472. Sade mon prochain, *par Pierre Klossowski*
473. Freud, *par Octave Mannoni*